JN313524

Elliott Sober

科学と証拠

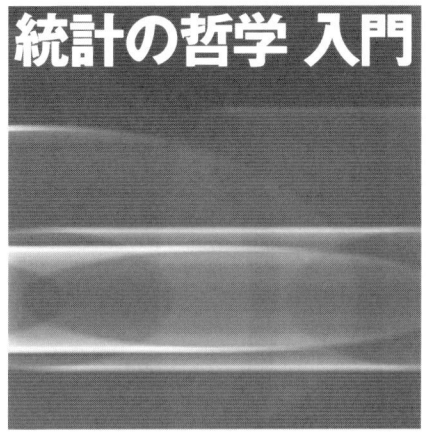

統計の哲学 入門

エリオット・ソーバー……【著】
松王政浩……【訳】
Masahiro Matsuo

名古屋大学出版会

Elliott Sober,

Evidence and Evolution: The Logic behind the Science, 2008,

Chapter 1 "Evidence"

Copyright © 2008 by Elliott Sober

Permissions arranged with Cambridge University Press

through The English Agency (Japan) Ltd.

日本語版序文

　科学者は自然について研究する。では、科学哲学者は何を研究するのだろうか。皮肉屋なら、「自分のへそでも研究しているんだろう」と言うかもしれない[*1]。しかし私はそんな皮肉を言うつもりはない。もっとまともに答えるなら、科学哲学者は科学について研究している、ということになる。つまり、私たち科学哲学者が研究するのは、2階の対象であって、1階の対象ではない〔生物学や物理学の研究対象と同じ対象（1階の対象）ではなく、それらについての研究をさらに研究対象にする（2階の対象）〕。この点で、科学哲学は科学史や科学社会学に似ている。それらとの違いはおそらく、科学史や科学社会学ではありのままの科学が研究されるのに対して、しばしば科学哲学では、「科学がどうあるべきか」が研究されるという点にあるだろう。科学哲学は**規範的な**学問であり、その主たる目標の1つは、よい科学を悪い科学と区別することであり、より優れた科学的実践をより劣った科学的実践と区別することである。このような評価を試みるというのは、傲慢の極みのように思われるかもしれない。哲学者が、科学者に向かってあれこれ指図することなどできるはずがないし、科学は哲学者の王や警察など必要としないのだと。これについて、私はこう応えたい。科学という企てそれ自体が規範的であり、自然をどう研究するべきかについて、科学には非常にたくさんの指示的ことがらが含まれている。科学者は単に自然を記述するだけではない。彼らはたえず、お互いの研究を評価し合っている。規範的な科学哲学というのは、科学の内側で継続して行われている規範的な議論と、連続的につながっている。こうした規範的問題に

[*1] 英語の 'navel-gazing'（「へそを見つめること」→「無益で独りよがりな瞑想」）をもじった皮肉。

ついての議論は、その議論がもつ利点によって判断すべきであって、議論する者の身分がたまたま何であるか〔哲学者か、科学者か〕によって判断すべきではない。

　私たちは「科学的方法」について様々な見解を目にするが、そのような見解からは、「このすばらしい方法は安定しており、確立されている」という印象を受けることがあまりにも多い。つまり、この方法は不動のアルキメデスの点のようなものであって、そこを支点として科学的知識の全てが世界にもたらされるように言われることがほとんどである。実際のところは、科学的推論の完全な把握というのは目標であって、既知のことがらではない。自然に関する現在の理解がそうであるように、科学的推論の本質についても、理解できていることがらは断片的であり、私たちはまだその探求の途上にある。「科学的方法」が決して変化しないと考えるのは間違いだが、それだけでなく、現在の科学者がみな、「科学的方法」として何が必要かについて合意している、と考えることも間違いである。科学者たちは、自分たちがどんな推論の方法を用いるべきかについて、それぞれ違う考えをもっている。それは統計学者も、哲学者も同じことである。そのようなわけで、いまあなたが目にしているこの本は、すでに十分な意見の一致を見たことがらについて、報告するものではない。統計的推論の本質に関して私がここで説く立場には、まだ多くの論争がある。この本は、長く意見の対立が続く頻度主義とベイズ主義の間に、割って入ろうとするものである。

　頻度主義やベイズ主義とは、いったいどのようなものだろう。後者は前者よりもその特徴が捉えやすい。ベイズ主義は、科学の目的を、「証拠が手元に与えられたときに、真であることが確からしい (probably true) 理論はどれか」を見つけ出すことだとする。頻度主義者は、これが適切な目的であるとは考えない。読者諸氏は、いま私が述べたベイズ主義の考え方に反対することなどどうしてできるのか、と疑問に思われることだろう。ベイズ主義に反対する余地があることを知るためには、「真であることが確からしい（おそらく真

だろう）」という言い方に、2つの意味があることを理解する必要がある。あるときには、私たちはこの言い方を、「得られた証拠に照らせば、理にかなっている (plausible or reasonable)」という意味で使う。これは言葉の「通常の意味」であり、このように理解するなら、科学は「真であることが確からしい」理論を見つけ出そうとすべきだ、という考え方には誰も反対できないだろう。しかしこの言い方はまた、別の専門的な意味合いで使われることもある。「科学は、真であることが確からしい理論がどれかを見つけ出すべきだ」ということを専門的に解釈すれば、科学者は数学的な確率理論をある1つの方法で用いるべきだ、という意味になる。

この本の冒頭で説明されるように、2つの異なる確率的関係を区別することが重要である。T が理論で O が観察を表すとしよう。次の2つの確率は、意味の異なる確率である。

- $Pr(T|O)$. これは、O が真であるという仮定の下で T がもつ確率を表す。
- $Pr(O|T)$. これは、T が真であるという仮定の下で O がもつ確率を表す。

この2つの確率の違いがはっきりわかる例として、こんな例がある。T が、「屋根裏で騒々しいグレムリン [*2)] がボーリングをしている」という仮説だとする。そして O は、「屋根裏から物音が聞こえる」という観察だとする。このとき $Pr(O|T)$ の値は大きいが、$Pr(T|O)$ の値は大きくない。

ベイズ主義者は、観察結果が得られた場合に、理論（仮説）がどのような確率をもつかを見出そうとする。頻度主義者は、ある理論が正しいとしたときに、観察がどれほど確からしいことかを考えるために、確率概念を用いる。ベイズ主義者も頻度主義者も理論を評価するために確率の数学を用いるが、両者ではその数学の用い方が異なるのである。

1919年に、アーサー・スタンレー・エディントンは、日食時に星の光がど

[*2)] ヨーロッパを中心に信じられてきた妖精。人間の身近に住み、飛行機や機械類などを故障させて人間を困らせるとされる。

れくらい曲がるかを計測した。彼がこの計測を行ったのは、この結果を得ることでアインシュタインの一般相対性理論とニュートンの重力理論を評価することができると考えたためだ。エディントンが得た結果は、ニュートン理論よりアインシュタイン理論を支持するものであった。ここまでは、誰も異論はない。けれども、ベイズ主義者はエディントンの観察を、「どの理論が真である確率が高いか」という問いに関係していると解釈するが、頻度主義者は、観察をこのようには解釈しない。両者とも、証拠から理論について何がわかるかを明確にするために確率を利用する。ベイズ主義者は $Pr(T|O)$ という確率を考察の対象にする。頻度主義者はこれを考えるかわりに、$Pr(O|T)$ という確率を考える。

　もっとも、ベイズ主義者は $Pr(T|O)$ の値を知りたいと考えるが、$Pr(O|T)$ の形の確率について考えることが間違いだとは思わない。実際、ベイズの定理（その説明はこの後で行う）は、これら2つの量が互いにどう関係するかを示すものである。ベイズ主義者はどちらの量も考慮する。彼らの目的は $Pr(T|O)$ の値を計算することにあるが、この値を導くために、$Pr(O|T)$ の値を用いるのである。すでに述べたように、頻度主義者にとっては、$Pr(T|O)$ の値を計算することが目的ではない。彼らが注意するのは、専ら、$Pr(O|T)$ という形の確率である。

　このように注意を向ける対象を限定するのは、頻度主義者だけではない。本書では、ベイズ主義と頻度主義以外の考え方も扱っている。尤度主義という考え方である。つまり本書は、3者の比較を行おうとするものである。尤度主義は、$Pr(T|O)$ の形の確率を考慮しようとしない点で、頻度主義に似ている。しかし一方、たとえば頻度主義のある標準的な推論方法（有意検定やネイマン–ピアソンの仮説検定）は、どの仮説を棄却すべきか、あるいは受け入れるべきかについて助言を与える。しかし、尤度主義ではそうした助言は与えない。尤度主義は、どの理論を信じるべきかについては何も言わずに、証拠から何がわかるかを記述する。

この本は、哲学者と科学者の両方に向けて書かれた本である。科学者はたえず、自然について何かの結論を引き出したい、あるいは意味のありそうな推論パターンにたどり着きたいと望んでいるが、自分たちの用いる方法がなぜ意味をもつかということについては、時間をかけて思いめぐらすことがほとんどない。この本は科学書ではないが、科学者には、ここで述べた思想のある部分だけでも、じっくり考える価値があると気付いていただきたい。また、この本を読む哲学者には、いま科学で用いられている統計的方法に関して、そこで生じる哲学的な問題に、ぜひ興味を感じていただきたいと思う。

マジソン、ウィスコンシンにて
2012 年 6 月

エリオット・ソーバー

目　次

日本語版序文 ... i

はじめに ... 1

§1　ロイヤルの3つの問い ... 6

§2　ベイズ主義の基本 ... 13
　　ベイズの定理 ... 13
　　更新の規則 ... 17
　　事後確率、尤度、そして事前確率 ... 21
　　確証 ... 23
　　信頼性 ... 26
　　予想と期待値 ... 29
　　帰納 ... 30
　　楽園の苦難 ... 37
　　哲学的なベイズ主義、ベイズ統計、論理 ... 45

§3　尤度主義 ... 48
　　謙虚さの強み ... 48
　　尤度主義への3つの反論 ... 52
　　尤度の法則を制限する必要性 ... 54
　　ばかげた仮説がきわめてもっともらしくなることがあるか ... 56
　　尤度主義と条件付き確率の定義 ... 59
　　全証拠の原則 ... 63

　　　　尤度主義の限界 ・・・・・・・・・・・・・・・・・・・・・・・・・・・・・・・・・・・・・・　71

§4　頻度主義 I――有意検定と確率論的モーダス・トレンス　　**74**

§5　頻度主義 II――ネイマン–ピアソンの仮説検定　　**90**

§6　テストケース――停止規則　　**112**

§7　頻度主義 III――モデル選択理論　　**122**
　　　　街灯の下で鍵を探す・・・・・・・・・・・・・・・・・・・・・・・・・・・・・・・・・・・　122
　　　　科学のモデル構築：広く見られる 2 つの方法 ・・・・・・・・・・・・・　123
　　　　赤池の体系、理論、規準 ・・・・・・・・・・・・・・・・・・・・・・・・・・・・・・　128
　　　　同定可能性・・・　140
　　　　AIC は統計学的一致性をもたないか・・・・・・・・・・・・・・・・・・・・　142
　　　　ベイズ主義のモデル選択 ・・・・・・・・・・・・・・・・・・・・・・・・・・・・・・　144
　　　　下位グループの問題・・・・・・・・・・・・・・・・・・・・・・・・・・・・・・・・・・　147
　　　　AIC の適用範囲・・・・・・・・・・・・・・・・・・・・・・・・・・・・・・・・・・・・・・　149
　　　　実在論と道具主義 ・・・・・・・・・・・・・・・・・・・・・・・・・・・・・・・・・・・・　151
　　　　パラメータとは何か・・・・・・・・・・・・・・・・・・・・・・・・・・・・・・・・・・　156
　　　　AIC は頻度主義か ・・・・・・・・・・・・・・・・・・・・・・・・・・・・・・・・・・・・　160

§8　第 2 のテストケース――偶然の一致についての推論　　**164**

§9　結語　　**170**

訳註　　**175**

参考文献　　**209**

訳者解説 **217**
　本書が抄訳である理由 ················· 217
　第 8 節について ···················· 223
　本書のアウトライン ················· 225
　議論についての補足 ················· 232
　おわりに ······················ 237

索　　引 **241**

凡　例

1. 本書は、Elliott Sober 著、*Evidence and Evolution: The logic behind the science* (2008) の Ch.1: Evidence のみを訳した抄訳である。原著の Ch.1: Evidence は統計哲学の入門的解説であり、その内容は他章からほぼ独立しているが、一部、後の章との関連が章番号を挙げて示されているところがある。こうした箇所に重要な例が含まれている場合もあるので、本書はそれらもすべて訳出した。ただし、原著の第 2 章以降の具体的な章・節番号が挙げられている場合は、読者の混乱を避けるため、章・節番号の後に「〔原著不訳出〕」という注意書き（章・節番号は原著のもので、本書でその部分は訳出していないという意）を入れた。
2. 本書は冒頭の「日本語版序文」だけでなく、「結語」および「§8（第 8 節）」についても、その内容が大きく原著とは異なっている。これらの箇所は、著者 Sober が本書のために特に書き下ろした原稿を訳出したものである（特に、本書の §8 は原著の改訂的な内容を含んでいる）。他にも、訳者が著者に照会し、原著での誤り（誤植や数字の間違いなど）が確認できた箇所については、それを正しい形に直して訳してある。
3. 本文中、（　）内の補足は原著者によるもので、小さな文字で書かれた〔　〕内の補足は訳者が付した。また、原文のイタリック強調は、ゴシック体で記した。
4. 註のうち、原註は、しるしのない通し番号を付し、脚註とした。訳註には次の 3 種類がある。比較的短い補足解説（ただし本文に〔　〕で入れるにはやや長いもの）や、本文の内容を整理したり、ある点に注意を促す訳註にはアステリスク (*) 付きの番号を付し、脚註とした（訳者脚註）。数式を多く含んだり、背景知識や、より深い知識に関わるような訳註は [　] 付きの番号を付し、巻末の後註とした（訳註）。また、原註に対する訳註は、分量の多いものは後註（本文註と同じく [　] 付き番号のもの）としたが、短いものは番号を付さずに「〔訳註：〕」として、脚註内の原註直後に置いた。
5. 本文中、引用・参照文献は 'Sober: 2008, 108.' のように表記し、「著者名: 発行年, ページ番号」を表すものとする。
6. 参考文献のうち、訳者が訳註（脚註・後註）で新たに挙げた文献については、文献の頭にアステリスク (*) を付した。また、参考文献の中で邦訳が確認できたものについては、それも併記した。

はじめに

　科学者と科学哲学者は、科学という営みが誤りを免れないことをしばしば強調する。科学者が自分の学説（理論）に対する証拠を挙げたからといって、その学説が確かなものになるわけではない。証拠についてこのようなことが言われるときによく持ち出されるのは、「私たちの手持ちの証拠は、私たちの学説が真であることを演繹的に含意しない[1]」という、論理に関わることがらである。演繹的に妥当な論証では、前提が真であれば結論も真でなければならない。次の古い格言的な推論について考えてみよう。

　　　　　すべての人間は死ぬ。
　　　　　ソクラテスは人間である。
　　　　　―――――――――――――――
　　　　　ソクラテスは死ぬ。

この推論の中では、もし前提が真ならば、結論も真だと信じないわけにはいかない。科学の可謬性〔誤るものであるということ〕についてよく指摘されることは、証拠と学説の関係がこうした関係にはなっていないということだ。この指摘の正しさが特にはっきりするのは、問題となる科学的理論が、それと関係づけられる証拠よりもはるかに広い範囲のことがらに関わるときである。たとえば、一般相対性理論や量子力学などの物理学理論は、宇宙のあらゆる場所、あらゆる時間に真であることがらについて主張を行うものである。しかし私たちが観測できるのは、そうした膨大な宇宙全体のごくわずかな部分にすぎない。いまここで起こることがら（そしてその近辺で起こることがら）は、私たちがいる時間と場所から遠くかけ離れたところで起こることがらを演繹的に含意したりはしない〔近辺のことがらの観測から、遠く離れたことがらが理

論によって導かれ、これが必ず成立する（観測される）ということはない〕。

　しかし、もし科学者が証拠を集めても、それで真の理論がどれか確実にわからないのだとすれば、いったい証拠によって何がわかるのだろうか。科学者が手元にある証拠を使う理由として、「真であることが**確からしい学説は、どの学説かを示すためだ**」と言えばきわめて自然に聞こえるだろう。こう言うことで、科学には誤る余地が与えられるし、新たな証拠が出てきたときには科学的世界像が変化する余地も与えられる。こうした立場は賢明だと思えるかもしれない。しかし、これは深い論争の種も宿している。ここでいう論争とは、科学と科学以外のものの間の論争ではない（すなわち、科学者が理論の確からしさを評価していると自負する一方、ポストモダニストや熱狂的な宗教の信者は科学のまやかしを暴き、その権威を失墜させようとしている、といった論争ではない）。そうではなく、私の念頭にあるのは科学の内部で行われている論争である。この70年もの間、統計の基礎をめぐる論争がベイズ主義者と頻度主義者の間で行われてきた〔詳細については、このあと本論で触れられる〕。彼らの意見は多くの点で食い違っているが、おそらくその最も根本的な食い違いが生じるのは次の問いにおいてであろう。「科学はそもそも、『この学説が真であることが確からしい』などと判断できる立場にあるのだろうか。」ベイズ主義者はこの問いの答えを**イエス**だと考えるが、頻度主義者は断固それに反対する。この論争では、統計学者や科学哲学者が投げかける問いだけが焦点になるのではない。科学者は、統計学者が利用可能な形にしてくれた方法を利用する。したがって、あらゆる分野の科学者が、どの科学的推論モデルを採用するかを決めなければならない[2]。

　ベイズ主義者と頻度主義者の論争は、いまや、第一次世界大戦の塹壕戦の様相を呈している。どちらの側も穴を掘り続けてきた。それぞれに標準的な議論があり、両軍を分かつ中間地帯を挟んで、その議論を手榴弾のようにして敵陣に投げ入れるのである。そうした議論は広く知られるようになり、それに対する返答もまた熟知される。それぞれ、自分たちの議論の方が説得力が

あると思っているので、どちらの側も事態が膠着しているとは思っていない。それなのに戦闘状態は続くのである。幸いなことに、こうした論争が科学を停止状態に追いやりはしていない。科学者はしばしば、2つのアプローチのどちらを使うべきか気にする必要のないような、都合のいい位置に身を置くからである。ベイズ主義者と頻度主義者が、生物学のある学説を多くの証拠に照らして考察し、どちらもその説に高い評価を与える、ということがしばしばある。このような場合、生物学者は運よく論争の場から逃れることができる。彼らは、関心のある生物学の問いに対する答えを手にし、ベイズ主義と頻度主義のどちらが統計哲学としてすぐれているか、などと思い煩う必要はない。そもそも生物学者は**生物**に関する発見を行うことに関心を払い、**推論の本質**を気に掛けることはしないものである。そしてたいていの場合、このような「哲学的」論争の考察は、統計学者や哲学者に任せて満足している。科学者は統計的方法の消費者であり、彼らの方法論に対する態度は、私たちが車やコンピュータのような消費財に対してもつ態度としばしば似通っている。私たちは『コンシューマー・レポート』[*3)]や他の雑誌を読み、何を買ったらよいか専門家のアドバイスを得ようとするが、車やコンピュータが動く原理について深く知ろうとすることはめったにない。経験科学の専門家たちはしばしば統計学者のお世話になるものの、彼らが使うのは統計学者が「缶詰」にした統計パッケージであり、それは一般の消費者が『コンシューマー・レポート』を利用するのと同じレベルである。こういうわけで、たいていの生物学者は、いま述べた塹壕戦に巻き込まれているとは感じていない。彼らはスイスのような中立国に暮らしているか、または暮らそうとしていて、マルヌ会戦[*4)]が自分の住む場所から遠く離れたところで自分とは関係なく行われることを願っている。

[*3)] 様々な製品、サービスについての比較、調査を報告する米国の非営利系組織の月刊誌。
[*4)] 第一次大戦中、パリ東方のマルヌ河畔で仏軍が独軍の侵攻を食い止めた戦い。これにより戦争が長期戦へと転じた。

本書〔原著〕は、証拠の概念が、進化生物学に適用される場合について述べたものである *5)。この章では、後の章とも関わる「証拠」についての一般的問題を扱う。私はここで、ベイズ主義と頻度主義の論争について、その完全な特徴付けをしようと思っているわけではないし、また、これほど長く続いている塹壕戦に終止符を打とうなどと目論んでいるわけでもない。むしろ、銃撃戦がいったいどんな問題に関わってきたのか、この点を読者に理解してもらえるようにしたい。はじめのうちは専門用語を使わないようにし、わかりやすい単純な例でポイントを明確にするつもりである。実は、私がこの本では敢えて探ろうとしなかったような、もっと深い問題がいくつかある。しかし、そうした問題を避けているにしても、私の論じ方は中立的とはならずに、実際に何度も両陣営を怒らせる羽目になるだろう。私は、ベイズ主義が科学的推論の多くの場面で際立った働きをすると主張したいと思う。しかし一方で、ベイズの方法を適用するのに大いに問題があるケースもあり、この点では強く頻度主義に同意する。けれども多くの頻度主義者とは違い、産湯とともに価値あるベイズの赤ん坊〔重要な主張〕まで流してしまうことはしたくない。私はまた、頻度主義のある標準的な考え方には欠陥があると論じるが、その適用がかなりうまくいきそうなケースがあることも示す。つまり、頻度主義に関しても、取捨選択の必要があることを論じる。私の方法は「折衷案」ということになろう。すべての科学的推論について、1つの考え方だけで統一的に説明しようとする立場を擁護するのではない。もっとも、何らか

---

*5) 本書と原著の関係について、予め断っておきたい。原著はもともと「生物進化に関するダーウィン説（自然選択説と共通祖先説）が、インテリジェント・デザイン説を含む他の競合仮説に対して、どのように検証され優位とされるか」を主たるテーマとして書かれた本である。本書はそのうち、具体的な仮説検証作業に先だって、その検証手段である統計学を哲学的に分析した章（第1章）のみ訳出したものである。原著の構成上、本書中に後章（進化生物学諸説の検証に関する章）に言及する箇所が数箇所出てくる。本来、そうした箇所は割愛した方が読者には混乱がなくてよいだろうが、後章への言及が本書本文の記述と切り離せない部分が少なくないこと、および興味のある読者が原著に当たる場合の便宜を考慮して、こうした言及を割愛せずそのまま訳出した。本書にない後章の指示がある場合は、章番号指示の後に「〔原著不訳出〕」と記した。読者にはこの点に留意して読み進めていただきたい。

の大統一理論があればいいとは思うのだが。

　話を始める前に、もう1つ断っておきたい。私はベイズ主義と頻度主義を対比し、以下の話の中で再びこの2分法に立ち戻る。しかし、ベイズ主義にも様々な種類があり、頻度主義もまた同様である。さらに、第3の道として尤度主義（likelihoodism）がある（頻度主義者はしばしば、ベイズ主義と尤度主義のことを、出来の悪いコインの裏表の関係と見なすのであるが）。以下の議論では、推論に関するこれら3つの哲学的立場を注意深く区別したいと思う。しかしいまは差し当たり、最初の2つが明確に違っている点をもとに話を始めよう。ベイズ主義者の方は、互いに異なる科学上の学説が、それぞれどの程度確からしいかを評価しようとする。あるいはもう少し控えめに言うと、どの学説がより確からしく、どの学説がそうでないのかを評価しようとする。頻度主義者は、そんなことは科学というゲームが本来関わることではないと主張する。では頻度主義者にとって達成可能な目的とはいったい何なのか。この問いかけは、ぜひしっかり覚えていてほしい。のちほどまたこの問題に戻ってくる。

§1 ロイヤルの3つの問い

統計学者リチャード・ロイヤルは、証拠の概念についてすばらしい本を書いた[3]。その書き出しは、次の3つの問いの区別で始まっている（Royall: 1997, 4）。

(1) 現在の証拠から何がわかるか。
(2) 何を信じるべきか。
(3) 何をするべきか。

合理的に考える人間であれば、いま手にした証拠をもとに自分の信念を形成し、また何をするべきか（どのような行為を行うべきか）を決めるときには、そうした信念を考慮に入れるはずである。しかし(2)に答えるには(1)に答えるより多くのことが必要で、(3)に答えるには(2)に答えるより多くのことが必要である。何が余分に必要になるかは、図1に示してある。

いま、あなたが医者だとして、診察室で患者に結核検査の結果のことを話しているとしよう。検査所からの報告は「陽性」であった。これがあなたの手にしている現在の証拠である。では、これによって患者が結核であると結論すべきだろうか。あなたは検査結果を考慮に入れたいとは思うが、それ以外に別の情報ももっている。たとえば、以前に患者の健康診断を行っていて、検査結果を見るまでにすでに、あなたは患者が結核かどうかについてのある意見をもっていた。検査結果によって、このことに関するあなたの信念の度合いは変化するかもしれない。あなたはこの新しい証拠を自分のそれまでの情報と統合し、自分の信念の度合いを更新する。その結果、患者に対して「あなたが結核である確率は、0.999 です」と告げるかもしれない。

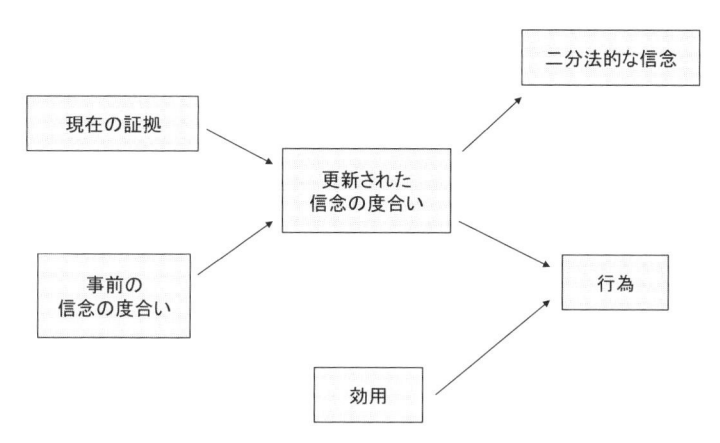

図 1　現在の証拠とその先にある結果。

　もし患者がねじれた会話の好きな哲学者なら、こう切り返すかもしれない。「じゃあ先生、おっしゃってください。私は結核なんですか、それともそうじゃないんですか。」彼は自分が結核であることがどれほど**確からしい**かを知りたいのではなく、自分がその病気であるのかないのか、つまり**イエスかノー**かを知りたいのである。このことから、ある命題が 0.999 の確率をもっていれば、その命題は信じるに足るのかどうか、という問いが生じる。ただしここで信念は、命題を信じるか信じないかという、2 つに 1 つの選択としてあるものとする。信念の度合いが高ければ、それだけである命題を信じるのに十分だと思われるかもしれない（たとえその命題が真であることを確信するのに十分ではないとしても）。しかし、話はそれほど単純ではない。カイバーグのくじのパラドクス（Kyburg: 1970）について考えてみよう。1,000 枚のくじ券が売られて、くじは**公正**だとする。公正だというのは、1 枚が当たりであって、どの券も等しく当たりのチャンスがあるということである。もし、信念を得るためには高い確率があれば十分だと言うなら、1 枚目の券は当たりでないと信じてよい。その券が当たりでない確率は $\frac{999}{1000}$ だからである。同じことが 2 枚目についても言えて、やはり「これは当たりじゃない」と信じる

べきである。こうして 1,000 枚の券それぞれに同じことが言える。けれども、この 1,000 個の信念（いずれも、i 番目の券が当たらない、という形の信念）と、あなたが信じている他のことがらすべてを一緒にしたとすると、あなたの信念は矛盾してしまう。なぜなら、あなたはくじが公正だと思っているので「ある券が当たる」と信じているが、同時に「どの券も当たらない」という命題をたったいま受け入れたからである。これに対してカイバーグは、命題を受け入れることは連言規則に縛られない、と言い表すことでこの問題が解決できるとした。つまり、あなたは A を受け入れ、かつ B を受け入れることができるが、このとき $A\&B$（A かつ B）という連言 *6) を受け入れる必要はない 1)、とするのである [4]。このような解決は、信念が「信じるか信じないか」の二者択一として成り立つ場合は最善かもしれないが、そのような信念の捉え方が本当に必要かどうかは疑問である。考えてみると私たちの日常的な思考の中には、もとは連続したことがらなのに、それを粗っぽく二分法的に捉えてしまっている場合が結構ある。たとえば、私たちは人の頭が禿げているという言い方をするが、禿かどうかの境界となる髪の毛の本数などないことはわかっている 2)。私たちは必要があれば、こうした粗い区分を棄てるにやぶさかではないが、この区分の方が都合がよい場合、あるいは無害である場合には再びこれを使おうとする。

合理的な受け入れや棄却について語ることに意味があるとするなら、そうした受け入れ・棄却の概念は、証拠の概念との間に次のような関係をもたな

---

*6) 命題が「かつ (and)」で結ばれるとき、これを命題の「連言」と言い、「または (or)」で結ばれるときにこれを命題の「選言」と言う。本書では、連言「A かつ B」を '$A\&B$' と表記し、選言「A または B」を '$A \vee B$' と表記する。

1) カイバーグとは異なり、合理的な受け入れは連言規則に従うとする説については、カプラン (Kaplan: 1996) を参照のこと。

2) 私たちはこれを「わかっている」と言ったが、ウィリアムソン (Williamson: 1994) やソーレンソン (Sorenson: 2001) は、曖昧な言葉を使ういずれの場合も、たとえ話者が気づいていないにしても、ある切れ目が存在すると論じている。彼らの立場は直観に反するが、議論の詳細をきちんと見ずには退けることができないものである（ここでは詳細に立ち入らない）。

ければならない。

> もし E が真であると知ることによって命題 P を**棄却する**（信じない）ことが正当化され、かつ、この情報を得てはじめて P の棄却が正当化されたのであれば、そのとき E は P に**反する**証拠（P の反証）とされねばならない。

> もし E が真であると知ることによって命題 P を**受け入れる** [*7]（信じる）ことが正当化され、かつ、この情報を得てはじめて P の受け入れが正当化されたのであれば、そのとき E は P を**支持する**証拠とされねばならない。

合理的な受け入れ・棄却に関する理論は、このような穏当な原則よりもっと多くの規定を与えるはずだから、こんな原則などはわざわざ言う必要のない、つまらないものだと思われるかもしれない。しかしこの原則は、ここで述べておくだけの価値が確かにある。というのも、この原則は本論の後半部分で、ある哲学的に重要な役割を果たすことになるからである[3]。

たとえ、証拠と合理的な受け入れをつなぐこの穏当な原則がどれほど明らかに思われようと、一度立ち止まってじっくり考えてみるだけの哲学的理由が古くから存在する。17世紀の哲学者ブレーズ・パスカルは、後に**パスカルの賭け**と呼ばれるようになったある議論の梗概を示した。パスカルよりも前になされた神の存在証明[5]は、神が存在するという証拠を示そうとするもの

[*7] 統計学的な仮説の 'acceptance' のことを、日本語では「受容」「採択」「受け入れ」と様々に訳すが、本書ではこの語に対する訳語を「受け入れ」で統一する。

[3] 証拠の概念が1組の命題を互いに関係づけるのに対して、受け入れと棄却の概念が命題を人と関係づけるというのは興味深いことである。煙は火事の証拠であり、それは誰かがそれを気に留めるかどうかに関わらずそうである。しかし合理的な受け入れ（あるいは棄却）というのは、誰かがある命題を受け入れる（棄却する）ことが正当化されるということである。現在、科学哲学者と認識論学者の間にある分野的な分断は、命題が互いにどう結びつくか、命題が人にどう結びつくか、という2つの問いの区別とかなりの程度重なり合う。

だった。一方パスカルが示そうとしたのは、たとえ自分が手にする証拠がすべて**反証的である**としても、神の存在は信じるべきだ、ということであり、その根拠となる考え方はおよそ次のとおりである。もし神が存在するなら、神を信じていればあなたは天国に行き、信じないなら地獄に行く。他方、もし神が存在しないならば、神の存在を信じようと信じまいと、自分の生活の幸福にそれほど大きな影響が及ぶことはない〔したがって神を信じるべきである〕。パスカルがこれを書いた時期は、確率論がちょうど近代的な数学的形式をとり始める時期であり、彼の議論は、後に**意思決定論**としてまとめられることになる考え方をよく示す例となっている。この議論の詳細な部分については多少論争の余地があるが（これについてはMougin & Sober: 1994を参照のこと）、この賭けは私たちの興味をそそる。というのも、これはいま述べたばかりの「穏当な」原則に反対するように見えるからである。この賭けでは、仮に神が存在する証拠を何も示せないとしても、神が存在するという命題を受け入れるだけの理由があるとされる。こうした神学問題でなくても、同様の異論は容易に思いつくだろう。たとえば私があなたに対して、もしあなたが「大統領がいまチョコレートバーでジャグリングをしている」と自分自身に信じ込ませることができれば、私はあなたに100万ドル渡す、という約束をしたとしよう。ジャグリングが本当だという証拠を私は何も示していない。けれども、もし私が約束を果たす信頼できる人間であれば、ここで私はこの命題を信ずべき理由をあなたに与えたことになる。

　パスカルの賭けについての註釈書には、よく合理的な受け入れに2つのタイプがあると書かれている。命題を**受け入れる**という**行為**は、十分思慮深く行うことはありえても、それは、**受け入れられた命題**が証拠によって十分支持されている、ということを意味しない。もし命題を受け入れるときに、それが、「信じる」という行為に伴うコスト・ベネフィット計算[8]によってなさ

---

[8] 信じて何かを行った場合に、その行為の結果として何が生じるかを考慮して命題の受け入れ判断をするということ。パスカルの賭けは、このタイプの受け入れと考えられる。

れるなら、これを「思慮による受け入れ」と呼ぶことにしよう。他方受け入れが、いま信じられている命題と証拠との関係によってなされるならば、それを「証拠による受け入れ」と呼ぼう。証拠と「受け入れ」とをつなぐ前述の穏当な原則は、後者の**証拠**による受け入れとの関連性が明らかに強い。原則がこのように修正された場合〔原則の中の、「E が真であると知ることによって」を「証拠 E によって」に置き換えた場合〕、それは真である。実際、**定義上**真であるとさえ言ってよいかもしれない。しかしこのことによっては、果たして思慮による受け入れを無批判に採用してよいかどうかは決められない。ウィリアム・ジェイムズ（1897）は、「信じる意思（The Will to Believe）」という論文の中で、証拠が何も語らないときでも、私たちには信じる権利があることを擁護した。これについて W. K. クリフォードは、論文「信念の倫理学（The Ethics of Belief）」の中で、「不十分な証拠をもとに信じること」は、どんな場合でも誤りであると論じている（Clifford: 1999）。ここで 2 つの立場のどちらが正しいか判定を下そうとは思わない。いまはとりあえず、「何を信じるかは証拠によって決めるべきだ」とする人たちが、この穏当な原則によって 1 つに束ねられている、ということだけ述べておこう。

　17 世紀のパスカルの神学論争から、20 世紀統計学の具体的な主義主張にまで話が飛ぶのはあまりに距離がある、と思われるかもしれない。しかし、パスカルの、思慮による受け入れという概念は、現在の頻度主義の考え方の中にまで息づいている。ネイマン、ピアソン（1933: 291）の次の言葉がこれまでしばしば引用されてきた。

> 確率の理論に基づくいかなるテストも、それだけでは、仮説の真偽について意味のある証拠は与えない。（中略）しかし、テストの目的について、他の視点から眺めることができる。1 つずつの仮説については真か偽かの判定を望みようがないとしても、その規則に従えば長い経験の中でそれほど頻繁には間違えることがない、と確信できるような

行為の規則を探すことはできるだろう。

ネイマンとピアソンは、受け入れと棄却が**態度** (behavior) であると捉え、それは「証拠」によってではなく、思慮ある考察によって縛られるべきだと考えた。「証拠」は、彼らにとっては掴みどころのない幻のようなものである。彼らにとっての思慮ある考察には、「天国や地獄に行く」という話は含まれていない。かわりに「正しい信念をもつ」あるいは「誤った信念をもつ」ということが、その考察に関係する。「証拠」によって何を信じるかが決まる、というようなことは全くない。そうではなく、私たちがやるべきことは、ある方針をもって、その方針を最後まで貫くことである。それを行うなら、私たちは長い目で見て、「誤った信念をもってしまう可能性が、予め定められた最低ラインよりも下にある」ということを確信することができる（あるいは少なくとも、そうしたことが極めて確からしいと判断できる）。今日の頻度主義者が、誰でも証拠の概念に対してはっきり否定的というわけではない（§4）。けれども頻度主義者たちは昔から今日まで、しばしば、**思慮ある信念**という考え方を好んで奉じてきた。

図1に戻ろう。医者であるあなたは患者が結核であることを99.9%確信し、その信念の度合いは、現在の結核検査の結果と、以前に得られた他の情報に基づいているとしよう。このとき注意すべきは、あなたの信念の度合いがこれだけあるからと言って、それだけであなたが何を**言い**、何を**なすべき**かが示されるわけではないということである。あなたは自分が思っていることを患者に告げるべきだろうか。沈黙すべきだろうか。それともウソを言うべきだろうか。あなたは机にあるピンクの錠剤を患者に手渡すべきだろうか。何をすべきかを合理的に決めるには、あなたがもっている証拠以外のもの、あなたが抱く信念の度合い以外のものが必要となる。行為の選択には、価値のインプット（経済学者が**効用**と呼ぶもの）が必要である。

§2　ベイズ主義の基本

ベイズ主義は、ロイヤルの問 (2)「何を信じるべきか」に答えるものである。ベイズ主義はこの問いを洗練し、命題を信じるか信じないかという二分法的概念を、信念の度合いという概念に置き換えた。いま見た例で言えば、ベイズ主義は、患者の結核検査が陽性で戻ってきたときに、どの程度患者が結核だと確信すべきかを問題にするのである。

ベイズの定理

ベイズ主義はベイズの定理を基礎にしているが、この2つは同じものではない。ベイズの定理は数学の1つの結果である[4]。これは、確率論の公理から導出されるので、定理と呼ばれている(実際、条件付き確率の標準的定義から導くことができる)。数学の一部なので、この定理には議論の余地がない。他方、ベイズ主義は哲学の理論の1つであり、認識論[6]である。ベイズ主義は証拠、推論、合理性の問題に関わる様々な概念の解明に、この数学的確率論を役立てようとする。

　ベイズ主義はベイズの定理をどのように使うのか。ここでそれを大まかに示しておこう。何か観察を行う前に、あなたは仮説 H に対して確率を割り当てる。この確率は、高くても、中くらいでも、低くてもよい(すべての確率

---

[4] この定理の特別な形がトマス・ベイズによって導かれ、死後、1764年の英国王立協会紀要に掲載された。ベイズが行った定理の導出は手の込んだもので、それほど一般的ではなく、ここで示すような現在用いられるすっきりした導出方法とは全く異なっている。

は、定義上 0 以上 1 以下でなければならない)。観察を行い、それによってある観察言明 O が真であることがわかったならば、その後、いまわかったことがらを考慮して、H に割り当てていた確率を更新する。観察前に H がもつ確率を**事前確率**と呼び、これを $Pr(H)$ で表す。「事前 (prior)」という言葉は端的に**前に** (before) という意味であって、その確率の値がアプリオリに (つまり、いかなる経験的な入力値もなしに) 知られているということではない。証拠 O に照らして H がもつ確率を、H の**事後確率**と呼び、$Pr(H|O)$ という条件付き確率で表す。そしてこれを「O (という条件) の下での H の確率」と読む。ベイズの定理は事前確率と事後確率とが互いに関係づけられることを示している。

では、定理はどのようにして導けるのか。少しの間、H が仮説〔hypothesis の H〕を表し、O が観察〔observation の O〕を表すということを忘れて、それらが 2 つの命題だと見なすことにしよう。コルモゴロフ (Kolmogorov: 1950) の条件付き確率の定義はこうである [7]。

$$Pr(H|O) = \frac{Pr(H\&O)}{Pr(O)}$$

この定義は直観的に理解できる。たとえば、通常のトランプの束からランダムに引かれたカードが赤であるときに、それがハートである確率はいくらだろうか。コルモゴロフの定義によれば、この条件付き確率は、Pr(ハート&赤)$/Pr$(赤) という比と同じ値をもつ。分母は 1/2 で、「(そのカードが) **ハート&赤である**」という分子部分の命題は「**ハートである**」という命題と等値なので、分子の値は 1/4 である。それゆえ条件付き確率の値は 1/2 となる。このコルモゴロフの定義の中で、H と O をそれぞれ入れ替えると、次の式もまた真であることがわかる。

$$Pr(O|H) = \frac{Pr(O\&H)}{Pr(H)}$$

これは、H&O という連言〔O&H と等値〕の確率が 2 つの異なる仕方で表され

ることを意味する。

$$Pr(H\&O) = Pr(H|O)Pr(O) = Pr(O|H)Pr(H)$$

この式の2つ目の等式部分から、次の式が導かれる。

ベイズの定理： $$Pr(H|O) = \frac{Pr(O|H)Pr(H)}{Pr(O)}$$

さらに他の用語を挙げておこう。ベイズの定理に事前確率と事後確率が含まれることはすでに述べたが、定理にはさらに、他の二種類の量が含まれる。$Pr(O)$ は**観察の無条件確率**と呼ばれるものである。もう1つの確率、$Pr(O|H)$ については R. A. フィッシャーが H の**尤度**（likelihood）という名を与えた。フィッシャーの用語法が統計学の標準となったので、ここではこの用語を使うことにする。しかし、この用語は紛らわしいものである。というのも、通常の英語の使い方では 'likely'（「尤もらしい」）と 'probably'（「確からしい」）は同義語だからである。というわけで、「尤度」（likelihood）が専門用語の1つであることを忘れないでほしい。H の尤度である $Pr(O|H)$ と、H の事後確率である $Pr(H|O)$ は種類の異なる量であり、概ねその値は異なっている。H の尤度は H が O に付与する確率で、O が H に付与する確率ではない。1つの例を考えよう。いま、屋根裏から何か物音が聞こえてきた。そこであなたは、グレムリンたちがそこでボーリングをしているという仮説について検討する。この仮説の尤度は高い。もし実際に屋根裏にグレムリンがいたら、確かに騒々しいだろうからである。しかしあなたは物音がするからと言って、そのことで「グレムリンが上でボーリングをしている」ということが非常に確からしくなるとは考えないだろう。この例では $Pr(O|H)$ は高いが、$Pr(H|O)$ は低い。グレムリン仮説は、尤度は高いが確率は低いのである。

H の確率と尤度の違いを強調するさらに2つのことがらを付け加えよう。

$$Pr(H) + Pr(\neg H) = 1$$

であり、また
$$Pr(H|O) + Pr(\neg H|O) = 1$$
が成り立つ (ただし '$\neg H$' は「H の否定」を表す)。ある命題の確率と、その否定の確率の和は 1 である。これは事前確率にも事後確率にも当てはまる。しかし尤度の和は 1 でなくともよい。$Pr(O|H) + Pr(O|\neg H)$ は、1 より小さい場合もあれば大きい場合もある。いま、あなたは友人のスーが大金持ちであることに気づき、果たして彼女が先週の宝くじに当たって一財産なしたのかどうかを知りたいとしよう。スーが金持ちだというあなたの観察報告は、彼女が宝くじを 1 枚買ったという仮説の下でも、また、彼女が宝くじを買わなかったという仮説の下でも、全くありそうにないことである〔したがって、両方の尤度の和は 1 より十分小さいと考えられる〕。以上述べた点をまとめると、こうなる。もし H の確率がわかれば、それにより H でない確率もわかる。しかし、H の尤度がわかったとしても、H でない場合の尤度は全く決まらない。

尤度と確率のもう 1 つの違いは、仮説が論理的により強いか、より弱いかという違いに関係する。いま、あるトランプの束からカードが配られているとし、次回あなたに配られるカードについて、以下のような 2 つの仮説を考えることにしよう。

H_1 = そのカードはハートである。
H_2 = そのカードはハートのエースである。

仮説 H_2 は H_1 よりも論理的に強い。これは、H_2 が H_1 を論理的に含意し、その逆ではないということである [8]。いま、ディーラーがうかつにも、あなたにカードが配られる前に、それを一瞬あなたに見せてしまったとしよう。あなたはそのカードが赤だという観察 O をなす。H_1 の方が高い事後確率をもつことに注意してほしい。$Pr(H_1|O) = 1/2$ だが、$Pr(H_2|O) = 1/26$ である。けれども、$Pr(O|H_1) = Pr(O|H_2) = 1$ なので、2 つの仮説は全く同じ尤度を

もつ。この例で明らかなように、以下のことがらは確率論における1つの定理である。

> もし命題 X が命題 Y を論理的に含意するなら、そのとき $Pr(X) \leq Pr(Y)$、かつデータが何であれ、$Pr(X|\text{データ}) \leq Pr(Y|\text{データ})$ である。

論理的に強い仮説は、論理的に弱い仮説より高い確率をもつことができないが、より高い尤度をもつことはできる。尤度に関するこのポイントは、「そのカードはエースである」という観察 O' に対して、H_1, H_2 がそれぞれどんな関係をもつかを考えてみればよくわかるだろう [*9)]。

更新の規則

ベイズの定理の中で用いられている、それぞれ異なる種類の量は、O という言明が真かどうかわかる**前**にすべて与えられる。すなわち、O が真かどうかわからなくても $Pr(H|O)$ の値を知ることができる。これは条件文(「もし〜なら、…」という言明)が真であることが、前件(「もし〜」の部分)が真かどうか知られていなくてもわかるのと同様である [*10)]。ベイズの定理が教えてくれるのは、定理中に現れる異種の確率どうしが互いにどんな関係になければならないか、ということである。これらの確率はいずれも同時に値を割り当てられるので、この定理はいわば、**共時的な**〔ある一時点でとらえられ

[*9)] このとき、$Pr(O'|H_1) = \frac{1}{13}, Pr(O'|H_2) = 1$ となるので、$Pr(O'|H_1) < Pr(O'|H_2)$。

[*10)] たとえば命題「A ならば B」において、A が「$x = 1$」を表し B が「$x^2 = 1$」を表すとすると、実際に $x = 1$ が真であろうとなかろうと、A と B の論理的関係によって、命題「A ならば B」は真である。事後確率 $Pr(H|O)$ についても、O が真であるかどうかにかかわらず、ベイズの定理で確率間に結ばれる関係によって、その値を知ることができる。

た〕言明である。しかし、すでに触れたようにベイズ主義というのは、新しい証拠が得られたとき、信念の度合いをどう変更すればよいかについて助言を与えてくれるものである。したがって、ベイズの定理は何らかの更新規則によって補われる必要がある。この規則は、確率の**通時的な**〔変化をとらえた〕関係を規定することになる。

厳密な条件付けによる更新規則に従えば、もし O が新たに得られた情報のすべてであるなら、H に対する新しい確率は、以前に得た（古い）$Pr(H|O)$ の値に等しくなければならない。言い換えると、もし O が、かつてと今の間で手に入った証拠のすべてであるなら、$Pr_{今}(H) = Pr_{かつて}(H|O)$ である。

結核の検査結果を見る前に、あなたは $Pr(S$ が結核である｜結果が陽性である$)$ の値と、$Pr(S$ は結核である｜結果が陰性である$)$ の値を知っている。それらは、あなたが既に得ている事後確率である。実際に検査結果が陽性であることがわかると、S が結核であるという命題へのあなたの新しい信念の度合いは、この2つの条件付き確率のうち、あなたが前者に割り当てた度合いとなる。

この更新規則が「あなたの」確率に適用される、と言うときに、それは、ベイズ主義の枠組みが主観的な信念度合いにだけ関わることを意味するのだろうか。そうではない。ベイズ主義の枠組みは、もっと広い適用範囲をもつ。この規則は行為者一般に対して、「確信の度合いをどのように調整すべきか」という、規範的な助言を与えてくれると考えられる。それどころか、この更新規則はまた、「ある命題の客観的な確率をどう考えるべきか」についても助言してくれるのである。あなたが、通常のトランプの束からハートのエースを引く客観的な事前確率は 1/52 だと考え、また、そのカードが赤という条件の下でハートのエースとなる客観的事後確率を 1/26 だと見なし、さらに事実、次に引かれるカードが赤だとわかったとしよう。このとき、「そのカードがハートのエースである」ということに対する新たな客観的確率は、1/26 でなければならない。確率言明がどんな意味をもつか、という**意味論的な**問

いが成り立つが、それとは別に、確率がどう割り当てられ、どう操作されるべきかについて、ベイズ主義が与える**認識論的な**アドバイスに心を留めておくことは有用である[9]。私は、確率についてのこの2つのことがら〔意味論と認識論〕から、興味深い関係は引き出せないと言いたいわけではない。まずは、一番重要な、この認識論的部分に注意を向けようということである。

　厳密な条件付けには、「観察の結果として、観察言明が真であること、または偽であることがわかる」という理想化が含まれている。あなたが知るのは、単に「O **が真であることが確からしい**」ということではなく、「O **が真である**」ということである。そして、あなたはこの情報を用いて、ある別の命題 H に対するあなたの信念度合いを変更する。厳密な条件付けを含むベイズ主義は、ある種のハイブリッド哲学である。O は受け入れられるか棄却されるかだが、H に対してはそうした二分法的な信念の考え方を適用しない。リチャード・ジェフリー (1965) は、O についても、信念の何らかの度合いを得られるだけであるような場合の更新規則を提唱した。そこでは二分法的な信念の考え方は完全に捨て去られる。ジェフリーの**確率機構論** (probability kinematics) は、あなたが O に関して新たに得た信念の度合いが、あなたの H に対する信念の度合いにどのように影響を及ぼすべきかを規定する[5]。この本の目的からすると、ジェフリーの行った洗練化を考慮せずに、厳密な条件付けだけでベイズ主義を捉えておいてよい。以下では、既に得た確率の割り当てと新しい確率の割り当てを区別する、という面倒なことがら〔すでに得られた事後確率を、単純に新たな事前確率と見なす（両者を等しいと見なす）のではなく、命題への信念の変化を加味して、前の事後確率とは異なる確率を新たな事前確率にする、という考え方〕には踏み込まない。厳密な条件付けの規則に従うベイズ主義にだけ焦点を合

---

[5] ジェフリーの条件付けは、入力条件の特徴付けに関して、厳密な条件付けよりも現実的だと言えるが、一方で、厳密な条件付けが回避しているある特異な論理的特性をもっている。ジェフリーの条件付けでは、新たな証拠が見いだされる順序が最終的な信念の度合いに影響を及ぼすのである。厳密な条件付けではこのようなことは生じない[10]。

わせていくので、O が真であるとわかれば（O があなたの知りえた唯一のものであるとして）、事後確率 $Pr(H|O)$ を更新された信念の度合いとして扱うことにする。

厳密な条件付けによる更新規則では、あなたがいま、命題 H に対する確率をもっており、かつ、**それより前に**その命題に対する（条件付き）確率をもっていた、という場合に的を絞っていることに注意してほしい。したがって、もし H が、たったいま考えついたばかりのことを含んでいる新規な概念だとすると、この規則を適用することはできない。このとき、H は以前には利用できなかった概念を使っているので、H には、かつての条件付き確率というものが存在しない。これは、ある種の科学革新において見られる、とりわけ重要な特徴である。科学者はしばしば、固定したひとまとまりの概念の枠内で研究を行うが、ときおりここから飛び出すことがある。進化論者は、時に小進化と大進化を区別する〔§2.19, 原著不訳出〕。前者は、長く存続する種の中で起こる変化を記述するのに対し、後者は、結果として新しい種の出現をもたらすような変化を記述する。クーンの通常科学（normal science）と革新的科学（revolutionary science）の区別は、これと類似している (Kuhn: 1962)[11]。すでに存在する「パラダイム」の中で追究される科学と、結果として新しいパラダイムの形成につながる科学との区別である。厳密な条件付けによるベイズ主義の更新方法は、通常科学の中で起こる小変化に関して、より大きな意味をもつ。これが、科学革命の中で生じるような大変化でも表せるのかどうかは、大いに論争のあるところである[6]。

---

6) この問題と密接な関係にある古い証拠の問題についての議論は、イールズ（Eells: 1985）とアーマン（Earman: 1992）を参照のこと。上で述べた問題は、アーマンが「新しい説に関する問題」と呼ぶ問題の中に位置する[12]。

事後確率、尤度、そして事前確率

あなたが医者で、患者の結核検査の結果が陽性である、という先ほどからの例に対して、このベイズの定理を当てはめてみるとどうなるだろうか。あなたは検査結果という新しい情報を用いて、患者が結核であることについて、どれくらい確信したらよいかを導きたいとする。このとき、ベイズの定理に従うと次のようになる。

$$Pr(結核である \mid 陽性) = \frac{Pr(陽性 \mid 結核である)Pr(結核である)}{Pr(陽性)} \quad (4)$$

ベイズの定理はまた、S が結核でないという仮説に対しても当てはめることができる。

$$Pr(結核でない \mid 陽性) = \frac{Pr(陽性 \mid 結核でない)Pr(結核でない)}{Pr(陽性)} \quad (5)$$

(4) と (5) から、次のような比の等式が導かれる。

$$\frac{Pr(結核である \mid 陽性)}{Pr(結核でない \mid 陽性)} = \frac{Pr(陽性 \mid 結核である)}{Pr(陽性 \mid 結核でない)} \times \frac{Pr(結核である)}{Pr(結核でない)} \quad (6)$$

(4) と (5) の両方に含まれる、「観察についての無条件確率」を表す $Pr(陽性)$ という項が、最後に消えてしまっていることに注意しよう。この項を含まない命題 (6) は、事後確率の比が、尤度の比と事前確率の比との積に等しいことを表している。

あなたは、検査結果を見る前に、2つの事前確率を得ている。その合計は1でなければならないが、その比については、もちろん1より大きくても小さくてもよい。さて、検査結果が陽性であるという観察を得たとすると、これによって、信念の度合いは変化するのだろうか。もし2つの尤度が同じであれば、これは起こりえない。つまり、

$$Pr(陽性 \mid 結核である) = Pr(陽性 \mid 結核でない)$$

であれば、事後確率の比は事前確率の比と同じになる。このとき、観察は情報を与えない。実際、この場合には、検査結果がどうであったかをわざわざ調べる必要すらない。一方、

$$Pr(陽性 \mid 結核である) > Pr(陽性 \mid 結核でない)$$

であれば、観察は違いをもたらすことになる。陽性の検査結果によって、「S は結核である」というあなたの確信は強められる（そして、結核でない、という確信は弱められる）。この場合観察は、事後確率の比を事前確率の比より大きくする。(6) の右辺の第 1 項である尤度の比は、特に重要である。これは検査結果を得た後、S が結核かどうかに関するあなたの信念度合いが変わる際に、**唯一無二**の通り道となる。ベイズ主義にとって、これ以外の道はない。

この点を違う角度から見ておきたい。(4) の形のベイズの定理について、さらに掘り下げてみよう。この中に含まれる、「観察の無条件確率」とはいったい何を意味するのだろうか。陽性という結果は、S が結核である場合に生じうるが、S が結核でない場合にも生じうる（その場合、検査結果が誤っていたことになる）。この両方の可能性が、観察の無条件確率の中に表れる。

$$Pr(陽性) = Pr(陽性 \mid 結核である)Pr(結核である)$$
$$+ Pr(陽性 \mid 結核でない)Pr(結核でない) \quad (7)$$

つまり観察の無条件確率は、観察が二者択一の仮説の下でなされる確率の平均なのである。平均は、事前確率の項で重み付けされる。言い換えると、Pr(陽性) は、重み付けされた 2 つの尤度の平均である [11]。ここで (4) を書き換えるのに (7) を使うと、次の式を得る。

---

[11] 一般に命題 O の事前確率（ここでは観察の無条件確率）$Pr(O)$ は、命題 $H_i (i = 1, 2, \cdots, n)$ がすべての可能な場合を尽くしているとき（いまの例は二者択一ですべての可能な場合を尽くしている）、$Pr(O) = \sum_i Pr(O|H_i)Pr(H_i)$ と書き表せる。ベイズ主義で観察の無条件確率の値を求める場合には、通常このような平均化された形で求められる。

$$Pr(\text{結核である} \mid \text{陽性})$$
$$= \frac{Pr(\text{陽性} \mid \text{結核である})Pr(\text{結核である})}{Pr(\text{陽性} \mid \text{結核である})Pr(\text{結核である}) + Pr(\text{陽性} \mid \text{結核でない})Pr(\text{結核でない})} \quad (8)$$

もし $Pr(\text{陽性} \mid \text{結核である}) = Pr(\text{陽性} \mid \text{結核でない})$ であれば、(8) の分母は $Pr(\text{陽性} \mid \text{結核である})$ に等しくなり[*12]、その場合 (8) は単純に、

$$Pr(\text{結核である} \mid \text{陽性}) = Pr(\text{結核である})$$

となる。尤度に違いがない場合、事後確率は事前確率と同じ値でなければならない。このとき観察結果は、あなたの信念の度合いに影響を与えなかったことになる。

確 証

前にも述べたとおり、ベイズ主義はベイズの定理以上のものを含んでいる。哲学は数学の範囲を超えるものである。哲学では、鍵となる認識論的な概念を定義しようとするからである。たとえば、ベイズ主義は確証については「確率を上げること」と定義し、反証は「確率を下げること」と定義する。

（定性的条件）
　　　O が H を確証するのは、$Pr(H|O) > Pr(H)$ のときであり、またそのときに限る。
　　　O が H を反証するのは、$Pr(H|O) < Pr(H)$ のときであり、またそのときに限る。
　　　O が H の確証に無関係なのは、$Pr(H|O) = Pr(H)$ のときであり、またそのときに限る。

[*12] (分母)= $Pr(\text{陽性} \mid \text{結核である})\{Pr(\text{結核である}) + Pr(\text{結核でない})\}$ となり、{ } 内が 1 となるため。

確証は「真であるとわかる」という意味ではなく、また反証は「偽であるとわかる」という意味ではない。確証と反証がそれぞれ意味するのは、H を真だとするあなたの確信が、観察によって大きくなる、または小さくなるということにほかならない。したがって、たとえ $Pr(H|O)$ がまだ小さい値であっても、O が真であるという観察によって H が確証されることが起こりうる。事後確率が事前確率より高くありさえすればいいのである。そして、$Pr(H|O)$ が依然高い値なのに、O が H を反証するということも起こりうる。このとき、O が H の確率を下げさえすればよい。ベイズ主義の確証と反証は、確率の比較を伴うものである。どんな確率であれ、ベイズ主義ではその絶対的な値が問題になることはない。ベイズの定理によって、上と同じ内容をもつ、次のようなベイズ的確証の定義を導くことができる。

> O が H を確証するのは、$Pr(O|H) > Pr(O|\neg H)$ のときであり、そのときに限る [13]。

O が H を確証するかどうかを知りたいときに、「H が真である場合に O が真であると期待できるか」という問い方をしてはいけない。そうではなく、H のときの方が H でないときよりも O が確からしいかどうかを問わなければならない。(**定性的条件**) で述べられている定義は、確証について、文字通り定性的な概念を与えるものである。この条件は、O が H をどれくらい確証するかについては何も述べていない。では、定量的な概念についてはどう定義したらよいだろうか。考慮すべき候補としては、次のようなものがある。ただし $D_OC(H,O)$ は、O が H を確証する度合いを表すとする〔また、L-比の 'L' は likelihood の L を表す〕。

(差による定義) $\qquad D_OC(H,O) = Pr(H|O) - Pr(H)$

(比による定義) $\qquad D_OC(H,O) = \dfrac{Pr(H|O)}{Pr(H)}$

(**L-比による定義**)　　　$D_OC(H,O) = \dfrac{Pr(O|H)}{Pr(O|\neg H)}$

この 3 つの定義はいずれも、(**定性的条件**) が成り立つという点では一致する。しかしこれら 3 つは、比較の大小に関してつねに同じ結果を与えるもの (順序的に同等なもの) ではない。O_1 が H_1 を確証する度合いより、O_2 が H_2 を確証する方が確証の度合いが高いかどうかについては、3 つの定義で答えが一致しない場合がある。たとえば次の場合を考えてみよう。

$$Pr(H_1|O_1) = 0.9 \qquad Pr(H_1) = 0.5$$
$$Pr(H_2|O_2) = 0.09 \qquad Pr(H_2) = 0.02$$

(**差による定義**) によれば、2 つの差を比較すると $0.4 > 0.07$ なので、O_1 が H_1 を確証する度合いの方が、O_2 が H_2 を確証する度合いよりも高い。しかし、比による定義に従えば $\frac{9}{5} < \frac{9}{2}$ なので、その逆が成り立つことになる。このように、いくつかの測定方法の間でときどき不一致が生じるので、ベイズ主義者の間では、どれが一番よい方法かをめぐって活発な議論が行われてきた (Fitelson: 1999)。ベイズ主義者の中で、この問題に答えを出すことをあきらめた人たちは、確証問題についての議論を定性的定義に限定しようとする。

　果たして私たちは、確証の度合いを測定する必要があるのだろうか。おそらくは、定性的な概念だけで十分だろう。そもそも、化石に関する記録がダーウィンの進化論を確証する度合いと、日食時に、エディントンが観測した光の曲がり方が一般相対性理論 (GTR) を確証する度合いとを比較することは、ほとんど意味がないように思われる。それはそのとおりである。しかし、科学的文脈によっては、確証についての定量的な問いが重要になる場合がある。たとえば第 4 章 〔原著不訳出〕で、私たちは、2 つあるいはそれより多くの種が共通祖先をもつという仮説を検討し、その仮説をより強力に支持する証拠は、種に共有される**適応型類似性**なのか、それとも**中立的類似性**なのかという問題を考察する。もし仮に、

$Pr(X \text{と} Y \text{は共通祖先をもつ} | X \text{と} Y \text{は適応の形質} T_1 \text{を共有する})$
$> Pr(X \text{と} Y \text{は共通祖先をもつ}),$

かつ,

$Pr(X \text{と} Y \text{は共通祖先をもつ} | X \text{と} Y \text{は中立的形質} T_2 \text{を共有する})$
$> Pr(X \text{と} Y \text{は共通祖先をもつ}).$

と言えたとしても、この場合、まだ踏み込むべき問いが残されている。どちらの類似性が共通祖先説にとってより強力な証拠となるのか。もしこう問うことに意味があるなら、(定性的条件) では不十分だということになる。

信 頼 性

結核検査が「信頼できる」というのはどういう意味だろう。それは、「検査結果が真である高い確率をもっている」ということを意味するのだろうか。つまりそれは、

$Pr(\text{結核である} | \text{陽性})$ と $Pr(\text{結核でない} | \text{陰性})$ がともに大   (9)

ということを意味するのだろうか。それとも、「検査を受ける人が結核である (または結核でない) 場合に、何が真かを言おうとするとき、その手続きが信頼できる」ということを意味するのだろうか。つまり、

$Pr(\text{陽性} | \text{結核である})$ と $Pr(\text{陰性} | \text{結核でない})$ がともに大   (10)

ということなのだろうか。

すでに強調しておいたように、$Pr(O|H)$ と $Pr(H|O)$ を混同しないことが大切である。前のグレムリンの例を見れば、その重要性は明らかである。しかし、ここで言う「信頼性 (信頼できること)」(reliability) とは、いったい何を意味するのだろう。

この言葉は、通常の英語では、次のような使い方をすると思われる。証言者が「信頼できる」とき、その人が言うことはおそらく真実である。真実を見抜く力のある証言者は、（感覚が）**鋭敏である** (sensitive) と言われるだろう。もし問題となる命題が真なら、鋭敏な証言者はそのことを見抜き、あなたにそのように証言する。私の見るところ、通常の英語の使い方では「信頼できる」(reliable) という言葉は (9) と、また「（感覚が）鋭敏な」という言葉は (10) と、それぞれ組み合わせることができる。しかし、日常的な会話でこれらの言葉がどう使われていようと、今日、**確率の熱心な支持者**たちが「信頼性」という言葉を使うのは (10) が成り立つときであり、(9) が成り立つときではない[7]。そうすると、信頼できる結核検査というのは、2つの検査結果それぞれについて大きな尤度をもつもの、ということになる。

$$\frac{Pr(陽性 \mid 結核である)}{Pr(陽性 \mid 結核でない)} \gg 1.0 \qquad \frac{Pr(陰性 \mid 結核でない)}{Pr(陰性 \mid 結核である)} \gg 1.0 \qquad (\mathbf{R})$$

「信頼できる」がこの意味であるとすると、患者 S があなたの行った「信頼できる」結核検査で陽性の結果を得たとしても、依然、S が結核であることが全く確かでない場合がある。このようなことが成り立つのは、S が結核だという事前確率が十分低い場合である（S がランダムに抽出された元の母集団では、結核が非常に稀であり、そうした状況で S が検査されたという場合を考えてみてほしい）。こんなことが起こってしまう、ということを確認するために、命題 (6) に記された3つの比の関係を改めて見てもらいたい[14]。

ではなぜ確率論者たちは、「信頼できる」という言葉を (R) で表された意味でしばしば用いるのだろう。彼らが単にひねくれているということだろうか。実は、結核検査を受ける人が、自分が結核に罹っている（ことが確から

---

[7] 実際は、言葉の使い方はさらに多様である。たとえば一通りデータが揃っているときに、仮説の選択肢をランク付けするための「信頼できる方法」というのは、「異なるデータに対してもたいてい同じランク付けをもたらすもの」と定義される場合がある。この意味では、データを無視してつねに同じランク付けを与える方法が、完璧に「信頼できる」方法ということになろう。

しい)のかどうか確かめるために検査を受けるのだとしても、(R) に焦点を置くことにはそれなりの意味がある。いま 2 つの集団で同じ検査を行うものとしよう。第 1 の集団では結核が頻繁に見られ、第 2 の集団では結核は稀だとする。検査手続きが一方の集団においてこの (R) の意味で「信頼できる」のであれば、それは他方の集団でも等しく信頼できる手続きだと言える。この点で (R) が与える意味は有用である。けれども、人々が 2 つの集団からランダムに抽出されて検査を受けたとすればどうだろうか。Pr(結核である) は、第 1 の集団の方が第 2 の集団より高い。そうすると、もし検査が 2 つの集団で等しく信頼できるものなら、Pr(結核である | 陽性) は第 2 の集団より第 1 の集団の方が高くなる。この点に注目して言えば、結核検査は結核を検出するために数多く用意された場であると同時に、確率的測定を行う場でもあると言える。が、検査で陽性の判定が出るか陰性の判定が出るかは、ひとえにその検査を受ける人や物にどんな特有の事実があるのかによる。温度計はそのまわりの温度とそうした関係にあり、妊娠検査も妊娠に対して同様の関係にある。検査を受ける人物が、その集団の中でよく見られる状態にあるのか滅多に見られない状態にあるのか、このことは検査結果がどうなるかとは関係がない。これを抽象的に言うと、**尤度はしばしば事前確率とは独立である**、ということになる。一方、事後確率は尤度と事前確率の**両方**に依存する。検査手続きのこうした特徴は、適用する集団の種類が違っても安定して成り立つ。これは大いに注目すべきことである。(R) に記されている比が**重要**である理由は、まさにこの点にある。

結核の事後確率が事前確率と尤度に依存し、尤度は事前確率と事後確率から「独立である」と言うとき、これは検査手続きの**物理的な**特徴について述べているのであって、ベイズの定理によって特徴付けられる**数学的な**関係について述べているのではない。ベイズの定理に含まれる 4 種類の量は、いずれも残りの 3 つの量と数学的な関数関係にある。どの 3 つの量が決まっても、残りのもう 1 つの量を計算することができる。しかしこの数学的依存関係に見

られる対称性は、物理的な関係を考える場合には成り立たない。結核検査で陽性の結果が出やすいかどうかは、検査を受ける人が結核かどうかに依存し、結核がありがちな病気なのか、めったにない病気なのかには依存しない[8]。

予想と期待値

現在、アメリカの新生児の寿命はおよそ 78 年だと一般に言われる。これはどういう意味だろうか。実際に赤ちゃんはこれより長生きするかもしれず、それほど生きられないかもしれない。寿命として考えられる年数のそれぞれが、個々にその確率をもっている。p_1 がちょうど寿命 1 年の確率、p_2 が寿命 2 年の確率、等々である。78 年という数字は、数学では期待値と呼ばれる[9]。

$$E(S の寿命 \mid S が 2008 年^* にアメリカで生まれる)$$
$$= 1(p_1) + 2(p_2) + \cdots + n(p_n) = \sum i(p_i) = 78 年$$

〔*2008 年は原著の刊行年〕

$E(x|y)$ は y の下での x の期待値を表す。x が数であり、y が命題であることに注意しよう。確率は 0 と 1 の間でなければならないが、期待値はその必要はない。期待値とは平均の値である。実際には、それぞれ異なる寿命年数が異なる確率をもつので、期待値は〔単純な算術平均ではなく〕確率で重み付けされた平均となる。

では 78 歳が平均寿命なら、そこから、あるアメリカの新生児が約 78 年生きられると予想すべきなのだろうか。これは、それぞれ異なる寿命年数がこ

---

[8] §4.5〔原著不訳出〕では、事前確率や尤度がこのタイプの独立性を示さないような、頻度依存の進化過程について検討する。

[9] 例を単純化するために、寿命が整数の年数と仮定する。これにより期待値を離散量に関する和として表すことができる。もし時間を連続量として扱えば、期待値は積分で表される。

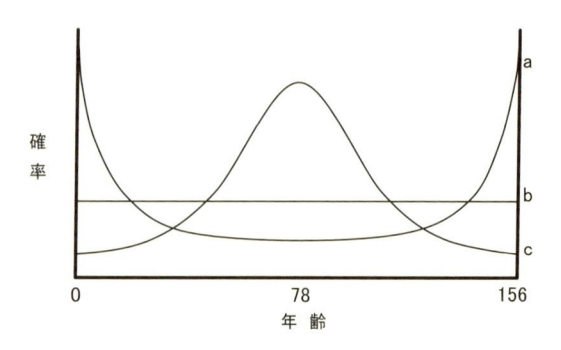

図 2 平均寿命についての 3 つの分布。どれも同じ期待値、78 歳をもつ。

の平均値のまわりにどう分布しているかによる。図 2 は 3 つの仮想的な分布を示している。それぞれ 78 年を中心とした対称的な形をしており、いずれの場合も 78 年が平均である。もし (a) が本当なら、赤ちゃんが約 78 年生きられると予想してもあまり意味がないだろう。(a) であれば、赤ちゃんはだいたい非常に短命であるか、非常に長命であるかのどちらかであって、約 78 年生きるのはきわめて稀なケースである。(b) では、0 から 156 年までのすべての寿命が等しく確からしいので、ここでも予想年数として期待値を用いることは意味をなさないだろう。他方、(c) では 78 年が期待値であるだけでなく、アメリカの新生児が 78 年生きることは非常に確からしいことである。(c) では (a) と (b) に比べて、平均値のまわりの散らばり方が小さく、(c) の場合には、予想されるおよその値として期待値を用いることに意味がある。

帰 納

ベイズ主義は、科学的推論について理解を深める上で重要な貢献をしてきたが、その 1 つの貢献が、「帰納によって知識を得る」という伝統的な考え方の解明を進めたことである。ここで私は帰納という言葉の意味を、抽出さ

れたサンプルをもとに母集団について推論するという意味で用いている。この推論は、**次に抽出されるもの**がおよそどのようなものかに関わる場合もあれば、母集団の**すべての対象**がおよそどのようなものかに関わる場合もある。科学的推論には帰納的な抽出以外にさらに多くのことがらが関係するが、ベイズ主義のレンズを通して帰納がどういうものかを見ることは、たいへん啓発的なことであろう。

ここに、ライヘンバッハが**ストレート規則**と呼んだ、見かけ上妥当な帰納的推論の原理がある (Reichenbach: 1938)。

> もしあなたがコインを n 回投げて、そのうち h 回表が出たなら、$Pr(コインの表が出る \mid コインを投げる) = h/n$ と考えよ。

この規則が私たちの考慮すべき唯一の規則というわけではない。たとえばラプラスは、次のような**継起の規則**と呼ばれる規則について述べた (Laplace: 1814)。

> もしあなたがコインを n 回投げて、そのうち h 回表が出たなら、$Pr(コインの表が出る \mid コインを投げる) = (h+1)/(n+2)$ と考えよ。

これら 2 つの規則は一致しない（もっとも、コインを投げる回数が多くなれば不一致の程度は小さくなるが）。では、どちらの規則が正しいのだろうか。ライヘンバッハの規則は見た目に単純で、「証拠に基づいている」ように思われる。他方ラプラスの規則は、証拠が示していることにおかしな修正を加えているように見える。そうすると、ラプラスよりライヘンバッハを選ぶ方が理にかなっているのだろうか。ベイズ主義が、この問いに答えるための枠組みを与えてくれる。しかしもっと重要なことは、ベイズ主義が、2 つの規則のどちらにも含まれているある欠陥を暴いてくれるということである。2 つの規則においては明確に述べられてはいないが、これら規則が意味をなすた

めには1つの仮定が必要である。2つの規則がともに、手持ちの証拠に基づき、事後確率についての結論を導いていることに注意しよう。しかしそのいずれも、事前確率の値については何も述べていないのである。ベイズ主義は、このような思考は**魔術的思考**〔非科学的思考〕だと主張する。ベイズ主義に従えば、観察だけでは事後確率を得ることができず、事前確率もまた必要である。ベイズ主義の1つの主要なテーゼは、**何らかの確率の入力なしに確率の出力はない**、である。

ラプラスはこの点を十分意識していた。彼は、継起の規則が正しいことを証明してくれるような事前確率の割り当てを見出していた。いま、1回ずつコインを投げるときに表が出る確率を p としよう。コイン投げは互いに独立だとし、前に投げた結果は、その後に表が出る確率に影響を与えないものとする。ラプラスの事前確率の仮定には、次のことが含まれている。p が 0.1 と 0.2 の間にある可能性は、p が 0.8 と 0.9 の間にある可能性と同じである。p が 0.3 と 0.6 の間にある可能性は、p が 0.4 と 0.7 の間にある可能性と同じである。確率に確率を割り当てるというのは、もしかしたら奇妙に思えるかもしれないが、それなら p が表すのは「コインがどれくらい対称的か」という物理的特性だと考えてみてほしい。いずれにせよ、ラプラスが p と結びつく事前確率についてどう着想したかを十分理解するには、p がとりうる値が無限に多くあるという事実に目を向ける必要がある。無限にあるのであれば、ラプラスが事前確率の前提を言い表すときに、「p の1点1点の値がすべて同じ確率をもつ」とは言えなくなる。もしすべての点が等しく確率ゼロをもつなら、その合計はゼロであり、もしすべてがある正の値をとるなら、合計は無限大になってしまう。満たすべき条件はその合計が1になることである。これを解決する方法は、図3に示されるように、**確率**から**確率密度**へと語るべき対象を移行すること〔確率がとびとびの値をとる（離散的である）という考えから、その値が連続的であるという考えに移行すること〕である。確率密度の個々の値は、ゼロから無限大まで様々な値をとる。図に表されている事前確率密度は、つ

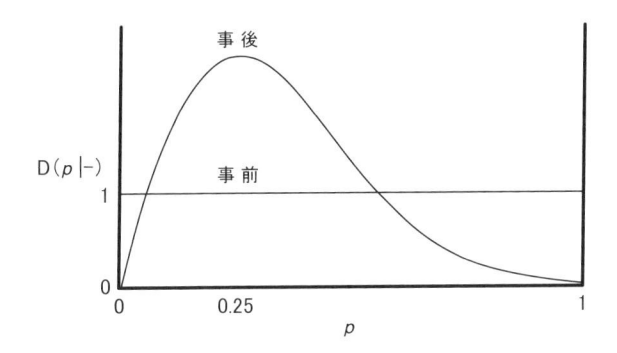

図 3 4回コインを投げて表が1回観察される場合の、pのフラットな事前確率密度分布と、フラットでない事後確率密度分布。pの事前期待値は 0.5 だが、この事前確率に基づく p の事後期待値は 0.33 である。〔縦軸は、データに応じて決まる p の各確率密度関数 $D(p|\text{データ})$ の、関数値（確率密度）を表す（確率そのものの値ではないことに注意）。〕

ねに値 1 をとっているが、このとき確率密度曲線の下の面積は 1 である。つまり確率密度の考え方では、確率は点ではなく、密度曲線の下の面積で表されることになる[*13]。ラプラスの仮定は、このように事前確率密度の曲線をフラットとするものだった。p のそれぞれの値に対する確率は〔積分の範囲が微小なので〕ゼロだが、確率密度はいずれも 1 である[10]。

この事前確率密度の曲線の下では、〔以下に示すように〕p の期待値は $\frac{1}{2}$ である。曲線が $p = \frac{1}{2}$ に関して対称であることに注意しよう。この事前確率密度関数に従ってコインを製造する工場を想像してみよう。すなわちそれらのコインの 10 分の 1 が $0 < p < 0.1$ の値をとり、また別の 10 分の 1 が $0.1 < p < 0.2$ の値をとり、というようにコインが製造される。したがって、この工場で製造されるコインの平均は、$p(=$ 表が出る確率$) = \frac{1}{2}$ の値をとることになる。こ

[*13] p の確率として意味をもつのはあくまで関数の積分値（曲線下の面積）なので、関数の個々の値（確率密度）は 1 より大きくても構わない。

[10] ラプラスはこの仮定が、無差別の原理 (principle of indifference) によって正当化されると考えた。この原理については次項で考え、ここでは単に仮定の帰結のみ確認しておく。

うした事前分布のコインからあなたがランダムに1枚を取り出し、またあなた自身、「予想すべき p の適切な値は p の期待値である」ということに納得したとしよう（したがって、期待値の解釈の仕方について前項で注意したことは一旦忘れよう）。ここで、事前確率に関するラプラスの仮定に従えば、まだ一度もコインを投げていないときには、あなたはコインに偏りがないと予想すべきである。これは、$h=n=0$ のとき、継起の規則が導く答えが正しいことを示している。このとき、$\frac{(h+1)}{(n+2)} = \frac{1}{2}$ だからである。続いてあなたは、コインを投げ始めたときに事態がどうなるかを理解する必要がある。ラプラスの規則は、あなたが行う観察の下で、p の期待値として正しい値を与えてくれるのだろうか。意外なことに、答えは**イエス**である [15]。

すでに私たちはグレムリンの例で、最も高い尤度の仮説が最も高い事後確率をもつわけではない、ということを確認済みである。そうならない理由は事前確率が「おもし」になるということだった。観察の結果として、事後確率は事前確率と違った値をとることができるが、そうした場合でも事前確率は事後確率がどんな値をとるかに影響を与える。もしコインを4回投げて1回表が出たなら、p の期待値が $\frac{1}{2}$ より低いと考える部分的な証拠を得たことになる。しかしこのとき、事前の期待値を無視していいことにはならない。事後期待値が事前期待値の $\frac{1}{2}$ から $\frac{h}{n}=\frac{1}{4}$ の方向に少しずれるのは、このような理由による。その値はこの2つの間のどこかにあることになるが、規則によればこの値は〔$\frac{1+1}{4+2} = \frac{2}{6} =$〕$\frac{1}{3}$ である。継起の規則に従ってずらす大きさは、表が観察される頻度だけでなく、コインを投げた絶対的な回数によっても決まる。4回投げて1回表を観察する場合は、400回投げて100回表を観察する場合よりも $\frac{1}{2}$ からのずれが小さい。前者の事後期待値はいまも述べたように $\frac{1}{3}$ だが、後者では $\frac{101}{402}$ になる。

もし、あなたがはじめにフラットな事前確率密度を考え、そこでの帰納的規則の目的が期待値 p を推測することであれば、その場合、ラプラスの規則は正しいことになる。ではライヘンバッハの規則はどうなのだろう。おそら

§2 ベイズ主義の基本　35

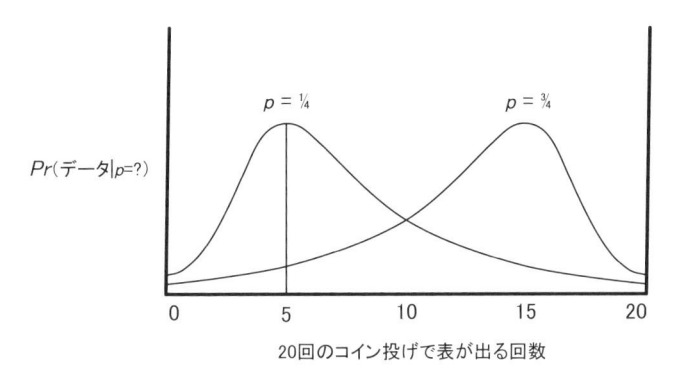

図4 コインを20回投げて表が5回出る場合、p〔$= Pr($コインの表が出る $|$ コインを投げる$)$〕の最尤推定値は、$\frac{1}{4}$ である。$p = \frac{3}{4}$ のときの方が、尤度は低い。〔$Pr($データ $|p =?)$ は、p の値が与えられたときの各データの尤度を表す。これは、各 p の下でのデータの確率密度とも言い換えられる（ここではデータは離散的なので、「確率」と考えてよい）。〕

く、そのストレート規則を正当化するような別の事前確率の与え方があるに違いない。この問いを探るに当たって、考えるテーマをはじめに変更しておきたい。仮説の**確率**を考えるかわりに、**尤度**について考えよう〔尤度について考える理由は、このあと明らかになる〕。いま、20回コインを投げて5回表を観察したとする。$p = Pr($コインが表 $|$ コインを投げる$)$ として、どんな p の値が、観察結果の確率を最大にするだろうか。ここでもまた、コイン投げは互いに独立であるとする。このパラメータの最大尤度推定値（最尤推定値）は、$p = \frac{5}{20} = 0.25$ である[16]。この仮説の尤度は、図4のとおり、「実際になされた観察」（20回投げたうち5回が表）と、実際にはなされなかったが「なされたかもしれない観察」との関係で示されている。また図の中には、仮説 $p = \frac{3}{4}$ が様々なデータについて与える尤度も示してある。$p = \frac{1}{4}$ の仮説が $p = \frac{3}{4}$ の仮説よりも、実際に観察された結果をより確からしいと評価している点に注意しよう。実際 $p = \frac{1}{4}$ の仮説は、p の値が1つの点であるような単純な仮説の中では、他のどの仮説よりも、得られたデータを確からしいものにする。つ

まり、それはデータの尤度を**最大**にする〔データの尤度を最大にするような p の値が、p の最尤推定値である〕。p の最尤推定値は、まさにサンプルに見られる頻度である〔したがって、ライヘンバッハの規則を正当化する根拠は、この最尤推定値の考え方に求めることができる〕。あなたが 4 回投げて 1 回表を観察しようが、20 回中 5 回観察しようが、400 回中 100 回観察しようが、最尤推定値は同じである。

けれども $p = \frac{1}{4}$ の仮説が $p = \frac{3}{4}$ の仮説より高い**尤度**をもっているからと言って、それらの**確率**に関することは何も言えない。もしこの 2 つの仮説が事後確率をもつとすると、それぞれ事前確率がなければならない。ではいったいどんな事前確率を割り当てるべきなのか。さらに言えば、ライヘンバッハの規則は、p の事後の期待値として正しい値を与えられるような p の事前確率密度分布を与えることができるのだろうか。意外にも、答えはノーである。ストレート規則は事前確率を一切考慮していない。このことに注意しよう。ストレート規則は、単に最尤値にのみ基づくものであって、この方針を正当化するような事前分布は全くないのである[11]。その点、継起の規則は模範的である。この規則では推定値が事前期待値 $\frac{1}{2}$ から最尤推定値 h/n の方向へ移行するが、完全にその値に至ることはない。継起の規則が最尤推定値と全く同じ値をもたらす唯一の場合は、$h/n = 0.5$ の場合である。このとき、$(h+1)/(n+2)$ も 0.5 に等しくなる。ここから導かれる一般的注意点は、どの事前分布も事前期待値をもち、これがつねに事後期待値の値に対して、ある影響を及ぼすということである。ストレート規則には、ベイズ主義的な基礎を与えることはできない[12]。

---

[11] あるいはもっと正確に言うと、確率の公理に従ういかなる事前分布もこれを認めない。フラットで非正則な事前確率（$[0,1]$ の区間をはみ出てしまうもの）ならそれが可能である。

[12] ライヘンバッハがストレート規則にベイズ主義の正当化が必要と考えていた、というわけではない。むしろ、彼はデータ集合が際限なく生み出されるときに、ストレート規則による p が真の値に収束するという事実に強く惹きつけられていた。この特性を統計学者は**統計学的一致性** (statistical consistency) と呼ぶが、これについては §7（および原著不訳出の §4.8）で議論する。

楽園の苦難

　もし、すべての科学的推論の問題が、ちょうど、患者の結核検査が陽性のときに医者が抱える問題と同じようなものであったなら、科学的推論の哲学としてはベイズ主義が完全に適切であっただろう。ベイズ主義が適切とは言えない、「玉にきず」となる点（実は2つあるのだが）を説明する前に、この結核の例について、いくつかの〔ベイズ主義の擁護にもつながる〕特徴を調べておくことにしよう。

　結核診断の例では、2つの仮説は互いに相容れないものであり、すべての可能な場合を尽くすものであった[13]。それゆえ $Pr(S は結核である) + Pr(S は結核でない) = 1$ である。さらに、あなたがこれらの事前確率に値を割り当てるとき、あなたは単に自分の主観的な確信の度合いを報告しているのではない。あなたは、S が属する母集団でどれくらい結核の人がいるかについて、頻度のデータを根拠に用いることができる。もちろん、S は多くの集団に属しているだろう。たとえば S がアメリカに住み、ウィスコンシン州に住み、さらにマジソン市に住んでいて、これら3つの集団で結核の頻度が違っているとしよう。哲学者はしばしば、頻度データが得られる最も狭い範囲の集団を考えるよう勧めるが、私はそう考えるだけでは十分ではないと思う。重要なのは、あなたが S を、あれやこれやの集団からランダムに抽出したと見なせるかどうかである。もしそう見なせるなら、その集団に対する頻度データは正当な事前確率を与えると言える。事前確率に対する最もよい値の与え方については、おもしろい検討課題がいくつかあるのだが、ここでは頻度データが事前確率とも関係するものであり、それを事前確率として利用できるという点を強調しておきたい。

---

[13] ここで私はあなたの患者 S が存在し、それが検査のためだけの仮定ではないと想定している。

これと同じことが、*Pr*(陽性 | 結核である) や *Pr*(陽性 | 結核でない) という尤度の値を割り当てる際にも当てはまる。これらはどこからともなく引き出された数ではないし、あなたの受け止め方についての単なる内省的な報告でもない。誰でも知っているように、医療診断で用いられる装置を含めた様々な科学的機器が、仮説のテストには用いられる。ここで重要なことは、その際、これらの装置それ自体がテストされているということである。結核であることがすでにわかっている多くの人や、結核でないことがわかっている多くの人に検査を実施することによって、結核検査がいかによく機能するかを知ることができる。たくさんのサンプル内での頻度を用いることによって、検査結果の尤度に1つの値を割り当てることが、実質的に正当化されることになる。

このように言うときに、私は決して前項の大切な教訓を否定しているわけではない。頻度データはそれ自体では、事後確率に与える値を演繹的に含意しない。あるコインについて、表が出る確率の最尤推定値が $p = h/n$ だからといって、これが最も確からしい値だということが含意されるわけではない。ましてや、これが真の値である、などということは含意されない。推定しようとする確率について、それを理論上の大きさと考えるのは有益なことである。その推定を行うには、観察された頻度を証拠として用いる。観察が理論を演繹的に含意することはない。しかし多くのサンプルがあれば、ほとんどどんな事前確率でも、同じか、ほぼ同じ事後確率の値を与えるのである。ベイズ主義者たちはこれを、**事前確率の沈潜化** (swamping of priors) と呼ぶ。2人の人がそれぞれ異なる事前確率をもって推論を始めたとしても、ともに十分大きなデータ集合を使って更新を行うならば、事後確率は非常に接近したものになる。事前確率の違いは次第にぼやけてしまうのである。この場合、あなたがはじめにもつ事前確率がどうであれ、これを無視してライヘンバッハのストレート規則だけを使ったとしても、それほど大きな間違いをすることにはならないだろう。すでに述べたように、このストレート規則は妥当な

規則ではないが、ランダムに抽出された多くのサンプルに対してならば、たいていの場合、それがもたらす値は意味をもつ。

事前確率が何らかの証拠を基礎にもつということは、特に重要であり、この点をしっかり認識しておく必要がある。私たちはしばしば、自分自身の確信のなさを取り除くため、あるいは意見の合わない人を説得するために確率の計算をする。このとき単に、「確率は、あれやこれやの命題が真であることについて、私たちの確信度合いを表してくれるのだ」ということを頼りに事前確率を割り当てたとしても、それは有益ではない。むしろ私たちは、自分の信念の度合いに対する理由をきちんと挙げられないといけない。頻度データがそうした理由の唯一の拠りどころとなるわけではないが、それは1つの大事な拠りどころである。他に拠りどころとなるのは、経験的に十分な根拠のある理論である。遺伝学者が $Pr(子孫が遺伝子型 Aa をもつ | 父母がどちらも遺伝子型 Aa をもつ) = \frac{1}{2}$ だと言うとき、これは決して、〔自分の信念にだけ関わるという意味で〕自己記述的な所見を述べているのではない。そうではなく、これはメンデル説の帰結であり、確率の割り当てはいずれの形にせよ、メンデルの理論がもつ信頼性をその拠りどころとしている。さらにその信頼性の根拠はと言えば、経験的データに行き着くのである。

私は、あなたの患者が結核かどうかという問いに対して、ベイズ主義の答えに現れる数値の客観性を過大評価するつもりはない。懐疑的な疑問というのは、どう答えていいかわからないところまで、もしくは足を踏み鳴らし、それ以上正当化しようのない仮定の適切性を主張して「答える」というところまで、つねに議論を遡ることができる。このことは、知識や正当化に関するどんな主張にも当てはまる。いまの状況も例外ではない〔したがってベイズ主義についても、さらに懐疑的な疑問を突き詰めていくことができるだろう〕。けれども、〔そうした懐疑的態度で〕結核診断に対するベイズ主義の回答が「純粋に主観的である」と主張することは、部分を全体と取り違えることである。客観的な要素こそがベイズ主義の本質に関わる部分であり、大きな説得性をもつ部分なの

である。

　しかし、こうした日常的な医療の診断の話と、ベイズの定理を使ってダーウィンの進化論やアインシュタインの一般相対論のような難しい普遍的科学理論をテストする話とでは、重大な違いがある。この違いは結局のところ程度問題であるかもしれないが、それでもなお違いは大きい。これらの理論に事前確率を割り当てるとき、その正当化にどんな証拠を挙げることができるだろうか。Sが結核かどうかという問いとは違って、頻度データがあるわけではない。もし神が壺からボール（それぞれのボールには異なる理論が書かれている）を取り出してどの理論を実現するか選ぶのだとすると、壺の中身の構成がわかりさえすれば、それによって事前確率の客観的基礎が与えられるだろう。しかし私たちはそんな構成を知らないし、誰もそうした理論がこの種のプロセスで真になったり偽になったりするとは考えない。すでに述べたように、頻度データは事前確率の割り当てを正当化するための、唯一もっともらしい根拠なのではない。メンデル説のように、それ自体が観察によって正当化されている経験的学説は、そうした確率を与えることができる。しかしこのような事前確率割り当ての可能性は、ダーウィンの理論やアインシュタインの理論の場合には実を結ばない。ダーウィン理論やアインシュタイン理論を真とする過程を扱い、経験的にも十分根拠をもつような理論を私たちは持ち合わせていない。実際、おそらくそんな理論は存在しないだろう。ダーウィンやアインシュタインの理論は、具体的な1つ1つの結果を全く偶然によらずに導くものであり、おそらく端的に真である（あるいは真でない）のだろう。

　頻度データ、および十分支持されている経験的理論は、事前確率を割り当てるための基礎を与えるものだが、無差別の原理はこれを与えることができない。この無差別という考え方は、かつてはベイズ主義の1つの土台であったが、現代のベイズ主義者がこれを積極的に支持することは稀である。この原理の中身はこうである。「互いに相容れない、すべての可能性を尽くした命

題の集合について、そのどれが真であるか全くわからない場合には、合計が1となる等しい確率をそれらに割り当てるべきである。」この原理の問題点は、論理空間を部分に分割する方法が複数あるということである。すなわち同じ命題であっても、もとのケーキを分ける方法によって異なる事前確率が与えられることになる。かつては、論理と言語を駆使しさえすれば、無差別の原理がどうにか確立できるのではと期待されたが、いまではもう、この原理にはわずかな妥当性さえないように思われる[17]。論理と言語だけでは事前確率を与えることはできない。少なくとも、人々の合意が成立していない議論において、複数の事前確率が何らかの正当性をもつような場合は無理である。それゆえ、次のような推論の落とし穴にはまってはいけない。

> 神は存在するかしないかである。
> ───────────────────────
> したがって、$Pr(神が存在する) = Pr(神が存在しない) = \frac{1}{2}$

パイは3つに分割することもできるので、この推論には落とし穴がある。

> 神が存在してキリスト教が正しいか、神が存在してキリスト教が間違っているか、または神が存在しないかである。
> ───────────────────────
> したがって、$Pr(神が存在し、キリスト教が正しい) = Pr(神が存在してキリスト教が間違っている) = Pr(神が存在しない) = \frac{1}{3}$

もし無差別の原理が最初の推論を許すならば、二番目の推論も許されるだろう。けれどもこの両方を許すと矛盾に陥ってしまう。

ラプラスは、継起の規則を導出するための事前確率分布を正当化する際に、この無差別の原理に訴えた。そのため、恣意性をとるか矛盾をとるか、というジレンマがラプラスにおいても生じる。連続的なものに無差別の原理を当てはめるとどう誤るのか。この点については、ファン・フラーセンの次の例[18]を見ればよくわかる。ある工場でサイコロが作られていて、そのサイコロの一辺の長さは1インチから2インチの間であるとしよう。もし、そのサイコロについてあなたの知っていることがこれだけだとすると、あなたは1イ

ンチから2インチの間でとりうるすべての長さが、等しい事前確率密度 (= 1) をもつと推論するかもしれない。これは次のことを意味する。

$$Pr(\text{一辺の長さが1インチから1.5インチの間である})$$
$$= Pr(\text{一辺の長さが1.5インチから2インチの間である}) = \frac{1}{2}$$

しかし、あなたの得ている情報によって、サイコロの各面の面積が、1平方インチから4平方インチの間のいずれかの値になると考えることもできる。その場合には、1から4の間のあらゆる面積がすべて同じ確率密度 (= 1) をもつことになるだろう。ここから、次のことがらが必然的に導かれる。

$$Pr(1\text{つの面の面積が1平方インチから2.5平方インチの間である})$$
$$= Pr(1\text{つの面の面積が2.5平方インチから4平方インチの間である})$$

問題は、「辺がとりうる長さ」に対する等しい事前確率の割り当てが、「面がとりうる面積」に対する等しい事前確率の割り当てと矛盾するということである。

事前確率の割り当てについてここで検討した問い〔どのように、その客観的基礎が与えられるかという問い〕は、尤度に対しても当てはまる。より正確に言えば、尤度のうちのあるものに対して当てはまる。患者 S が結核かどうかという話では、$Pr(\text{陽性}|S\text{が結核である})$ と $Pr(\text{陽性}|S\text{が結核でない})$ に割り当てる値を正当化することができた。ここで問題は、他の多くのテスト状況では、この半分のことしか成り立たないということである。たとえばアーサー・スタンレー・エディントンが、日食時、星の光がどれくらい曲がるかを調べることで一般相対論 (GTR) をテストした際に、彼は $Pr(\text{観測結果}|GTR)$ の値を確定することができた。けれども $Pr(\text{観測結果}|\neg GTR)$ に対して、彼はどんな値を割り当てられただろうか。GTR の否定（¬GTR）は、哲学者が**キャッチオール仮説**と呼ぶものに相当する。GTR と両立しないような多くの特定の仮説 $(T_1, T_2, \ldots, T_n)$ がある。¬GTR の尤度は、これら特定の仮説の尤度を平

均化したものであり、その平均は、GTR が誤っているという条件の下で、それぞれの仮説がもつ確率によって重み付けして得られる。

$$Pr(観測結果|\neg GTR) = \sum_i Pr(観測結果|T_i)Pr(T_i|\neg GTR)$$

GTR の代替理論の中にはまだ形になっていないものさえあるので、その尤度がどれくらいかを知ることは困難である。さらに、GTR が偽であると仮定して、他の様々な仮説が真となる確率をあれこれ述べたところで、いったいそこにどれほど客観的意味が認められるだろうか。もしキャッチオール仮説「GTR でない仮説」の尤度が計算できないならば、エディントンの観測によって GTR が確証されるかどうかは全くわからない。なぜなら、以下の条件が成り立つからである。

$Pr(GTR|観測結果) > Pr(GTR)$ であるのは、$Pr(観測結果|GTR) > Pr(観測結果|\neg GTR)$ のとき、そしてそのときに限る。

実際、エディントンは GTR をその否定（キャッチオール）との比較でテストしたのではなかった。彼はむしろそれをニュートン理論との比較でテストしたのである。ニュートン理論もまた、日食時にどれくらい光が曲がるかについて明確な予測を行っていた。そして、次のことが明らかとなる。

$$Pr(観測結果|GTR) \gg Pr(観測結果|ニュートン理論)$$

「S は結核である」「S は結核でない」という場合と違って、GTR とニュートン理論は、関連するすべての理論の可能性を尽くすものではない。もちろん、もし尤度が単に主観的な信念の度合いを表すものであれば、自己記述的な所見として、「GTR はその否定よりも高い尤度をもつ」と主張する人がいるかもしれない。けれども同じ自己記述的な誠実さで、その反対を主張することも可能である。もし関係のある確率が単に主観的なものであれば、結局どち

らも正しいことになってしまう。科学においては、そのような自己記述以上のことが必要なのである[14]。

最後に、Pr(観測結果) に関して問題となる、証拠の無条件確率について述べておきたい。結核検査の場合には、陽性反応が出る無条件確率は経験的に見積もることができる。人がどれくらいの頻度で結核に罹るか、あるいは罹らないかを見積もることができるし、また、それぞれの集団内で検査を受けた人にどれくらいの頻度で陽性反応が出るかも見積もることができる。これにより Pr(陽性) の値が見積もられる。というのは、この数値は Pr(陽性 | 結核である)Pr(結核である) + Pr(陽性 | 結核でない)Pr(結核でない) として定められるからである。しかし、エディントンのテストで比較される数値についてはどうか。エディントンが研究対象にしたような日食において、星の光がある角度で曲がる無条件確率はどれくらいなのだろうか。GTR と $\neg GTR$ の事前確率が、この宇宙を占める物理的システムのうちの相対論的部分と、非相対論的部分にそれぞれ対応して決まる、などということはありえない。また私たちは、日食時にどれくらいの頻度で星の光が曲がるかを見ることによって Pr(観測結果) を見積もるわけではない。これに付随して、「Pr(観測結果) の確率は、どれくらいその結果が『意外でないか』を示している」と言うと、なぜ誤解を招くことになるのかがわかる。たとえエディントンが観測したタイプの日食では、星の光の曲がり具合がつねに同じだとしても、これは Pr(観測結果) ≈ 1 ということを意味しない。結局、この無条件確率と関係する問いは、**考察されている仮説 1 つ 1 つの下でこの観測がなされる確率を平均**すればいくらか、という問いである。その平均は仮説の**事前確率**を用いて計算されることになる [19]。

---

[14] アーマンはエディントンの例を、キャッチオールに尤度を割り当てる問題の例として用いている (Earman: 1992, 117)。

哲学的なベイズ主義、ベイズ統計、論理

　ベイズ主義の科学哲学者は、GTRのような科学理論に対して事前確率を割り当て、たとえばGTRの否定（$\neg GTR$）というようなキャッチオール仮説についても、ためらわず尤度を与える。彼らは、こうした割り当てには主観的な要素があることを認めるが、そのあと急いで、「頻度主義にも多くの主観的な要素があるではないか」と付け加える（このことについては、順を追って検討しよう）。ベイズ主義の哲学者たちは、主観的要素が否応なく入り込む場合には、それを認めることが知的に誠実なのだと考えている。彼らにとってそうした要素は不可避である。であれば、そんなものはない、というふりをすることがどうして正当化できようか。

　一方、〔ベイズ主義の「哲学者」ではなく〕ベイズ統計学者は自分たちの専門の仕事の中で、GTRのような「大物の」理論に対して事前確率を割り当てることはめったにしない。また、「GTRでない仮説」というようなキャッチオールに尤度を割り当てることもめったにない。しかしもう少し控えめな仮説に関しては、こうした割り当てをどちらも行うのが一般的である。たとえば、ヒト、チンパンジー、ゴリラが互いにもつと思われる系統的な関係〔§4.8, 原著不訳出〕についてベイズ主義者が考える場合、彼らは3つの競合する仮説、$(HC)G, H(CG), (HG)C$ に対して、しばしば等しい事前確率を与える。これら3つの種が示す類似点や相違点が観察されれば、3つの仮説の尤度を計算し、それに続いて事後確率を計算することが可能である。等しい事前確率を割り当てることの利点は、それにより実質的な仕事がみな、尤度によってなされることにある。もし事前確率が等しいとすると、最大尤度をもつ仮説が、また同時に最大の事後確率をもつ仮説になる。もしベイズ主義者が自分の関心は尤度にあると言い、事前確率や事後確率については全く判断しないと言ったとしてもおかしくはない。ベイズ統計学者が感度分析を行う場合にも、同

じような考え方が適用される。この分析では事前確率の様々な値を検討することによって、事前確率の変化が事後確率にどう影響するかが調べられる。ここでもまた、得られる知識というのは、検討される仮説の尤度に関するものである。H_1 の H_2 に対する尤度比が与えられれば、事前確率どうしの比を変えてやることによって事後確率の比の変化を得ることができる。この変化を記述することは、まさに尤度比を記述することである。

　仮説への事前確率の割り当てに関して、ベイズ統計学者の態度は控えめであることが多い。しかし尤度をどう計算するかという問題には、場合によってベイズ主義者としての関わり方がより強くなることがある。コインを 20 回投げて表が 7 回出たとする。このとき、コインに偏りがない（つまり $p = \frac{1}{2}$）という仮説の下で、この結果がどんな確率をもつかはきわめて明白である。しかし、コインに偏りがある（偏りがない〔=均質である〕のではない）という仮説、つまり $p \neq \frac{1}{2}$ という仮説の場合はどうだろう。このキャッチオール仮説に従うとき、20 回投げて表が 7 回出る確率はいくらだろうか。コインに偏りが生じるケースは様々であり、そのケースの 1 つ 1 つが、異なる p の値に対応している。このように p の値が異なれば、観察結果に付与される確率も異なる。$p \neq \frac{1}{2}$ という仮説の尤度は、p が $\frac{1}{2}$ 以外にとることのできるすべての値について、その尤度を**平均**したものになる。この平均は、次のような和の形で示される。

$$Pr(\text{表が 7 回} \mid p \neq \frac{1}{2}, \text{かつ 20 回のコイン投げ})$$
$$= \sum_i Pr(\text{表が 7 回} \mid p = i, \text{かつ 20 回のコイン投げ})$$
$$\times Pr(p = i \mid p \neq \frac{1}{2}, \text{かつ 20 回のコイン投げ})$$

$p \neq \frac{1}{2}$ という仮説は、この点では、ちょうど GTR の否定（$\neg GTR$）と同じようなものである。ここで注意してほしいのは、それぞれの p の値に対する事前確率がそのまま式に現れるのではなく、それにいくぶん似たものが現れて

いるということだ。後で見るように、頻度主義者もまた $p \neq \frac{1}{2}$ のような仮説を考えるのだが、彼らはこうした仮説の尤度を**平均**することはしない。このような仮説（それを統計学者は「複合的」と呼ぶ）の処理の仕方が、ベイズ主義と頻度主義を隔てる、根本的な違いとなる。

　ベイズ主義の哲学者にとっては、合理性の要求があるからといって、推論中に否応なく入り込む主観的要素を否定する必要はない。むしろ焦点となるのは、そうした主観性を正しい方法で調整することである。彼らにとって合理的であることとは、新しい証拠が得られたときに、信念をどう**変更する**かということに関わる。何を推論の出発点とするかは、ベイズ主義哲学者にとってはどうでもよいことである。ベイズ主義哲学者は、このような点で、しばしばベイズ主義を演繹論理に類似したものだと見なす (Howson: 2001)。演繹論理は、推論の前提をどのようなものとすべきかについては何も教えてくれない。論理は単に、その前提から何が導かれるかについて助言を与えてくれるだけである。したがって、ときに事前確率と尤度が主観的であるということは、まさに私たちがこの世で生きていく限り、取り組まなければならない現実なのである。主観的ベイズ主義者は、自分たちがこのような事実に真正面から向き合っていると考えている。そして自分たちを批判する者のことは、砂に頭を埋めるダチョウ〔現実逃避者〕のようなものだと考えるのである。

　もしベイズ主義という哲学が、めいめい、自分の信念の度合いを調整するための論理にすぎないのなら、この哲学について私がここで述べた批判は当てはまらないことになる。しかし、〔ベイズ主義が知識の獲得に関わる認識論なら、その〕認識論は、それ以上のことをすべきである。私たちは、どの確率の割り当てが複数の個人間で正当化されるのかを見定めなければならない。そしてまた私たちは、ベイズ主義者が見落としている客観的な考察がないかどうかを確認しなければならない。この1つめの課題は、尤度主義の検討へとつながるだろう。そして2つめの課題は、頻度主義の検討へと私たちを導くだろう。

§3 尤度主義

謙虚さの強み

　ベイズ主義についていま述べた問題から見えてくることは、ベイズ主義には、それが困難に陥ったときの代替手段があるということだ。その手段により、あまりに主観的な哲学的要素は捨てられつつも、ベイズ主義が提供する多くのことはそのまま保持される。その手段こそ、尤度主義にほかならない。もし事前確率が経験により正当化でき、また仮説の尤度、および仮説の否定の尤度に割り当てられる値も経験から正当化できるなら、あなたはベイズ主義者であって然るべきだろう[15]。一方、事前確率や尤度がそのような特徴をもたないならば、あなたは問いのテーマを変えるべきである。ロイヤルの3つの問い（§1）に即して言えば、あなたは問い(2)から問い(1)へ、つまり、「あなたの信念の度合いがどうあるべきか」という問いから、「証拠から何がわかるか」という問いへとテーマを移すべきである。尤度主義者がこの問いに答えるときには、ベイズ主義者の確証の概念を使わない。すなわち、証拠が仮説の確率を上げたか、下げたか、あるいは確率を変えないままかを問うわけではない。そうではなく、彼らは、明確な尤度をもつような仮説のみを互いに比較するのである。たとえば、一般相対性理論をそれ自身の否定と比べるのではなく、エディントンがしたように、一般相対性理論と特定の代替理論、つまりニュートン理論とを比べる。そしてハッキングが「尤度の法則」

---

[15] 経験に基づく情報を必要とせずに、$Pr(O|H)$ の値が何か言えることもある。たとえば、Pr(次に引く玉が緑 | 壺の中の玉の 20%が緑で玉を無作為に取り出す) $= 0.2$ は（もし、何であれアプリオリにわかることがあるとするならば）アプリオリにわかる。

(Hacking: 1965) と呼んだ以下の法則を用いてデータを解釈する。

> **尤度の法則**：観察 O が仮説 H_2 よりも仮説 H_1 を支持するのは $Pr(O|H_1) > Pr(O|H_2)$ のとき、かつそのときに限る。そして、仮説 H_2 よりも仮説 H_1 を支持する度合いは、尤度の比 $Pr(O|H_1)/Pr(O|H_2)$ で与えられる。

尤度の法則で用いられる**支持**（favoring）という概念は、2つの仮説と証拠の総体についての3項関係を含む[*14]。これを**差に基づく裏付け** (differential support) の関係と呼ぶ人もいるかもしれない。しかしながら、この術語は誤解を招きやすい。というのも、このような呼び方をすれば、まるで尤度の法則が、「O が仮説 H_1 をある度合いで裏付け、O が仮説 H_2 を別の度合いで裏付け、問うべきは前者が後者よりも大きいかどうかだ」と述べているような印象を与えそうだからである。尤度の法則にはこんな意味はない。尤度主義によれば、O が1つの仮説を裏付ける度合いといったものは存在しない。裏付けは本質的に**対比的**なのである〔2つの仮説についての比の形でしか表せない〕。

尤度の法則は2つの考え方を含んでいる。観察が2つの仮説に対してもつ**質的な評価**（不等式で表される）と、観察が一方の仮説を他方の仮説よりもどれくらい強く、あるいは弱く支持するかという**量的な測定**（尤度の比で表される）である。ちょうどベイズ主義において、「確証度合いの大きさを選ぶこと」が質的な確証の定義には含まれていなかったように、ここでも量的な要素は質的な要素の範囲を超えている。そして、同じような問いかけがここで

[*14] このあと、'favor'、'support' という語が、尤度の法則および尤度主義を理解する上でのキーワードとして、繰り返し本文中に出てくる。この両者にぴたりと当てはまるようなうまい日本語はないが、これら英語の日常的使用法としては、前者は比較を前提とした有利性、優位性に関して、また後者は単独の対象の真理性に関してそれぞれ用いることが多いと考えられるので（本書でも概ねそのように扱われている）、訳語としては、前者には、比較のニュアンスも含む「支持」という語を（たとえば「A より B を支持する」など）、後者には単独評価のニュアンスがより強いと思われる「裏付け」という語をそれぞれ充てる。

もできる。たとえ尤度の量的な法則を真だと仮定するにしても、なぜ尤度の比を尺度として用いなければいけないのかと。尤度主義者が求める支持の尺度は、事前確率や事後確率に対して、あるいはキャッチオール仮説の尤度に対して、(これらの値が証拠によって正当化されるのでないかぎりは) いかなる値の割り当ても必要としないような尺度である。そのため彼らは、§2でありうる定義として述べた「確証の度合いの定義」を使うことはしない。しかし、なぜ尤度の差 $Pr(O|H_1) - Pr(O|H_2)$ で支持を定義してはいけないのだろうか。いま複数の証拠があり、それらの証拠がこの2つの仮説 H_1, H_2 のそれぞれの条件下で互いに独立であるとしよう。尤度の差を用いるべきでない1つの理由は、こうした証拠について生じるあるパターンを見ればわかるだろう。たとえば次のような例を考えてみよう。

1,000 個の観察 $O_1, \ldots, O_{1,000}$ のそれぞれについて、$Pr(O_i|H_1) = 0.99$

1,000 個の観察 $O_1, \ldots, O_{1,000}$ のそれぞれについて、$Pr(O_i|H_2) = 0.3$

これらは各条件において独立なので、以下が得られる。

$Pr(O_1 \& \ldots \& O_{1,000}|H_1) = (0.99)^{1,000}$

$Pr(O_1 \& \ldots \& O_{1,000}|H_2) = (0.3)^{1,000}$

それぞれの仮説の尤度を 1,000 個の観察で考えると、どちらも 0 に非常に近く、その差は小さい。しかし2つの尤度の比をとると、これは $(3.3)^{1000}$ となり非常に大きくなる。1,000 個の観察のそれぞれが H_2 より H_1 を支持するので、1,000 個の観察全体では、そのうちのどの観察が単独で支持するよりも強力に H_1 が支持される。こうしたことから、証拠の測定方法としては、尤度の差よりも尤度の比が勧められる。では、考えられるすべての測定方法の中で、尤度の比が最もよい方法だと示せるだろうか。ひょっとしたら、「最もよい方法だ」という強い結論を導き出す説得力のある議論が展開できるかもしれない。あるいは尤度の法則のこの〔測定方法に関わる〕部分は、法則適用の有用性

や直観によって判断される1つの前提だ、と見なすべきかもしれない。いずれにせよこの例には、この章および以下の章で何度か取り上げることになる、ある特徴的な記述が含まれている。それは、この例における H_1 のような確率的な仮説は、1,000個の観察のそれぞれで起こることを予測する上で優れた仕事をするということである。そのいずれの予測においても、仮説 H_1 は実際に起こる結果に対して非常に高い確率を割り当てる。けれども仮説の尤度は、成功が積み重ねられるにつれてどんどん下がっていく。ここから強調されることは、単独の仮説の尤度がもつ**絶対的な**値が重要なのではなく、異なる仮説の尤度間の**関係**が重要だ、ということである。

尤度主義者は、ベイズ主義が多くの場合に意味をなすということには同意する。そこで検討してみたいのは、両者が問題なく適用できるような場合に（たとえば §2 の結核の診断で議論されたような例において）、ベイズ主義者の確証の概念が、支持に関する尤度の質的概念の法則とどのように関係するかである。ベイズ主義では O が H_1 を確証するとき、$Pr(O|H_1) > Pr(O|\neg H_1)$ でなければならない。すなわち H_1 がその否定よりも高い尤度をもつちょうどそのときに、H_1 は観察からベイズ的確証を得る。対照的に、尤度主義者が定立する支持の関係においては、仮説とその否定とを対抗させる必要はない。H_1 が、他の興味ある代替仮説 H_2 よりも高い尤度をもつかどうかが問題である。1つ簡単な例を挙げてみよう。これは、観察 O が与えられたときに、仮説 H_1 は、それと両立しない仮説 H_2 より支持されることはないが、ベイズ的確証は与えられるという例である。

> 例1：O = カードが赤、H_1 = カードがハート、H_2 = カードがダイヤモンド、とする。このとき、$Pr(O|H_1) = 1, Pr(O|\neg H_1) = \frac{1}{3}, Pr(O|H_2) = 1$ である。

そして、これとは反対のパターンもある。つまり O により、H_1 は、それと両立しない H_2 よりも支持されるが、ベイズ的確証は得られないという例で

ある。

例 2： O ＝カードが 7、H_1 ＝カードがハート、H_2 ＝カードがスペードのエース、とする。このとき、$Pr(O|H_1) = \frac{1}{13} = Pr(O|\neg H_1)$, $Pr(O|H_2) = 0$ である。

尤度主義者の「支持」の概念は、手持ちのデータに確率を与える任意の 2 つの仮説の競合について、証拠から何が言えるのかを示すものである。これに対してベイズ的確証の概念は、ある特別な場合を扱う。すなわちこの概念が記述するのは、ある仮説とその否定との競合について証拠が示すことがらである。ベイズ主義の観点からは、これら両方の問題に興味がある。一方、もしベイズ主義が §2 で示した問題を抱えているのであれば、ベイズ的確証はその必要な働きができなくなる。その場合には、支持の概念が必要となる[16]。

尤度主義への 3 つの反論 [*15]

尤度の法則は 1 つの提唱であって、(ベイズの定理のような) 数学的な定理ではない。この法則が提唱するのは、日常的な「支持」(あるいは「差に基づく裏付け」) の概念を、尤度の比較という一定の形式をもった概念によって解釈せよということである。この提唱について判断するためには、これがどれ

---

[16] 尤度主義についてはここで述べた以上の話題がある。たとえば、尤度の原則と呼ばれるものがある。この原則が何を意味しているのか、またこれが尤度の法則とどう関係するかということについては、グロスマン (Grossman: 2011) を参照のこと。1 つの違いとして、尤度の法則はデータ集合が 2 つの仮説に対してもつ関係を説明するものだが、尤度の原則は、いつ 2 つのデータ集合が証拠として等価になるかを述べるものである。

[*15] 3 つの反論は、この小節から後の小節へとまたがって述べられている。やや読み取りづらいので先に項目を整理しておくと、(1) 英語の「支持 (favoring)」の用法に基づく反論、(2) ばかげた仮説をもっともらしくするということへの反論、(3) 条件付き確率の定義に反するのではないかという反論、の 3 つである。

§3 尤度主義　53

ほど、この「支持」という日常概念の使用と一致し、それを正確で体系立ったものにしているかを見定めなければならない。私たちのここでの目標は、他の哲学的解釈の試みでもそうであるように、日常概念を正確に模倣することではない。日常概念には様々な曖昧さ、不透明さ、一貫性のなさ、不確定性、そして矛盾さえある (Carnap: 1947; 1950)。哲学者の仕事は辞書編集者の仕事と同じではない。

　たったいまここで述べた方法〔自分たちの概念が日常概念の使用と一致し、それを正確で体系立ったものにしているか見定めるという方法〕は、哲学者が自分の提案する定義について判断する場合に、しばしば持ち出される1つのお決まりの方法である。この方法には確かに見るべき点がある。しかし、現在考察していることがらに関しては、これ以上の何かが必要である。もし尤度の法則について判断するときに、それが英語の 'likely'（もっともな）の意味をどう明らかにするかという点にだけ注目するならば、何か重要なことが見落とされるだろう。既に注意したように、フィッシャーの用語「尤度 (likelihood)」の使用は、日常の使い方と根本的に食い違っている。しかしながら、これはフィッシャーの**考え方**への反論としてそう言ったのではなく、単に彼の**名付け方**が不適切だと述べたに過ぎない。尤度の法則で問題なのは、それが認識論的に重要な概念を選別できるかどうかということである。これは尤度主義者の「支持 (favoring)」や「裏付け (support)」といった用語の使用についても同様である。日常概念がどう理解されるべきかを一定の形式で記述しようとする場合、そうした形式的な提唱は、日常の概念に対してそれが投げかける光によって判断されるべきである。しかし、その提唱はまた、発した光そのものによっても判断されるべきである[17]。

---

[17] 同じような点が、すでに §2 で「信頼性 (reliability)」のもつ意味を議論した中で見られた。〔訳註：前節 §2 では、多様な意味をもつ「信頼できる」という日常語が、確率論者の立場でどう整理されるかが示されると同時に、確率論者が用いる「信頼できる」という語が、仮説の評価に対してどのような欠点、利点をもつかが吟味された（「発した光そのものによる判断」とは、この後者の判断を指す）。尤度主

尤度の法則を制限する必要性

いまあなたは、マジソン市でトップに立つ気象学者だとしよう。あなたは中西部の現在の気象状況についてのデータを集め、気象の変化に関する真である理論を手にしている（と仮定しよう）。あなたの仕事は天気予報をすることである。あなたは手元の情報に基づいて、明日マジソンで雪が降る確率を 0.9 と推測する。あなたがこの推測を表現するのに、「手元の情報により、明日雪が降るという予測が**裏付けられる**」と言うのは自然であろう。そして、「手元の情報は、雪が降らないという仮説より、雪が降るという仮説を**支持している**」と言うことも自然である。しかしここでは、裏付けや支持というのは仮説の**確率**についての事実を反映しているのであって、仮説の**尤度**についての事実を反映しているのではない。データと理論があなたに教えてくれるのは次のことである。

$$Pr(明日雪が降る | 現在のデータ\&理論) = 0.9$$
$$> Pr(明日雪が降らない | 現在のデータ\&理論) = 0.1$$

あなたは次のことが成り立つかどうかを計算しているわけではない。

$$Pr(現在のデータ\&理論 | 明日雪が降る)$$
$$> Pr(現在のデータ\&理論 | 明日雪が降らない)$$

データと理論があなたの天気予報を支持するのは、あなたの予報の尤度が他の競合する仮説の尤度より高いからではなく、あなたの予報が確からしいからである。

次の例では、この点がより一層はっきりしている。あなたは今度配られるカードがハートかどうか予想したいとする。ディーラーはこのカードを見て、

義の用語についても、これと同じ見方をすべきだということ。］

それを裏返してあなたのところに置く前に、「これはハートのエースですよ」と告げる。あなたはこのディーラーがうそを言わないことを知っている。このとき、あなたはどういう認識的状況に置かれているのだろうか。あなたは H =「次のカードがハート」という仮説が、真か偽かを確認することに関心がある。ディーラーの言葉から、あなたは O を「次のカードがハートのエース」とするとき、この命題 O が真であることを知っている。そこであなたは H の尤度を計算すべきだろうか。あるいは H の確率を計算すべきだろうか。H の尤度は

$$Pr(O|H) = \frac{1}{13}$$

であり、H の確率は、

$$Pr(H|O) = 1.0$$

である。もちろんあなたは確率に焦点を置くべきだろう。そして、「ディーラーの一言は、次のカードがハートであるという仮説を**強く裏付けている**」と言ったり、「ディーラーの一言は、(たとえば)次のカードがスペードであるという仮説より、この仮説の方を**支持している**」と言ったとしても、それは言葉の濫用にはならないだろう。

もし尤度主義が、ベイズ主義の適用できないときにだけ当てにできる代替手段でなかったならば、こうした例やこれに類した例は、尤度主義への十分な反論になったことだろう[18]。事前確率の値や尤度が経験的な情報に訴えて

---

[18] フィテルソン (Fitelson: 2007) はこの種の問題を用いて、尤度の法則が誤りであり、次のように読み替え、修正すべきだと論じている。すなわち、O が H_2 より H_1 を支持するのは、$Pr(O|H_1) > Pr(O|H_2)$ かつ $Pr(O|\neg H_1) < Pr(O|\neg H_2)$ のとき、またそのときに限る。フィテルソンの修正された原則の右側部分〔$Pr(O|H_1) > Pr(O|H_2)$ かつ $Pr(O|\neg H_1) < Pr(O|\neg H_2)$〕が真であれば、尤度の法則の右側部分〔$Pr(O|H_1) > Pr(O|H_2)$〕も真となるが、フィテルソンの原則は尤度の法則からは導くことができない(どちらも双条件であることに注意)。この原則を使うには、キャッチオール仮説に対する尤度が必要となることにも注意されたい。もちろん尤度主義者はふつう、この尤度が得られないと主張するのであるが。〔訳註:「双条件」とは、「q であるのは p であるとき、そしてそのときに限る」という条件が、命題 p と q の間に成立する場合を言う。〕

正当化できる場合には、尤度主義者は喜んで仮説に確率を割り当てる。こういったことが不可能なときにのみ、尤度主義はベイズ主義と区別された統計の哲学として現れるのである。それゆえ、いま挙げた例では尤度主義に対する反論にはならない[*16)]。私たちは、次のことを認めさえすればよい。すなわち、日常的な言葉である「裏付け」や「支持」という言葉を理解するときに、ある場合には、議論の対象を「仮説の確率」とするようなベイズ主義の枠組みで理解する必要があるが、そうではない場合もあるということだ。エディントンは日食のデータを使って、一般相対性理論とニュートン理論のそれぞれがどれくらい確からしいかを示せたわけではない。そうではなく、彼に可能だったのは、それらの仮説を仮定したときに、データがどれくらい確からしいかを確認するということである。これこそ、尤度主義が適用される場面である。

ばかげた仮説がきわめてもっともらしくなることがあるか

グレムリンの例は、尤度の法則に対して次のような反論を招く。グレムリンが屋根裏でボーリングをしているという仮説は、尤度がとりうる最も高い値、つまり1の値の尤度をもつ。それゆえ、尤度の法則によれば、グレムリンの仮説はたいへんよく裏付けられている。しかし、これはばかげている。私たちが騒音を耳にしたからといって、それで、屋根裏でグレムリンがボーリングしているという説がもっともらしくなるわけではない。したがってこれは、決して「よく裏付けられた」仮説ではない。このような理由から反論者は、尤度の法則が誤っていると述べる。

[*16)] 尤度主義は、正にベイズ主義が適用不可能な場合にのみ用いられるものなので、ベイズ主義が十分適用可能な場合の例を挙げて尤度主義が不要であると述べても、それはベイズ主義と尤度主義の関係を取り損なっており、尤度主義の反論にはならないということ。

グレムリンの仮説が「もっともらしい (likely)」、「よく裏付けられた (well supported)」ものではありえないという訴えが生じるのは、そう訴える人が、グレムリンの仮説に非常に低い事前確率を割り当てているためだと考えると、たいへんわかりやすい。いま、尤度の法則に反対する人が、数千の屋根裏を調査してもグレムリンを見つけられず、また信頼できる筋の情報により、彼はグレムリンが神話であることを確信できたとしよう。その彼があなたの家に到着し、あなたの家の屋根裏でグレムリンがボーリングをしているという仮説に対して事前確率を割り当てるなら、その値は低くなる。ベイズ主義者は、観察によって仮説の確率が高くなることを認める必要があるが[19]、いつ彼が騒音を聞いても、「屋根裏でグレムリンがボーリングをしている」という仮説に対して彼が与える確率は、ずっと低いままである[*17]。そのようなわけで、尤度の法則へ反論する人は、グレムリンの仮説が「もっともらしく (likely)」ないと判断する。それはそれでいいだろう。しかし、これは尤度の法則への反論ではない。すでに述べたように、私たちはフィッシャーの用語選択があまりよくないことを認識しておく必要がある。「もっともらしい (likely)」、「確からしい (probable)」という言葉は、日常の英語でお互いに交換可能なものとして使われているが、しかし、そのことは尤度の法則に対する反論にはならない[*18]。

---

[19] これを見るには、ベイズの定理で次のような結果について考えればよい。もし H が E を含意し、$0 < Pr(E) < 1$ かつ $0 < Pr(H) < 1$ ならば、$Pr(H|E) > Pr(H)$ である。〔訳註：ベイズの定理 $Pr(H|E) = \frac{Pr(E|H)Pr(H)}{Pr(E)}$ に当てはめて考えてみること。なお、H が E を含意するときには、H の条件の下で E は必ず成り立つので、$Pr(E|H) = 1$ 。〕

[*17] グレムリン仮説を G、「屋根裏で物音がする」という命題を N とすれば、

$$Pr(G|N) = \frac{Pr(N|G)Pr(G)}{Pr(N)}$$

である。このとき $Pr(G|N) > Pr(G)$ ではあるが、仮に $Pr(N|G) = 1$ であっても、$Pr(G)$ が $Pr(N)$ に比べて十分小さい場合、$Pr(G|N)$ の値は小さいままである。

[*18] すなわち、ベイズ主義の確率計算で事後確率がずっと低いままであるのに対し、一方の尤度が非常に高い (=1) としても、両者は同じことを表すわけではないので、この違いによって尤度主義（尤度の

ベイズ主義者は、ときに尤度の法則に対してこういった反論を行う。しかし実はベイズ主義は、「尤度こそ、私たちが仮説に割り当てる確率を変えることのできる唯一の手段だ」という見方を、心底支持してもいる。この点は命題 (6) とのつながりで論じておいた〔§2 で、患者 S が結核かどうかについてのあなたの事前確率が陽性の結果によって変化するのは、2 つの仮説の尤度、Pr(陽性 | 結核である) と Pr(陽性 | 結核でない) に違いがあるときだけであった。これが (6) を用いて示された〕。尤度主義者と同じように、ベイズ主義者にも、$Pr(E|H) > Pr(E|\neg H)$ ということの認識論的な重要性を表す言葉が必要である。尤度の法則ではこれを表すのに「支持 (favoring)」という言葉が用いられ、「差に基づく裏付け (differential support)」という言葉が用いられることもある。もちろん、尤度の法則はこの言葉をより広い文脈でも用いる。すなわち、H とその否定とではなく、H とその代替仮説の1つと比較するときに用いる場合である。しかしこの言葉の重要性は、H のもっともらしさの総体を評価する点にあるのではなく、ある特定の観察から、H と H の代替仮説の競合について何が言えるのかを記述する点にある。尤度の法則が示すのは、あなたの聞いた騒音によって、グレムリン仮説がもっともらしくなるということではない[20]。

エドワーズは別の例を使って、同様の反論を述べている（Edwards: 1972）。あなたがトランプの束からカードを1枚引き、それがスペードの7だとわかったとする。いま、トランプのどのカードもスペードの7だという仮説を考えてみよう。この仮説の尤度は 1.0 である。これとは対照的に、このトランプが「通常のもの」であるという仮説の尤度は、$\frac{1}{52}$ にすぎない。ここから、尤度の法則に従う結論として、あなたが観察したカードによれば、トランプが通常のものであるという仮説よりも、トランプが仕組まれているという仮説

法則）を批判するのは的外れであるということ。事後確率が示すのは「仮説が真であることの確からしさ」であり、尤度が示すのは「証拠による仮説の支持の度合い」である。たとえ日常的な英語の語法で probable と likely が互いに交換可能であるとしても、ベイズ主義者の posterior probability (事後確率) と尤度主義者の likelihood (尤度) は交換可能ではない。

の方が支持されることになる。しかし、もちろん、トランプが仕組まれているという仮説はそれほど妥当とはいえないし、また十分裏付けられているとはいえない。エドワーズはこう結論づけている。この反論に対し、尤度主義者の返答を構成して評価することは、読者に任せたいと思う。

尤度主義と条件付き確率の定義

尤度主義者は、事前確率の割り当てを根拠付ける証拠が得られないときに、自分たちの哲学の真価が認められると考えている。しかし、コルモゴロフの条件付き確率の定義 (§2) が与えられたとき、このことは本当だと言えるだろうか。定義が次の形であったことを思い出そう。

$$Pr(O|H) = \frac{Pr(O\&H)}{Pr(H)} \qquad (\mathbf{K})$$

右辺の分母において事前確率が現れる。しかしこれはまさに、尤度主義者が尤度について述べる際には不要だとするものである。

この問題に対する答えはこうなる。尤度主義者は、様々な無条件確率が「よく定義されている」ときにのみ、コルモゴロフの定義を正しいと考えるべきである。無条件確率の定義がうまくいかない場合は、条件付き確率の概念はそれ自身で意味をもつと捉えることができるし、また、そのように捉えるべきである。それは、無条件確率によって定義される必要がない。こうした答えは、ベイズ主義に対する懸念を持ち出さなくても、十分根拠をもつものである。たとえば、コルモゴロフの (K) においては、条件付き確率は $Pr(H) = 0$ のときに定義されないことを考えてみればよい。もし仮に条件となる命題の確率が 0 であったとしても、条件付き確率が値をもつような状況が確かにある。私があなたに、「これから投げるコインが表を向いたら、全部で 1,000 枚売られているくじのうち、1 枚をあなたに買ってあげよう」と約束したとする。

もし、コインの表が出なかったら、あなたはくじを手に入れられず、その結果くじに当たる可能性はなくなる。あなたは私が十分信頼できる人間だとわかっているので、$Pr(くじが当たる | コインが表) = \frac{1}{1,000}$ と結論づける。しかしこのとき私が、コインの表が**決して出ない**ように何かを仕組むとしたらどうか。私はコインを曲げたり、あるいはいつもコインの裏を出すような装置にコインを置くかもしれない。あるいは、地下室の金庫にかぎをかけてコインをしまい、そうすることでコインが決して投げられないようにするかもしれない。もしあなたがコルモゴロフの条件付き確率の定義に納得したとして、「コインの表が出ることはありえない」という情報があるとしたら、いま述べた条件付き確率の値は、正しくないと言わざるをえない。条件付き確率の値は $\frac{1}{1,000}$ ではない。そうではなく、その値は**定められない**のである。一方、もし条件付き確率が最も基本的な概念だとすれば、たとえ条件を与える命題の確率が 0 であったとしても、条件付き確率は値をもつことができる (Hajek: 2003)。この立場を採ればさらに、$Pr(コインが表 | コインが表)$ が**定義されな**いのではなく、**1** の値がとれるという利点が付け加わる [21]。

さらに、考察に値する認識論的なポイントがある。私たちはしばしば、$Pr(H)$ の値の手掛かりがなくても $Pr(O|H)$ の値を知ることができる。§2 で示したように、私たちは結核であるとわかっている数千人の人を検査することによって、$Pr(検査結果が陽性 | 結核である)$ の値を推定することができる。この手続きでは、結核がどれくらい一般的か、まれかということを知る必要はないので、私たちは $Pr(結核である)$ の値については全く無知である可能性がある。〔この点に関して〕コルモゴロフの定義を擁護する人が、命題 (K) は**知識**についての主張ではないと答えるのは正しい。確かに (K) によって示されていることは、「条件付き確率の値を**知る**ために、定義に含まれる 2 つの無条件確率を**まず見つけ出さなければならない**」ということではない。むしろ (K) が示すのは、対称的な**数学的**(あるいは**論理的**)従属関係であり、非対称な**認識論的従属関係ではない**〔擁護者はこれを根拠に、もし $Pr(結核である)$ を知らずに Pr

(陽性 | 結核である) の値が定まる場合があっても、それは定義に対する反論にはならないと言うだろう〕。したがって、ここでコルモゴロフの (K) についてさらに問うべきことは、「もし、条件付き確率 $Pr(H|O)$ というようなものがあるとするなら、$H\&O$ や H に対する無条件確率が存在しなければならないのか」ということである。

この問いに対する答えは、確率という言葉で何を意味するかによって変わるし、考察する例によっても変わってくる。ベイズ主義者は一般に、「合理的な行為者なら自分の言語のすべての文に対して信念の度合いをもつ」という理想化を行う。ある言語におけるすべての文に対して、**完全な確率関数**が展開できる、というのがベイズ主義者の枠組みである。ある言語におけるすべての文が $O_1, O_2, \ldots, O_n$ および $H_1, H_2, \ldots, H_m$ で表されるとする。このとき確率関数は、これら原子文の各々に対して、またそれらの原子文から定義されるすべてのブール結合（たとえば、各々の否定や、この原子文の集合から構成されるすべての選言や連言）に対して事前確率を割り当てる[22]。事後確率はそれぞれ関連する事前確率から、命題 (K) を通じて定めることができる。しかしこうした組み立ては、尤度主義者が何を意図しているかを理解するには十分な手掛かりとはならない。尤度主義者によれば、私たちが話している言語は、私たちが使っている確率モデルよりもさらに広い範囲に及ぶものである。ある場合には、$Pr(O|H_1)$ や $Pr(O|H_2)$ の値を特定できても、$Pr(O|\neg H_1)$ や $Pr(H_1)$、あるいは $Pr(H_2)$ の値を全く特定できないかもしれない。私たちはこのように、**不完全な確率関数**を必要に応じて用いている。私たちは $Pr(O|\neg H_1)$ や $Pr(H_1)$、$Pr(H_2)$ の値を**知らない**というだけではない。それに加え、そのような知るべき値が存在しないかもしれない。〔尤度主義者が言うには〕私たちが使うモデルは未知数としてさえ、これらの確率を含んでいない。

尤度主義者が確率という言葉で意味するのは、行為者がある信念の度合いをもっているということだけではない。注意すべき 1 つのことは、尤度主義

者にとっての確率の概念は、より規範的に解釈する必要があるということだ。$Pr(O|H)$ は、H が真であるとき、O に対してあなたがもつべき信念の度合いである。しかし尤度主義者は一方で、これらの条件付き確率が客観的事実を反映している、とも見なしたいと考える。したがって、もし Pr(カードがハートのエース | カードをこのトランプの束から引く) $= \frac{1}{52}$ であるなら、それはトランプの物理的構成や、カードを配る過程の物理的な性質によってそう決まるのである。尤度主義者が、確率は「客観的」でなければならないと主張するとき、彼らが言いたいのは、確率はこのような物理的な細部によって基礎づけられなければならないということである[20]。物理的過程から頻度データが生成されると、そのデータから証拠が得られるが、その証拠は基礎にある確率の値を推論するために用いることができる[21]。

　確率を尤度主義者が主張するように理解するとき、コルモゴロフの (K) は条件付き確率についての正しい捉え方だと言えるのだろうか。結核に罹っている人が検査を受けた場合に、ある頻度で陽性の結果が出るような物理的過程〔(K) の左辺に対する解釈〕がもし存在するなら、このとき、ある人々を結核に罹患させるが、ほかの人々は罹患させないような物理的過程〔(K) の右辺、$Pr(H)$ の解釈〕も存在するだろうか。おそらく存在するだろう。この場合、Pr(検査結果が陽性 | 結核である) と Pr(結核である) の両方が、何らかの有用なモデルの中で用いられることになる。今度はエディントンの例を考えてみよう。エディントンの観測では、日食の最中に光を曲げるような物理的な過程が存在した。これは一般相対性理論 (GTR) がその説明を与えるとされる物理的過程である。しかしそれに加え、結果として一般相対性理論、あるいは

---

[20] 尤度主義者が使う「客観的」という言葉は、いわゆる客観的ベイズ主義者がこの言葉で意味するもの、つまり、確率は私たちの言語の論理的な特徴から導出されなければならないという意味とは違う[23]。

[21] 観察された頻度は確率の値に関する証拠を与えるが、(現実のあるいは仮説的な) 頻度によって確率が**定義**できないという状況は多くある (Sober: 1994; 2008)。このため、私は「理論なしの確率論」を好む。この考え方によれば、確率は観察可能なものによって定義されえない理論語である[24]。

他の競合理論を真にするような物理的過程というのもあったのだろうか。おそらくそういった過程は存在しない。これがないのだとすると、尤度主義者は $Pr(GTR)$ を自身の確率モデルに入れようとはしないだろう。したがって、コルモゴロフの (K) を適切な定義と見るのか、それとも好ましい状況でだけ成り立つ仮定と見るのかは、確率をどう解釈するかにかかっている。

結局、コルモゴロフの命題 (K) はベイズの定理と同様、追加の条件を伴うと理解すべきであろう。両者とも、その中に現れるすべての量（確率）が意味をなすと主張しているのではない。むしろいずれも、こう前書きをつけて理解されるべきである。**以下の量**〔命題 (K) においては3つの量 (確率)〕**を用いるモデルであればどんなモデルでも、それらの量はこのように関係づけられなければならない**。命題 (K) をこのように理解するなら、もうおわかりだろう。「もしあなたが仮説の尤度に値を割り当てるのであれば、その事前確率の値を知っているかどうかにかかわらず、あなたは仮説が事前確率をもつことを明言しているのだ」という批判は、筋違いということになる。

全証拠の原則

ベイズ主義者と尤度主義者には意見が合わないところがあるが、全証拠の原則については両者とも意見が一致する。この原則が示すのは、「あなたが知っているすべてのことがらを考慮に入れよ」ということである。しかし、こんな言い方ではまだ漠然としている。以下に見るように、この考え方は具体的な問題に適用されると正確なものとなる。この原則は、哲学的な意味で「実用主義的 (pragmatic)」と言える原則である。実用主義的とは言っても、これが、認識を問題にする観念論よりもむしろ実践を重視するシニスム（犬儒派）が奉じる原則だ、などと言いたいのではない。重要なのは、これが「**どのように確率を用いて問題を解くべきかについて助言を与えてくれる**」という点

である。確率に関わる問題はたくさんあるので、この原則が適用される場も様々である。その結果、全証拠の原則は、ある文脈では他の文脈よりも妥当なものと思われるだろう。ここではまず、この原則が十分意味をもつと思われる状況がどのようなものかを確認しておくことにしよう。そして次の節で、全証拠の原則が問題含みであることを明らかにする。そこでの問題が、実は頻度主義の中心的な考えをベイズ主義と尤度主義から切り離す、1つの断層面となる。

さて、たとえばいま、2人の目撃者が事件現場で何を見たかについて独立に報告するとしよう。そしてそれぞれの報告が、少なくとも §2 で述べた意味において、最低限「信頼できる」ものとする。つまり、ある適切な範囲の命題に対して、

$$Pr[W_i(P)|P] > Pr[W_i(P)|\neg P] \qquad (i=1,2)$$

であるとする。ここで $W_i(P)$ は、「目撃者 i は命題 P が真であると主張する」ということを意味する。全証拠の原則が示すのは、「2人の目撃者の証言があなたのもつ証拠の全体ならば、**両方の証言を考慮に入れよ**」ということである。しかしながら一般にこの原則は、**多いことは少ないことよりもよいこと**だ、というように解釈されている。この解釈をここで適用すれば、たとえ2人の目撃者が証言すること以外の情報が何か入手できるのだとしても、あなたは2人の証言の一方のみではなく、その両方を考慮に入れるべきだ、ということになる〔たとえば3人の目撃者の証言があるとき、全証拠の原則に従うなら、これをすべて使えということになる。この場合厳密には、「1人の証言より2人の証言を考慮する方がよい」ということは導けない。しかし、この原則の一般的解釈としては、仮に3人の証言がある状況下でも、「1人の証言より2人の証言を考慮する方がよい」ということが、全証拠の原則には含まれていると見なす〕。

なぜ2人の目撃者が1人の目撃者よりもよいのだろうか。もし2人の目撃者が、いずれも命題 P が真であることに同意し、かつ2人の目撃者が独立に

証言するのであれば[22]、以下のような意味で、2つの証言の方が個々の証言だけの場合より強力に、P と $\neg P$ の違いを区別することになる。

$$\frac{Pr[W_1(P) \& W_2(P)|P]}{Pr[W_1(P) \& W_2(P)|\neg P]} > \frac{Pr[W_i(P)|P]}{Pr[W_i(P)|\neg P]} > 1 \qquad (i=1,2)$$

こうなる理由は、

$$\frac{Pr[W_1(P) \& W_2(P)|P]}{Pr[W_1(P) \& W_2(P)|\neg P]} = \frac{Pr[W_1(P)|P]}{Pr[W_1(P)|\neg P]} \times \frac{Pr[W_2(P)|P]}{Pr[W_2(P)|\neg P]}$$

かつ、右辺の比のそれぞれが1よりも大きいためである。これは単に次のような常識的事実を反映している。2人の、互いに独立な（少なくとも最低限）信頼できる目撃者が「P が真である」ことに同意するとき、どちらかの目撃者が単独で証言する場合よりも、P を支持する強い証拠を与えることになる[23]。

この例を見ると、全証拠の原則は、強い証拠を得たいという私たちの願望によって正当化されるかのようである。しかしこれは明らかに正しくない。というのも、2人の目撃者の証言が**一致していない**場合を考えてみればよい。もしあなたが両方の証言のそれぞれを考慮に入れたとすると、「P である」と「P ではない」に証言として差をつける根拠は全くないかもしれない。一方、1人の目撃者の証言のみを選んでそれに焦点を当てたとすれば、「P である」と「P ではない」には差がつけられるだろう。この場合、全証拠の原則は、あなたが強い証拠への欲求に屈しないようにと告げるだろう。すなわち、もし証拠全体から、2つの命題に差をつける根拠がほとんどない、あるいは全くないということがわかるならば、それはそうだと受け入れるしかないのである。

---

[22] 独立で信頼できる目撃者が証言することの間には、$Pr[W_1(P)|W_2(P)] > Pr[W_1(P)]$ という関係から、**無条件の従属関係がありうる**（また実際にある）。ここで言う「独立した」目撃者とは、**報告された文を条件として独立である**という意味である。つまり、$Pr[W_1(P) \& W_2(P)|P] = Pr[W_1(P)|P] \times Pr[W_2(P)|P]$ である [25]。

[23] 伝えられる奇跡の発生の報告に関して認識論的観点で行ったヒュームの分析があるが、複数の目撃者がより強い証拠を与えるという点は、このヒュームの分析と関係がある。これについてはアーマン (Earman: 2000)、およびそれについての私の書評（Sober: 2004b）を参照のこと。

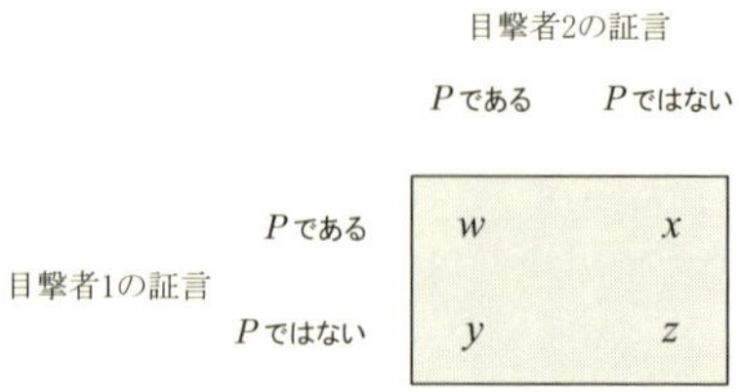

	目撃者2の証言	
	Pである	Pではない
目撃者1の証言 Pである	w	x
目撃者1の証言 Pではない	y	z

図5 2人の、独立した信頼できる目撃者が、それぞれ命題 P が真かどうかについて報告をするとき、2人による肯定(「P である」)は1人の肯定よりも強い証拠を与える。また1人の肯定は肯定ゼロよりも強い証拠となる。それぞれのマスは4つの可能な証言に関する尤度比 $Pr(証言|P)/Pr(証言|\neg P)$ を表していて、尤度比の間には $w>x, y>z$ の関係がある。

信頼できる目撃者が、(P が真であることを条件として、また P が偽であることを条件として)独立に自らの判断に到達したならば、これは証拠に対してある種の**単調増加性**をもたらすことになる。つまり、目撃者が2人いて、その2人が「P である」と証言すれば、1人がそう証言するよりも「P が真である」ことの強い証拠となり、さらに1人がそう証言する方が、誰もそう証言しない場合よりも強い証拠となる。これらの比較は、図5の尤度比によって表わされている。複数の独立した証言について、こうした事実が成り立つことは単純なことだし、よく知られてもいるだろう。けれども、ここで心に留めておくべき重要なことは、証拠が別々に得られても、それらが独立していなければならないという規則はどこにもない、ということである。いま、あなたがレストランのコックであるとしよう。ウエイターが厨房に注文をもってくる。食堂にいる誰かが朝食にトースト・エッグを注文した。あなたはこの証拠を得たときに、「友人のスミスがこの注文をした」「友人のジョーンズがこの注文をした」という2つの仮説に優劣をつけることができるだろうか。あなたはこの2人の食事習慣を知っている。異なる朝食メニューのそれぞれについて、それが注文される確率を、スミスが注文したことを条件とする場合〔「スミス説」〕と、ジョーンズが注文したことを条件とする場合〔「ジョーンズ

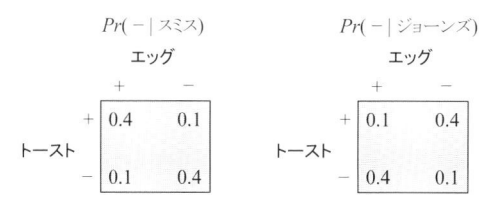

	Pr(- | スミス)			Pr(- | ジョーンズ)	
	エッグ			エッグ	
	+	−		+	−
トースト +	0.4	0.1	トースト +	0.1	0.4
トースト −	0.1	0.4	トースト −	0.4	0.1

図 6 スミスとジョーンズは、朝食のメニューごとにそれぞれ注文の傾向が異なる。注文にトーストが含まれているという事実、また、注文にエッグが含まれているという事実だけでは、2人のうちどちらが注文したかという証拠は得られないが、朝食にトースト・エッグが注文されたという事実によって、その証拠が得られる。

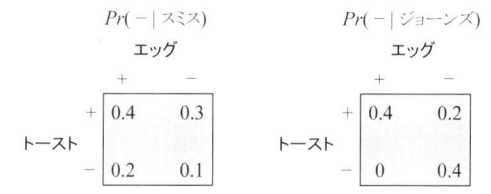

	Pr(- | スミス)			Pr(- | ジョーンズ)	
	エッグ			エッグ	
	+	−		+	−
トースト +	0.4	0.3	トースト +	0.4	0.2
トースト −	0.2	0.1	トースト −	0	0.4

図 7 スミスとジョーンズの新しい朝食傾向の組み合わせ。ここでは、トースト・エッグの朝食が注文されたことからは、2人のうちどちらが注文したかの証拠が与えられない。しかし、その注文の各部分はジョーンズ説よりもスミス説を支持する。

説」〕に分けて示したものが図6である。これらの確率から、以下のような興味深いことが生じる。注文が**トースト・エッグ**であることは、ジョーンズ説よりもスミス説を支持する(なぜなら $0.4 > 0.1$)。しかし、客が**トースト**を注文したという事実は、この問いに対して何の証拠も与えない($0.5 = 0.5$)〔図6の各表1行目「トースト+」の和をとる〕。そしてまた、客が**エッグ**を注文したという事実も、同様にこの問いに対する証拠とはならない(なぜならこの場合も $0.5 = 0.5$)〔図6の各表左1列目「エッグ+」の和をとる〕。したがって、証拠全体は部分的証拠の和以上のものとなる。

図7では、この2人の友人に別の新しい朝食の傾向を当てはめていて、さきほどとは反対のパターンが示されている。もしスミスとジョーンズに、この図

で示されているような注文の傾向があれば、**トースト・エッグ**が注文されたということによって2つの仮説を区別することはできない（なぜなら 0.4 = 0.4）。しかし、注文が**トースト**を含むという事実は、ジョーンズ説よりもスミス説を支持する（0.7 > 0.6）。注文が**エッグ**を含むという事実についても同じことが成り立つ（0.6 > 0.4）。したがってこの場合、証拠の全体は部分的証拠の和より小さくなる〔つまり、部分的証拠の示すことがらが強められずに、むしろ弱められている。このように「トーストを注文した」「エッグを注文した」という証拠がそれぞれ別々に得られても、それがこの例のように独立していないケースでは、全証拠（「トースト・エッグを注文した」）が、より強い証拠にならないことがある。全証拠の原則に従うときには、この点に注意しなければならない〕。

　さて、あなたの手持ちの、関係ある証拠すべてを使うべきだというのが全証拠の原則だが、この原則は関係のない情報まで記録することを求めているわけではない。図4で示されているコイン投げの2つの仮説を考えてみよう。コインの表が出る確率を p とするとき、一方の仮説は $p = \frac{1}{4}$ であり、他方の仮説は $p = \frac{3}{4}$ である。前に示したデータでは、20回コインを投げて5回表が出たということであった。しかし、なぜ、データを構成する表と裏の正確な順序を記述しなくともよいのだろうか。20回コインを投げて表が5回出るとき、その出方はたくさんある。サンプルの頻度だけを述べた命題は、順序を正確に記述したものよりも**論理的に弱い**（すなわち、後者は前者を含意するが、その逆は成り立たない）。そうすると、サンプルの頻度をデータ記述として用いることは、〔関係ある証拠がすべて使われていないことになって〕全証拠の原則に反することにならないのだろうか。

　もしも、証拠の強さを尤度比で表すなら、答えはノーである。20回投げて5回が表という特定の順序列を、1つずつ考えてみよう。いま考察中の2つの仮説（$p = \frac{1}{4}$ と $p = \frac{3}{4}$）は、p の真の値が何かという点では一致しないが、それら特定の順序列がいずれも確率 $p^5(1-p)^{15}$ をもつ、という点では見方が一致している。観察されるコインの裏と表の正確な順序記述1つずつについ

て、$p = \frac{3}{4}$ に対する $p = \frac{1}{4}$ の尤度比は次の値になる。

$$\frac{Pr(\text{正確な順序}\,|p=\frac{1}{4})}{Pr(\text{正確な順序}\,|p=\frac{3}{4})} = \frac{\left(\frac{1}{4}\right)^5 \left(\frac{3}{4}\right)^{15}}{\left(\frac{3}{4}\right)^5 \left(\frac{1}{4}\right)^{15}} = 3^{10}$$

もし 20 回コインを投げて 5 回表が出るという正確な順序列が N 個あるとすれば[24]、20 回コインを投げて 5 回表が出る**何らかの順序列**を得る確率の値は $Np^5(1-p)^{15}$ となる。この論理的に弱いデータの記述を使うことで、以下の尤度比が得られる。

$$\frac{Pr(5\,\text{回表}\,|p=\frac{1}{4})}{Pr(5\,\text{回表}\,|p=\frac{3}{4})} = \frac{N\left(\frac{1}{4}\right)^5 \left(\frac{3}{4}\right)^{15}}{N\left(\frac{3}{4}\right)^5 \left(\frac{1}{4}\right)^{15}} = \frac{\left(\frac{1}{4}\right)^5 \left(\frac{3}{4}\right)^{15}}{\left(\frac{3}{4}\right)^5 \left(\frac{1}{4}\right)^{15}} = 3^{10}$$

ここで N は打ち消されていることに注意しよう。コインの表と裏の正確な順序を示している論理的に強いデータ記述を用いる必要はない。なぜならその記述は、尤度の比にいかなる違いももたらさないからである（Fisher: 1922; Hacking: 1965, 80-1）。この意味では、サンプルの頻度は「十分統計量」〔モデルにおいて統計的推論に関係するすべての情報を表した量〕である。この議論の中で、尤度の**比**をとることが果たしている役割に注意しよう。もし証拠の重みを何か別の方法で（たとえば尤度の**差**によって）表すなら、おそらく N が消えることはないだろう。また、たとえ双方の仮説にとって、データが全体として見ればまずありそうにないことを表していたとしても〔つまりデータ全体の尤度がいずれも非常に小さい値になったとしても〕、そうしたデータが〔尤度比によって〕一方の仮説を他方よりも非常に強く支持する場合がある、ということに注意してほしい。

　サンプル頻度が十分統計量かどうかは、評価されている仮説によって決まる。いま述べた例では、コイン投げは互いに独立であるという点で、2 つの

---

[24] N は n 回の試行で m 回表が出る特定の順序列の数であり、式 $\binom{n}{m}$ で計算される〔これは、${}_nC_m$ とも表記される〕。この式の意味は**n個の対象からm個を選ぶ**ということである。つまり、$N = n!/m!(n-m)!$ である。

仮説は一致していた〔したがって、サンプル頻度は十分統計量と考えられた〕。しかし、この独立性こそが、まさにあなたのテストしたいことだとしてみよう。そしてさらに、観察されたコインの表 (H) と裏 (T) の正確な順序は次のようであったとしよう。

HTHTHTHTHTHTHTHT

この順序列は 50%の表を含んでいる。しかし、この〔50%が表という〕論理的に弱められた記述により、データの中で証拠として意味ある情報がすべて捉えられている、と考えることは間違いだろう。ここでは裏と表の**順序**もまた、証拠に関連している。

　より論理的に弱いデータの記述、つまりサンプルの頻度は選言である。選言肢の 1 つが**実際に**起こった正確な順序列を表す。そして、ほかの選言肢は**実際には起こらなかった**ある正確な順序列をそれぞれ表す。テストされる仮説が $p = \frac{1}{4}$ と $p = \frac{3}{4}$ のような場合なら、論理的に弱いデータ記述は問題とはならない。つまり、もし選言形式でデータを記述し、どの順序が実際に生じたかを言わずに「この順序、またはあの順序、またはほかの順序のいずれかが実際に生じたのだ」とだけ言ったとしても、この場合は何の問題も生じない。それゆえ、全証拠の原則は、選言に対して〔論理的に弱い形のため情報がすべて使われていないという理由で〕反対する規則なのではない。むしろこの規則が示すのは、もしデータの記述を論理的に弱めることにより、証拠が示すことがらについてあなたの評価が変化してしまうようなことがあるなら、そうした論理的レベルの変更は許されない、ということである。全証拠の原則を適用するためには、テストされている仮説について証拠が何を示しているかを解釈する規則が必要である〔そして、データ記述の論理的レベル変更の可否は、この規則に相対的に判断されることになる〕。この部分で、尤度主義者は尤度の法則に訴え、尤度の比を使う。ベイズ主義者はこうした議論に同意することができるだろう。なぜなら命題 (6) から明らかなように、ベイズ主義者にとって尤度の比

は、事前確率の比を事後確率の比に変換する**唯一**の媒体だからである。尤度主義者とベイズ主義者は、全証拠の原則に関する限りは一致している[25]。

尤度主義の限界

尤度主義はロイヤルの3つの問い（§1）の1番目に焦点を合わせて論じるが、一方、他の2つの問いについては沈黙する。すなわち、証拠が何を示すかだけを解釈し、何を信じるべきか、何をするべきかについては助言を与えない。そうではあっても、尤度主義が、それ自身で設定する比較的穏当な目標を果たして達成できるのかどうかという、まだ答えるべき問いが残されている。ここで問題となることは、興味ある科学的仮説の多くが**単純仮説**でなく、**複合仮説**だということである。この「単純」「複合」という言葉が専門用語であることに注意してほしい。図4で表されているコインの2つの仮説（$p = \frac{1}{4}$ と $p = \frac{3}{4}$）はどちらも単純である。どちらの仮説も、実験で生じる可能性がある1つ1つの結果に対して、それがどれくらい確からしいかを正確に1つの値で表すからである。これに対し、複合仮説はより曖昧である。複合仮説は観察に割り当てられる確率の値を1つだけ選ぶのではなく、確率の**集合範囲**を定める。仮説 $p > \frac{1}{4}$ はこうした例の1つだろう。この仮説は、20回投げて、ちょうど5回表が観察されるときの確率が何であるかを示してはいない。p が $\frac{1}{4}$ より大きいという条件では、p がとることのできる値は様々である。そして、それぞれ特定の p は、ある観察についてのそれ自身の尤度をもつ。複合的な仮説は単純な仮説の選言（ときには、無限の選言）なのである。

複合的に見える仮説でも、ある種の背景知識が手に入ることによって、実際は統計学的に単純な仮説であることがわかる場合がある。工場で製造され

---

[25] 全証拠の原則の究極的な正当化がどういうものかについては、ここでは扱わない。I. J. グッドは、この原則について意思決定論的な正当化を行っている（Good: 1967）。

る3種類のコインがあると想像してみよう。表が出る確率 p について、コイン全体の3分の1が $p = \frac{1}{4}$、また別の3分の1が $p = \frac{1}{2}$、そして残る3分の1が $p = 1.0$ だとする。いま、この工場でつくられたコインを無作為に1枚選ぶ。あなたの選んだコインのもつ確率が $p > 1/4$ だとすると、これら3つの仮説のうち、可能性がある仮説は $p = 1/2$ と $p = 1.0$ の2つだけとなる。そして、この2つは同程度に確からしい。この平均は $p = \frac{3}{4}$ である。尤度主義者にとっては、この種の状況において、仮説 $p > 1/4$ を評価することに何の問題もない。尤度主義者は自分たちの反主観主義的な傾向に忠実な態度で、この仮説を喜んで検討する。なぜなら、「仮説 $p > 1/4$ が真であるとしたとき、どんな観察結果を期待すべきか」という問いには〔$p = \frac{3}{4}$ という〕客観的な答えが存在するからである。しかし、この種の背景的情報がない場合には、尤度主義者はこの仮説を評価することをすっかり拒否する。むしろ尤度主義者は、一般相対性理論を偽とするキャッチオール仮説 '$\neg GTR$' が引き渡されるのと同じ、認識論的な辺境へと、仮説 $p > 1/4$ を追いやるのだ。

　科学ではたいてい、得られた証拠がこのようなキャッチオール仮説にどう影響するのかなどと、評価する必要はないと言ってよい。エディントンは一般相対性理論とニュートン理論を比べることができ、そしておそらくそれで十分だった。しかし科学の活動においては、複合仮説が中心的な役割を果たしていると思われる場合が存在する。そのため、尤度主義者がそういった仮説は扱えないと主張することで、尤度主義への不信はさらに募ることになるだろう。たとえば集団遺伝学ではしばしば、異なるいくつもの種から集められた遺伝子配列データが、遺伝的浮動説と自然選択説のどちらを支持するかを判定しようとする。遺伝的浮動説の方は、たいてい統計学的に単純である。たとえば、何らかの遺伝子座にある2つの対立遺伝子 A と a に関して、遺伝的浮動説では適応度が全く同じだとされる。つまり、$w_A = w_a$ であり、$w_A - w_a = 0$ である。これとは対照的に、自然選択説は複合的である。すなわち $w_A \neq w_a$ であり、言いかえると $w_A - w_a = \theta$ である（θ は0でない値をとるパラメー

タ)。θ が0でないなら、θ は多くの異なる値がとれることに注意しよう。特定の θ の値ごとに、手持ちのデータに対して異なる確率が割り当てられることになる。しかしこのとき、自然選択説それ自身は、何を予測すると言えばいいのだろうか。先のコイン工場の例が示すように、この問いに答えることができるのは、θ がとりうるゼロ以外の値に対し、私たちが確率を割り当てるための客観的根拠をもっている場合である。しかし、悲しいかな、多くの場合に私たちはこの種の情報をもっていない。このためしばしば、尤度主義の枠組みの中では、遺伝的浮動説と自然選択説を比べることはできない。物理学者は一般相対性理論とニュートン理論を比べることに満足し、一般相対性理論が偽であるというキャッチオール仮説については、思案する必要性を感じないかもしれない。ところが集団遺伝学者は、自然選択説との比較で遺伝的浮動説をテストしたいと考えてきたし、そういったテストを実際にしてきたとさえ主張する。私たちはこのようなテストが可能かどうか、そしてどのようにして可能かを第3章〔原著不訳出〕で検討する。ここで重要なのは、いま、ベイズ主義者と頻度主義者をひとつに結びつける論点が明確になったということだ。この古くからの敵どうしは、ともに、尤度主義者が〔仮説をテストする際の条件が〕厳しすぎると主張する。頻度主義者の方は、複合仮説をテストするためのよい方法があると考えており、ベイズ主義者は、問題となっている仮説が実は複合的ではないと主張する。いわば両者はともに、尤度主義者が足を踏み入れるのをためらう場所へと、我先に分け入ろうとするのである。

§4　頻度主義 I
——有意検定と確率論的モーダス・トレンス

　私はこの本を書き始めるに当たって、まず、確率の哲学についての大まかな見通しを述べた。ベイズ主義者の立場からすれば、科学の仕事は「どの理論が真であることが確からしいかを決定すること」であった。一方、頻度主義者[*19]の立場からすれば、これはまったく科学が関わることではなかった。そして、ここにさらに尤度主義者が登場人物に加わり、話がさらに複雑になった。尤度主義者はたいてい、確率の割り当てを自分たちの目的にすることは敢えてしない。しかし以下に見るように、彼らの立場は多くの点で頻度主義者よりもベイズ主義者に近いのだ。考察すべき立場が2つでなく3つになると、「頻度主義とは結局何なのか」という問いに答えることが難しくなる。この問いに対して、「頻度主義者は、仮説に確率を割り当てるという目的を認めない」と言うだけでは答えとして不十分である。というのも、その点は確かにその通りなのだが、それだけでは彼らを尤度主義者と区別することができないからである。では、頻度主義の目的には、いったいどんな明確な特徴があると言えるのか。それが他の2つの哲学と比べてどう違うのかは、このあと具体的に指摘したいと思う。しかしその前に心に留めておいてほしいことがある。それは、頻度主義がひとつに統一された理論ではない、ということだ。頻度主義とはむしろ、たいていは互いにゆるやかに結びついただけの、様々な手法の寄せ集めである。ときには、そうした手法どうしで互いに矛盾することさえある。§2において、ベイズ主義が、確率の割り当てについての**認識**

[*19]「頻度主義」の呼称については、訳者解説を参照のこと。

論的な助言を与えることを述べた〔「更新の規則」§2〕。確率言明が**意味すること**（どの「確率の解釈」が正しいかということ）は、これとは区別される意味論的な問題である。同様の点が、頻度主義にも当てはまる。頻度主義は、確率言明が実際の頻度に関する主張、または仮想的な頻度に関する主張だとする考え方ではない（もっとも、こうした意味論的な見解は多くの頻度主義者が支持するところではあるが）。そうではなく、頻度主義は認識論に関わる1つの考え方である。頻度主義者は、規則が繰り返し適用されたときに得られる、よい結果と悪い結果の（期待される）頻度を吟味することによって、推論規則を評価する〔頻度主義では、このあと見るように、同じ規則を用いて何度も繰り返し判断を行ったとしたときに、悪い結果（誤り）に陥る頻度が小さい、と考えられる推論規則がよい推論規則である。ベイズの規則と同様、この規則にも確率（その「意味」が何であるにせよ）の用い方に関する指示的ことがらが含まれるので、これも認識論の1つと言える〕。

はじめに考えてみたい頻度主義者の手法は、R. A. フィッシャーの**有意検定**という考え方である。フィッシャーはこの手続きによって、ネイマン–ピアソンの仮説検定理論（次節で論じる）の誤りが矯正できると考えた。私はこれら2つのアプローチを、逆の時間的順序で扱おうと思う。その理由は、フィッシャーの理論が、ネイマン–ピアソンのアプローチよりもいくらか理解しやすいからであり、またフィッシャーの方が、尤度主義との違いがより明確だからである。

まず最初に、演繹的推論の単純な規則、**モーダス・トレンス**（MT）〔「後件否定」「否定式」とも訳される〕について考えてみよう。これは哲学者と科学者にとってはおなじみの議論の形式である。これはまた、カール・ポパーの反証可能性[26]の考え方で中心的な役割を果たすものでもある。

(MT) もし H なら、そのとき O
$$\frac{\neg O \quad (O \text{ ではない})}{\neg H \quad (H \text{ ではない})}$$

MTは、他の演繹論理の規則と同じように、どんな前提からどんな結論が導けるのかを示す。まず大事なことは、これが〔何を信じよ、という〕助言を与えるものではないということだ。しかし、それでもMTの中身を次のように解釈することは自然であろう。もし仮説Hが観察言明Oを含意し、かつOが偽であると判明したならば、そのときHは棄却されるべきであると。MTが演繹的に妥当であること（つまり、前提が真であれば結論も真でなければならないこと）を示すために、推論中の前提部分と結論部分を一本の線で分けることにしよう。MTは妥当な推論規則なので、これを次のように「確率論的に拡張」すれば、ひょっとすると意味のある非演繹的推論の原理になるかもしれない。

(確率論的MT)　　　　$Pr(O|H)$ は非常に高い
　　　　　　　　　　$\neg O$
　　　　　　　　　　──────────
　　　　　　　　　　$\neg H$

確率論的モーダス・トレンス(確率論的MT)によれば、もし仮説Hによって、Oが真である**確率**が非常に高いとされ、かつOが偽であるとわかったなら、そのときHは棄却されるべきである。同じことだが、この推論形式が示唆するのは、もしHによってなんらかの観察結果（$\neg O$）が非常に低い確率であるとされ〔$Pr(O|H) + Pr(\neg O|H) = 1$なので、$Pr(\neg O|H)$が非常に低いことは$Pr(O|H)$が非常に高いことを意味する〕、かつ、その結果がそれにもかかわらず起こったならば、そのとき私たちはHを偽と見なすべきである。確率論的MTは、演繹的には妥当と言えない推論の形式なので、そのことを表すために前提部分と結論部分の間に二本線を引くことにしよう。しかし妥当ではないにしても、これは意味のある推論形式かもしれない。

　確率論的MTが正しいかどうか、またそれがどのように演繹的MTと関係づけられるか、このことについて述べる前に、これとパラレルなもう1つの問題を論じておきたい。**モーダス・ポネンス（MP）**〔「肯定式」とも訳される〕

に関わる問題である。

(MP)　　　　　　　　もし O なら、そのとき H
$$\frac{O}{H}$$

MP は演繹的に妥当である。そうすると、この原理の次のような確率論的拡張も、また正しいと言えるかもしれない。

(確率論的 MP)　　　$Pr(H|O)$ は非常に高い
$$\frac{O}{H}$$

確率論的 MP が示すのは、もし O によって H の確率が非常に高くなり、かつ O が真ならば、そのときには H を受け入れよ、ということである。§1 のくじのパラドクスの例で、私は、この受け入れ規則に慎重になるべきだと述べた。しかしながら確率論的 MP には、それとよく似た別の形がもう1つあり、その形については、私たちはもう検討済みである。

(更新)　　$Pr(H|O)$ は非常に高い
　　　　　　O
　　　　　　O は、私たちがかつてと今の間で集めたすべての証拠である
$$\overline{Pr_{今}(H) \text{ は非常に高い}}$$

これはまさに、〔ベイズ主義のところで見た〕厳密な条件付けによる更新規則に他ならない。この規則は理にかなったものである。そしてこれは、演繹的 MP の一般化という性質も併せ持っている。そうするとこの (**更新**) 規則からの類推で、確率論的 MT についても同じように、それが演繹的 MT を一般化したものだからという理由で、正当な規則だと結論してよいのだろうか。

　この確率論的 MT の考えを支持するには、仮説を棄却するための確率の境界線がどこに引かれるかを示す必要がある。つまり、O が H の棄却を正当

化するために、$Pr(O|H)$ がどれぐらい低くなければならないのかを示す必要がある[27]。たとえば生物学者のリチャード・ドーキンスは、生命起源の理論をどう評価するか論じた中で、こうした問題についての検討を行っている（Dawkins: 1986, 144-6）。ドーキンスによれば、生命起源について受け入れ可能な理論は、地球における生命の起源について「幾分起こりにくい」とは主張するが、それほど「極端に起こりにくい」と主張することはありえない。もし宇宙の中に生命が誕生するのに「適した」環境である惑星が n 個あったならば、地球上の生命の起源に関する受け入れ可能な理論は、その出来事が少なくとも $\frac{1}{n}$ の確率であったと言わなければならない。したがって、地球上の生命誕生の確率をこれより低いとする理論は棄却されるべきである。創造説の論者たちもまた、これまでいくつか確率の境界線を設定してきた。たとえば、ヘンリー・モリスは、出来事に $\frac{1}{10^{110}}$ より低い確率を与える理論は棄却されるべきであると言い（Morris: 1980）、ウィリアム・デムスキーは、「特定された出来事（specified event）」（彼の理論的枠組みにおける用語）に、$\frac{1}{10^{150}}$ より低い確率を与える理論は棄却されるべきであると言う（Dembski: 2004）[26]。モリスとデムスキーは、宇宙が始まって以来、素粒子が何回状態を変えることができたかという試算を元に、これらの数字が得られるとしている。

〔こうした境界線を引く試みが立場の違いを超えてなされているが〕実はドーキンスとデムスキー、モリスは、3人とも同じ間違いをしている。それは、彼らが間違った確率の境界線を手にしているということではない。問題はもっと深く、**実はそのような境界線はそもそも存在しないのである**。つまり、確率論的MTは、〔いかにも意味がありそうに見えながら〕推論形式として正しくない（Hacking: 1965; Edwards: 1972; Royall: 1997）。その理由は、次の点を考えてみれば明らかである。たとえ完全に理にかなっている仮説であっても、多くの場合、それが私たちの観察に対して付与する確率は、観察全体として見たときには非

---

[26] 知的設計者（インテリジェント・デザイナー）の存在を推論するデムスキーの枠組み（Dembski: 1998）についての議論は、フィテルソン他（Fitelson et al.: 1999）を参照のこと。

常に低いものになる。先に注意したように、もし H が O_1 から O_{1000} までのそれぞれの観察に非常に高い確率を与えるとしても（いずれも 1 より小さくなければならないが）、H を条件として観察がそれぞれ独立であるならば、その連言は非常に低い確率になるだろう。確率は、仮にその値が大きくても必ず 1 より小さいので、何度もそれがかけ合わされると非常に小さな値になる。確率論的 MT が適用され、確率的な科学理論が繰り返しテストを受ければ、これらの理論は結果的にすべて、科学の舞台から消え去ってしまうだろう。

ひょっとすると確率論的 MT を真理とするための核心部分は、議論の結論を修正すれば救えるのではないか、と思われるかもしれない。もし H が偽だと結論するのが行き過ぎなら、もしかすると、ただ結論部分を「観察が H に対する反証になる」としてやりさえすればいいのではないか。

(証拠-確率論的 MT)　　　$Pr(O|H)$ は非常に高い
$$\frac{\neg O}{\neg O \text{ は } H \text{ の反証である}}$$

しかし、ロイヤルの例（Royall: 1997, 67）がよく示すように、この原理もまた十分ではない。たとえば私が付き人に、私が所有する壺の 1 つを持って来させたとしよう。私は、彼が持って来た壺の中に 0.2% の割合で白いボールが含まれている、という仮説 H を検証したいものとする。私は壺からボールを取り、それが白だとわかる〔この場合、O が「白以外のボールである」、$\neg O$ が「白いボールである」ということをそれぞれ表す〕。これは H に対する反証になるだろうか。いや、ならないかもしれない。なぜだろうか。私が所有する壺は 2 つだけだったとしよう。そのうちの 1 つが 0.2% の割合で白いボールを含んでいて、他方が 0.01% の割合で白いボールを含んでいるとする。この例においては白いボールを取り出したことは、H を支持する証拠なのであって、H に対する反証とはならない[27]。

---

[27] 確率論的モーダス・トレンスに関する、次のような 3 つめの定式化も、他の 2 つと同様によくな

法医学の同一性検査では遺伝子情報が用いられるが、これは、ロイヤルの論点をさらによく示すものである。このテストを受けた 2 人の人物が、20 の独立した遺伝子座〔染色体上に遺伝子が占める位置〕で一致したとする。そして、遺伝子座はそれぞれヘテロ接合型〔遺伝子座に、たとえば A と a のように異なる対立遺伝子をもつもの〕であるとする。2 人はどちらもそれぞれの遺伝子座において、まれな対立遺伝子（頻度 = 0.001）と、一般的な対立遺伝子（頻度 = 0.999）をもっている。もしこの 2 人の父と母が同じ（完全同胞）であれば、この 20 箇所での一致の確率は、およそ $[(0.001)(0.5)]^{20}$ である。これはとても小さな数である。しかし、だからと言って、2 人が血縁者だという仮説を棄却せよ、ということにはまずならない。実際そのデータは、2 人が血縁でないという仮説よりも、完全同胞であるという仮説を**支持する**。というのも、もし彼らが血縁でなければ、こうした一致の確率はおよそ $[(0.001)(0.001)]^{20}$ であり、2 つの尤度は共にとても小さいが、前者は後者より 500^{20} 倍も大きいからである（Crow et al.: 2000, 65-7）[28][29]。

　これらの例は、証拠に関する尤度主義者の理論において、何が中心的な考え方となるかを示している。そこでは、証拠がもつ意味についての判断は本質的に**対比的**である。ある観察が H に対する反証となるかどうかを判断するには、代替仮説が何であるかを知る必要がある。**ある仮説をテストするには、代替仮説との比較でそれをテストしなければならない**[29]。例に挙げた壺の話

いものである。仮説 H が観察 O を非常に確からしいとし、かつ O が真でなかったとき、果たして「H が偽であることは確からしい」と結論できるだろうか。答はノーである。ベイズの定理を調べれば、$Pr(H|\neg O)$ が低くなくても $Pr(\neg O|H)$ が低い場合があることがわかる[28]。

28) この議論の中では、尤度差ではなく、尤度比が用いられていることに注意せよ。

29) テストがつねに対比的であるというテーゼには、2 つの例外がある。もし、真である観察言明が H を含意しているなら、H の代替仮説を考える必要はない。余計な骨折りをすることなく、H が真であると結論できる。これはまさにモーダス・ポネンスである。また、もし H が O を含意し、かつ O が偽であると判明したら、再び代替仮説を考える必要なく H が偽であると結論できる。これはまさにモーダス・トレンスである。これらの推論形式が科学におけるテストにどれほど頻繁に適用されるかというのは、また別の問題となる。実際には、それらが適用されることはまれである。観察が理論を含意するこ

では、白いボールを取り出すというのは、仮説 H によればまず観察されえないことだが、実際その結果は H に対する反証ではなく、H を**支持する**証拠である。なぜなら観察結果 O は、代替仮説によれば一層ありそうにないことだからである。確率論的 MT は、はじめの単純な形、および証拠を導く形、そのいずれも**尤度の法則**に置き換えられる必要がある。この論点が当てはまるのは、壺の問題や法医学の DNA テストだけとは限らない。こうした論点は、第 4 章〔原著不訳出〕における問題、「2 つ以上の種に類似性が観察される場合、なぜそれが共通祖先の証拠になるのか」という問題を考えるときに、重要な役割を果たすだろう。そこで説明される枠組みでは、観察された類似性 O は、$Pr(O|CA)$ の値が**低ければ低いほど**共通祖先仮説（CA）の**強い**証拠となる。なぜ、条件付き確率 $Pr(O|CA)$ の値が下がれば CA の証拠が強まるかというと、そのことで $Pr(O|SA)$ の値がさらに一層落ち込むからである（SA は独立祖先の仮説）[30]。

さて、〔ここまで確率論的 MT は推論形式として正しくないとしてきたが〕確率論的 MT が意味をなすような再定式化の仕方もあるにはある。それはベイズ主義的な定式化である。

(ベイズ-確率論的 MT)　　　$Pr_{かつて}(O|H)$ は非常に高い
　　　　　　　　　　　　　$Pr_{かつて}(O|\neg H)$ は非常に低い
　　　　　　　　　　　　　$Pr_{かつて}(H) \approx Pr_{かつて}(\neg H)$
　　　　　　　　　　　　　$\neg O$
　　　　　　　　　　　　　―――――――――――――――
　　　　　　　　　　　　　$Pr_{今}(H)$ は非常に低い

この議論の結論部分は前提部分から**演繹的**に導かれるけれども（ただし、厳密な条件付けによる更新規則が与えられ、また O でない（$\neg O$）ということが、かつてと今との間であなたが知ったすべてのことである必要がある）[31]、こ

とはほとんどないし、また理論が観察を含意することもほとんどない。この点については後でまた詳しく述べる。

れは頻度主義者が決して触れようとはしない議論の形式である。触れない理由は、この推論形式が妥当でないからではなく（これは確かに妥当である）、そこでは、頻度主義者によって主観的過ぎると見なされるような前提が必要となるからである[30]。

　フィッシャーの有意検定 [*20]（Fisher: 1959）は確率論的 MT の 1 つなので、それだけでも十分問題ありなのだが、これにはさらに、全証拠の原則に反するという欠点が加わる。有意検定では、テストされている仮説のことを「帰無」仮説と呼ぶ。そして、あなたの行った観察が、「帰無仮説に基づけば、まずありそうにないことなのか、そうではないのか」を問う。しかしこのとき、あなたは観察結果のあらゆる点を詳細に検討するのではなく、その結果がある領域の中に含まれるという事実について考察する。あなたは、データについて、論理的に強い記述よりむしろ弱い記述を用いるのである。この点に関して、有意検定の問題点を明確に示す例がある（Howson & Urbach: 1993, 176 より）。あなたはコインを 20 回投げて、コインに偏りがないという仮説（つまり、表が出る確率は 50％であるという仮説）をテストしたいとしよう。コイン投げは互いに独立であるとする。いま表が 4 回出たとしよう。そこであなたは、「4 回表」が選言肢〔論理結合子の「または（∨）」でつながれる各要素〕の 1 つであるような選言の確率を計算する。このとき帰無仮説に従って、実際に得た結果と**同程度か、またはそれよりありそうにない**すべての結果を考えなければならない。すなわち、

$$Pr(0 \lor 1 \lor 2 \lor 3 \lor 4 \lor 16 \lor 17 \lor 18 \lor 19 \lor 20 \text{ 回表 }|$$

---

[30] ワグナーは、$Pr(\neg H)$ の値の範囲（上界、下界）が $Pr(O|H)$ と $Pr(\neg O)$ の値から導けることを示した（Wagner: 2004）。彼はこの結果をモーダス・トレンスの確率論的解釈と呼んでいるが、これは上で私が否定した確率論的モーダス・トレンスとは別のものである。

[*20]「検定」とは「テスト」のことだが、「有意検定」（フィッシャー）「仮説検定」「尤度比検定」（ネイマン-ピアソン）など、通常「検定」と表記されるものについては、その慣用的な表記に従う。しかし、日本語で「（統計的）検定」というと、こうした特定のテストとの結びつきが強くなるので、誤読を避けるために慣用的表記以外の 'test' はそのまま「テスト」と訳す。

コインに偏りがない、かつ 20 回のコイン投げ) $= p$

を考えることになる。帰無仮説の下でのこの選言の確率は、テスト結果の p 値と呼ばれる。

ところで有意検定の目的には 2 つの異なる考え方があり、この p 値にも、そうした目的の違いに対応して 2 つの異なる解釈がある〔有意検定を批判するには、この 2 つを共に考慮に入れる必要がある〕。有意検定を実施する者は、ある場合には、帰無仮説が棄却されるべきかどうかについての結論を引き出す〔一方の解釈はこれである〕。このために彼らは、「有意水準」α の値を定める。帰無仮説が棄却されるのは、p 値がこの有意水準という境界よりも小さいときである。もし有意水準を $\alpha = 0.05$ と設定したのであれば、20 回コインを投げて 4 回表が出るという結果は p 値が 0.012 なので[*21]、帰無仮説を棄却するのに十分だろう。もし 20 回コインを投げて 6 回表という結果を得たなら、この結果は帰無仮説を棄却するのに十分でない。この場合の p 値は 0.115 となるからである。有意水準 α の値の選択は任意の約束事だ、というのが概ね認められている解釈である。有意検定のもう一方の解釈は、帰無仮説に対する反証の強さを測る、とする解釈である。この場合、結果の p 値が低ければ低いほど、帰無仮説に対する反証の度合いは強くなる。この相対的な考え方によれば、20 回中 6 回表が出たときに、それがコインに偏りがないという仮説の（絶対的な意味での）反証になるかどうかは、このテストだけでは何も言えない。このときテストによって確かに示されるのは、20 回のコイン投げで 4 回表、という結果が、その仮説に対するより強力な反証になるということである。もし 0.05 という p 値を「帰無仮説に対する強い反証」の境界線とするならば、20 回中 6 回が表という結果を得た場合、あるいは 4 回が表、あるいは 2 回が表という場合に、それぞれどう解釈すればよいのかがわかる。こ

[*21] 上の選言の確率は、各選言肢の確率 ${}_{20}\mathrm{C}_k (\frac{1}{2})^k (\frac{1}{2})^{20-k}$ （k の値はそれぞれ 0, 1, 2, 3, 4, 16, 17, 18, 19, 20) の和で求められる。

の6回という結果は帰無仮説に対する強い反証ではない。一方、4回、2回という結果は強い反証である。この場合もまた、先ほどの解釈と同様、境界の選択に恣意性が存在することになる。

さて、有意検定の解釈としてこのどちらをとるにせよ、そこには同じ1つの弱点が見出される〔この点が、いまの有意検定批判の要点である〕。それは、有意検定ではデータの記述方法に可能な形がいろいろあるため、その記述方法を変えることで、帰無仮説についての結論も変わってしまうおそれがある、という点である。先にも述べたとおり、20回のコイン投げにおいて6回表が出たときには、($\alpha = 0.05$ と設定するなら) 表の出る回数が0回から6回、または14回から20回の間のどこかである確率は0.05より大きいので、あなたは帰無仮説を棄却することができない。この例では、20回のコイン投げにおいて起こりうるそれぞれの表の数 $(0, 1, 2, \ldots, 18, 19, 20)$ を、結果空間 (outcome space) の要素と考えた。そして、帰無仮説の下で、表が出る確率がちょうど6回の確率に等しいか、それより低い確率となる14個の要素をひとまとめにした。しかし結果空間は、異なる仕方で切り分けることもできる[31]。たとえば、カテゴリの数を21とする代わりに、これらのいくつかをまとめて1つにすることも考えられよう。もし5回表と10回表を1つのカテゴリにまとめ、14回表と15回表をまた別の1つのカテゴリにまとめるならば、結果空間のカテゴリ数は21ではなく19になる。このリストからこれまでどおり、「そのメンバーがいずれも、ちょうど6回表が出る場合に等しい確率か、それより小さい確率」をもつように選言を構成するならば、帰無仮説の下での選言の確率は0.049となることがわかるだろう。するとこの場合、あなたは結果として帰無仮説を棄却することになる (Howson & Urbach: 1993, 182-3)。つまり、帰無仮説を棄却するかどうかは、あなたがケーキをどう切り分けるかに依存するのである。

---

[31] この点を、無差別の原理 (§2) に関連して取り上げたケーキの切り分けの考察と比較せよ。

これに対して、次のような反論があるかもしれない。21 のカテゴリをこれら 19 のカテゴリにまとめてしまうことは「不自然」なのではないか。あるいは、より細分化された分類の方が、大づかみな分類より好ましいのではないか。有意検定の擁護者はこれまで、カテゴリの自然さに基づく説明を展開しようとはしてきておらず、また、有意検定がそのような説明でどれほど擁護できるのかもよくわからない。しかしながら極めて明らかなことは、論理的により強いデータ記述の必要を訴えても、有意検定擁護者には何の助けにもならないということである。もしこの〔「細分化された分類の方がよい」という〕考えに従うなら、結果空間のカテゴリを 21 とするのではなく、表と裏からなる順序列を 1 つ 1 つ区別して、それらを選言の別個な要素として扱うべきであろう。このとき結果空間は 2^{20} の要素をもち、それら個々の確率はいずれも、帰無仮説の下で $(\frac{1}{2})^{20}$ となる。私たちが、ある特定の（たとえば表を 2 回含むような）順序列を得たとき、例によって帰無仮説に従い、確からしさがこの結果と同程度かそれ以下のものを結果空間の中で集めるなら、結局 2^{20} 個の要素すべてを含む選言が出来上がることになる。帰無仮説の下でのこの選言の確率は、言うまでもなく、1 である。この細分化された結果空間では、結果が何であるかに関わらず、私たちが帰無仮説を棄却することは決してない。

「論理的に弱い記述」の次に、今度は、有意検定における証拠の解釈に目を向けてみるとどうだろう。このとき、有意検定と尤度主義の解釈がいかに相容れないかを確認することが重要である。尤度の法則に従えば、観察された結果が「そのコインに偏りがない」という仮説の反証になるかどうかは、あなたがどの代替仮説を対立仮説として取り上げるかに依存する。もし対立仮説が表の出る確率を 0.8 とするなら、20 回投げて 4 回表が出るという観察は、帰無仮説を**支持**する証拠であって、**反証**ではない。§1 で述べた「穏当な原則」が正しければ、尤度主義についてのこうした〔対立仮説との対比で帰無仮説が判断されるという〕点は、「有意検定は仮説を棄却する規則を与える」という考え方とも関連性をもつことになる。もし、ある観察によって H の棄却が正当化さ

れ、その観察が得られてはじめて H の棄却が正当化されるなら、その観察は H に対する反証である。有意検定は帰無仮説を対立仮説と対比しないので、その点だけを見ても、有意検定が棄却のためのよい規則を与えるものでないことは十分理解されよう〔観察が有意検定で棄却域にあるとしても、他の対立仮説との比較という尤度主義の観点で見る限り、むしろ観察が帰無仮説支持の証拠と見なされる場合もあるので、有意検定は「穏当な原則」を満たさない。したがって、棄却のよい規則とは言えない〕。

有意検定のもう 1 つの奇妙な性質は、有意検定がサンプルの大きさに敏感であるということに関係がある。ハウスンとアーバック（Howson & Urbach: 1993, 208-9）はリンドレー（Lindley）にヒントを得たある例を示しながら、この点を説明している。あなたは、壺の中のビー玉の 40% が赤だという仮説（H_1）をテストしたいとしよう。あなたが 10 個の玉を調べるとし、$\alpha = 0.05$ を選ぶとすると、8 個以上の玉が赤であればこの仮説を棄却することになる[*22)]。もし 100 個の玉を調べて α に同じ値を選ぶとすると、49 個以上の玉が赤であればあなたは H_1 を棄却する。そして、1000 個の玉を調べ、再び $\alpha = 0.05$ を選ぶと、今度は赤い玉を 427 個以上観察したときに仮説は棄却される。サンプルの大きさが増えるにつれて、H_1 を棄却しないために必要とされる観察頻度は次第に 40% に近づいていく。つまり、10 個の玉では赤玉の観察が 70% 以下である必要があり、100 個の玉では観察が 48% 以下であることが、さらに 1000 個の玉では 43% 未満であることが必要である。このことは、さらに次のような詳細を付け加えるまでは、それほど奇妙には思えないかもしれない。H_1 の対立仮説として、壺の中に 60% の赤い玉があるという仮説 H_2 を考えることにする。ここで尤度の法則から導かれることは、赤玉の観察が 50% より少ない場合には H_2 よりも H_1 が支持されるということ、そして赤が 50% よ

[*22)] このとき p 値は、$Pr(8 \text{ 個} \vee 9 \text{ 個} \vee 10 \text{ 個のビー玉が赤} \mid \text{赤いビー玉が } 40\% \text{ 含まれる壺から } 10 \text{ 個のビー玉を取り出す}) \approx 0.012 < 0.05$（赤いビー玉を 7 個取り出す確率は約 0.0424 で、これを加えると p 値は $\alpha = 0.05$ を超える）。

り多く観察される場合には証拠上の有意性が逆になるということであって、つまりは**観察に関するこれら諸々の解釈がどんな大きさのサンプルでも正しい**ということが導かれるのである。もし尤度の法則が正しく、§1 で述べた穏当な原則が証拠と棄却との関係を正しく表しているなら、ここで私たちは有意検定に対する反論を得たことになる。

　有意検定における棄却、および証拠の解釈についてこれまで批判してきたが、全く批判しようのないもっと穏当な解釈が 1 つある。フィッシャー (Fisher: 1956, 39) はその解釈の要点を次のように言い表した。もし、H が O の起こる可能性を非常に低いと見なし、かつ O が起こったなら、1 つの選言命題が真であること、すなわち H が偽であるか、または非常に確率の低いことがらが起こったかのいずれかであるということがわかる。この選言はテストから**確か**に導かれる帰結である。しかしながら、このフィッシャーの選言の前半部分だけを取り出すと、それは確かな帰結ではない。また、H に対する反証を得たという帰結が得られるわけでもない。さらに有意検定に関して、もう 1 つ穏当な解釈がある。そしてこれもまた、適切な解釈である。この解釈では、もし仮説の下で「とてもありそうにない」観察結果が得られたなら、テストの結果、あなたがなすべきことは、その結果がそれほど驚くべきこととはならないような別の仮説を探すことである。私はゴセット (Gossett) が 1930 年代に述べた次の所見が、このような解釈を述べているものと理解する。

> たとえ [p 値] が、たとえば 0.0001 のように非常に小さい値だとしても、[有意検定は] それ自体では、必ずしもサンプルが母集団から無作為に抽出されなかったことを立証するわけではない。むしろ有意検定が示すのは、もしサンプルの結果についてさらにもっともらしい確率で、たとえば、確率 0.05 で説明するような対立仮説があるなら、(中略) あなたは、もとの仮説が真でないとの考え方に大いに傾斜するだろうということだ。(Hacking: 1965, 83 からの引用)

このような穏当な提案であれば、尤度主義者の信任を十分得ることができる。

確率論的 MT と有意検定がここで述べたような欠点をもっているならば、**確率論的形式を捨て、演繹的形式のみに頼ればよいのだろうか**。もし、H_1 が O を含意し、かつ O が偽だとわかったならば、H_1 が偽であるということが導かれる。もし、H_2 が H_1 の唯一の代替仮説であれば、さらに、H_2 が真であることが導かれるだろう。これはシャーロック・ホームズが『四つの署名』で推奨する推論の型である。アーサー・コナン・ドイル卿は主人公のシャーロック・ホームズに、「不可能なことをすべて排除したときに、残ったものがどんなに**可能性が低くとも、それが必ず真実である**」と言わせている。この見解の正しさが問題なのではない。私が問題にしたいのは、むしろ、ホームズが言ったことの**適用可能性**である。科学では、観察に関する主張が、テストしている仮説から演繹的に導かれる、ということはほとんどない。確率の概念を使った仮説（たとえば本論での、「コインに偏りがない」という仮説）の場合、これは明らかである。しかし、仮説が確率に言及していない場合でも、しばしば同様のことが言える。たとえば、エディントンは、日食時に星の光がどれだけ曲がるかを測定し、一般相対性理論との比較でニュートンの理論をテストしたが、このとき競合するこれら 2 つの仮説は、どのような観測がなされるかに関して、ぴたりと点で表されるような予測をしたわけではない。エディントンの観測は不正確であったので、彼が言えたのはせいぜい、ニュートンの理論が真であれば観察がおそらくある幅をもった範囲に収まるだろうということ、そして、一般相対性理論が真であれば、また別の範囲におそらく収まるだろうということである。科学において広く普及している見方は、仮説が〔演繹的な結論としてではなく〕諸々の観察に（極端でない）確率を与える、という見方である[32]。

仮説の下で、「O が起こることはありえない」のか、それとも「O が起こら

---

[32] 一般的に科学的理論が観察に確率を与えるのは補助的な情報が加わったときだけであるということについては、デュエムの理論と関連して次の章〔原著不訳出〕で検討する。

ないことは**非常に確からしい**」のかという違いは、大した問題には見えないかもしれない。しかし実際、この違いは非常に大きいのである。O が真であることを観察するとき、前者の見方を採れば、代替仮説を考える必要なく H を棄却することができる。対照的に、後者を採れば、仮説を棄却することはできない。そしてこの場合、代替仮説が特定されなければ、この観察が H に対する反証かどうかも言えないことになる。

§5 頻度主義 II
―― ネイマン–ピアソンの仮説検定

　仮説検定の理論はネイマンとピアソン（1933）によって発案され、後にネイマンの手でその細部が固められていった。この理論について最初に確認すべきことは、これが証拠の解釈について助言を与える理論ではなく、棄却についての助言を与える理論だということである。§1で触れたように、ネイマンとピアソンは、自分たちは証拠の解釈には関心がなく、ただ「態度決定」を導く汎用的規則を決めることにだけ関心があると述べている。しかし、こうした主張にもかかわらず、もし前に述べた穏当な原則が正しいのだとすると、「証拠の解釈」と「仮説を合理的に受け入れたり棄却したりすること」には、実は結びつきがあることになる。穏当な原則とは、「O が真であると知ることによって、H の棄却が正当化され、またその知識が得られてはじめて H の棄却が正当化されるならば、O は H に対する**反証**とされねばならない」ということだった。ネイマン–ピアソンの理論は、後で見るとおりこの原則に反している〔このことから「証拠の解釈」との結びつきが生じることになる〕。
　一連の観察によって仮説を受け入れるか棄却するか判断する際、犯しやすい誤りが2種類ある。前に論じた結核検査の例で考えてみよう。ただし、ここでは、この問題を「証拠の解釈に関わる問題」として扱わず、「受け入れと棄却」という観点で捉えることにしよう。医者であるあなたは、患者の結核検査の報告を受け取る。この報告は陽性か陰性かのいずれかであり、また患者は結核であるかそうでないかのいずれかである。あなたには2つの選択肢がある。患者が結核であるという仮説を受け入れるか、またはそれを棄却するかである。ここで、あなたが犯す可能性のある誤りが2種類ある。1つは、

§5 頻度主義 II——ネイマン–ピアソンの仮説検定

世界の可能な状態

	$H = S$ は結核である	S は結核でない
H を棄却	e_1	$1-e_2$
H を受入	$1-e_1$	e_2

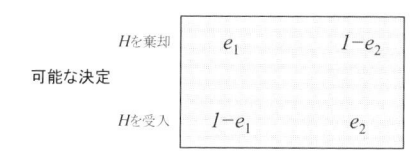

可能な決定

図8 S は結核であるか、そうでないかのどちらかである。また、医者であるあなたは、S が結核であるという仮説 H を受け入れるか棄却するか決定しなければならない。図の4つのマスが4つの可能性を表している。マスの中の項目は Pr(決定 | 世界の状態) の形をとる確率を表す。

患者が結核であるという仮説が真であるときに、それを棄却してしまう誤りであり、もう1つは、仮説が偽であるときに、それを受け入れてしまう誤りである。あなたが行う選択の種類は図8のように表される。e_1 は誤った棄却の確率を、e_2 は誤った受け入れの確率をそれぞれ表している。もしあなたが報告を一切無視して、ただコインを投げてどちらかを決めるとすると、この2つの誤りの確率はそれぞれ 0.5 となる [23]。しかし検査の手続きが、§2 で述べられたような意味で信頼できるものならば、コインを投げるより、もっとよい判断の仕方があるだろう。手続きの信頼性が高ければ高いほど、誤る確率は小さくなる。しかしこれは、信頼に足る手段を用いれば確実に正しい答えを得ることができる、ということを意味しない。誤る確率は $Pr(H$ を受け入れる $|H$ は偽$)$ と $Pr(H$ を棄却する $|H$ は真$)$ という形で表され、$Pr(H$ は偽 $|H$ を受け入れる$)$ と $Pr(H$ は真 $|H$ を棄却する$)$ で表されるのではない。ネイマン–ピアソンの仮説検定は頻度主義の考え方に立っており、ベイズ主義ではない [24]。

---

[23] 表が出れば結核であることを受け入れ、裏なら結核であることを棄却するとすれば、誤りの確率はそれぞれ、Pr(表 $|S$ は結核でない), Pr(裏 $|S$ は結核である) である。この値を導くには、コイン投げを一種の結核検査だと考えればよい。ただしコインは偏りのないコインである。

[24] ネイマン–ピアソンの仮説検定における確率は、様々なデータに仮説検定を適用したときに仮説を

ネイマン–ピアソンの理論は、「誤る確率が大きいものよりも、小さいものの方がよい」という、自明の理が出発点となっている。検査の結果に基づいて患者の状態を判断するのであれば、信頼性の低いものを使うより高いものを使った方がうまくいくだろう。たとえば、いま利用できる検査キットとして、マジソン製のもの、ミドルトン製のものの2つがあるとしよう。そして、これらキットの2種の誤り確率は、それぞれ次の通りであるとする。

マジソン製検査キット　　$Pr(陰性|Sは結核である) = 0.02$
　　　　　　　　　　　　$Pr(陽性|Sは結核でない) = 0.01$

ミドルトン製検査キット　$Pr(陰性|Sは結核である) = 0.04$
　　　　　　　　　　　　$Pr(陽性|Sは結核でない) = 0.03$

この2つの比較では、もちろんあなたはマジソン製の検査キットを使いたいと思うだろう。どちらの誤りの確率もミドルトン製より低いからである。けれども、マジソン製のキットとプレーリー・ドゥ・シーン製〔以下、「プレーリー製」〕のキットでは、どちらを選択すべきだろうか。この第3のキットの誤り確率は次の通りである。

プレーリー製検査キット　$Pr(陰性|Sは結核である) = 0.01$
　　　　　　　　　　　　$Pr(陽性|Sは結核でない) = 0.02$

マジソン製のキットとプレーリー製のキットの選択では、どちらの誤りがより望ましくないかを判断しなければならない。果たしてより重要なのは、Sが結核でないときに、「結核である」という仮説を受け入れてしまう誤りを避けることだろうか。それとも、Sが結核であるときにその仮説を棄却してしまう誤りを避けることだろうか。これを決めるための1つのわかりやすい方法は、行動がどれほど信念に左右されるか考えてみることである。結核でな

誤って受け入れたり棄却する「頻度」として解釈されたものである（「訳者解説」参照）。したがって、「Hは真」「Hは偽」が、それぞれ求める確率の「条件」となる。他方、ベイズ主義では、証拠が得られた場合のこの「Hは真」「Hは偽」の確からしさが、まさに確率計算の焦点である。

い人に治療を施すのはより望ましくないことだろうか。あるいは結核である患者を手当てできないとしたらどうだろうか。注意してほしいのは、こうした問いで考察されようとしているのは、倫理的な問題だということである。つまり、この問いかけは厳密に認識論的な問いかけではない。ロイヤルの3つの問い（§1）で言えば、私たちは (3) の問いの方へとじわじわ進み、(1) と (2) からはどんどん遠ざかっている。

さて、ネイマン–ピアソンの理論は、誤りの種類には 2 種類あるとしつつも、その 2 つを同じように扱うことはしない。この理論が示すその操作手順は、こうである。まず、テストされる 2 つの仮説のうちどちらを「帰無仮説」と見なすかを選ぶ。そして次に、帰無仮説を誤って棄却してしまう「誤り確率」をどの程度許容できるか決定する。

$$Pr(\text{帰無仮説を棄却する} \mid \text{帰無仮説は真}) < \alpha$$

科学者は α の選択が恣意的であることを認めつつ、通常これに 0.05 という値を選ぶ。帰無仮説が真であるときに、誤ってこれを棄却してしまう可能性のことを「第 1 種の誤り」と呼ぶが〔「第 1 種過誤」「第 1 種のエラー」とも呼ぶ〕、この第 1 種の誤りをどこまで許容するかという上限の値が、この α である。これを設定した後、さらにもう 1 種類の誤りの可能性を最小限にするよう試みる。

$$Pr(\text{帰無仮説を受け入れる} \mid \text{帰無仮説は偽}) < \beta$$

帰無仮説が偽のときに、この仮説を受け入れてしまう誤り〔「代替（対立）仮説が真であるのにこれを棄却してしまう誤り」とも言い換えられる〕を第 2 種の誤りと呼ぶ。したがってネイマン–ピアソンの手順には 3 つのステップがあることになる。まず、どちらを帰無仮説にするか決める。次いで、第 1 種の誤りの、確率の上限を決める。そして最後に、第 2 種の誤りの確率を最小限にすることが試みられる[32]。

いまあなたは、「S は結核である」という仮説を帰無仮説に設定し、α の値

として 0.05 を選んだとしよう。こうした選択の下では、先の 3 つの検査キットはどれも基準を満たしている。次に、β を最小にしたい。見てのとおり、この点ではマジソンがミドルトンやプレーリーよりも成績がよい。一方、あなたが「S は結核でない」を帰無仮説として選び、この場合も慣例に従って $\alpha < 0.05$ を基準にしたとすると、今度は最終的にプレーリー製の検査キットを選択することになるだろう。このように、何を帰無仮説にするかという決断が違えば、検査方法の選択にも違いが生じることになる。ここで、さらにいくつか専門的な用語を導入しておこう。α (第 1 種の誤りの確率) はテストの「サイズ (大きさ)」と呼ばれ、$(1 - \beta)$ は「検出力 (検定力、パワー)」と呼ばれる。ネイマン–ピアソンの検定は、これらを等しくは扱わない。まず最初に、検定のサイズをある閾値より小さくし、次いで検出力を最大化するのである。

この枠組みは尤度主義とどのような関係にあるのだろうか。これを見るために、前に議論したコイン投げの問題にこの枠組みを当てはめてみることにしよう。あなたはコインを 30 回投げるとし、2 つの仮説を検討したいとする。一方の仮説は表の出る確率が $\frac{1}{4}$ で、もう一方の仮説は $\frac{3}{4}$ である。これから行う実験で起こりうる結果の 1 つ 1 つに対し、2 つの仮説はそれぞれに確率を割り当てる。その割り当て方が図 9 に示されている。いま、あなたは $p = \frac{1}{4}$ の方を帰無仮説とし、α の値として 0.05 を選んだとしよう。このことであなたは、この仮説が真である場合にこれを棄却してしまう可能性が 0.05 か、それより小さくなることを求めているのである。次にこの仮定を使って「棄却域」を特定しなければならない。すなわち、帰無仮説を誤って棄却してしまう確率が確かに $\frac{1}{20}$ 以下であるようにしたいのであれば、あなたはあらかじめ、どんな結果なら帰無仮説を棄却するのに十分なのかを言っておく必要がある。この条件を満たす回数の選択肢はたくさんある。たとえば、30 回コインを投げて表が 1 回も出なかった場合に、あなたが帰無仮説を棄却したとする。このとき、$p = \frac{1}{4}$ という帰無仮説が正しいのにこれを棄却してしま

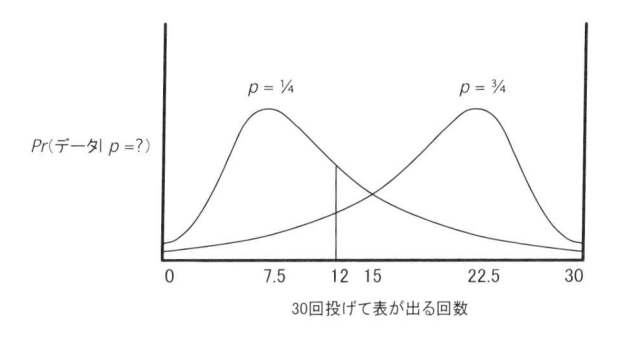

§5 頻度主義 II——ネイマン–ピアソンの仮説検定　95

図9　もし $p = \frac{1}{4}$ が帰無仮説で $p = \frac{3}{4}$ が対立仮説であり、また $\alpha = 0.05$ が選択されていれば、ネイマン–ピアソンの理論は、30 回のコイン投げにおいて 12 回もしくはそれより多く表が出たとき、またそのときに限り帰無仮説を棄却すべきだと主張する。

う確率は $(0.75)^{30}$ しかなく、これは非常に小さい。同じことが、30 回投げてすべて表が出た場合に帰無仮説を棄却する、という方針をとった場合についても言える。この方針では、帰無仮説が正しいのに棄却してしまう確率はわずかに $(0.25)^{30}$ であり、これもまたきわめて小さい数字である。このどちらも、帰無仮説に対する**対立仮説**がたまたま何であろうと、それとは全く関係なく成立する判定である点に注意しよう。ネイマン–ピアソンの検定とフィッシャーの有意検定の根本的な違いは、前者が対比的であるのに対し（帰無仮説を**特定の対立仮説と対抗させる**）、後者はそうではないという点にある。次いで私たちは、棄却域の決定に関して、対立仮説がどのような役割を果たしているのかを見る必要がある。棄却域は以下のような、私たちの 2 つの要求が合わさって決定される。まず、「$p = \frac{1}{4}$ という仮説が正しいときに、それを棄却する確率が 0.05 かそれより小さくなるようにしたい」ということ、加えて「$p = \frac{1}{4}$ が誤りであるときに（つまり $p = \frac{3}{4}$ が真であるときに）それを受け入れる可能性をできる限り小さくしたい」ということである。これら 2 つの要求によって、方針が一意に決まる［訳註［32］で触れたように、この検定の場合は α（第 1 種の誤りの、確率の上限）が定まれば、対立仮説を考慮しなくても最強力検

（第2種の誤りの確率が最小）である〕。私たちは30回コインを投げて12回もしくはそれより多く表が出るのを観察したとき、まさにそのときに $p=\frac{1}{4}$ という仮説を棄却すべきなのである[*25]。この境界は図9に示されているとおりである（ここで挙げた例はロイヤルによる（Royall: 1997, 16-7)）。

　この境界が、尤度の法則から得られる境界とは異なることに注意しよう。尤度の法則では、表の回数が14回もしくはそれより少ない回数のデータは、第1の仮説（$p=\frac{1}{4}$）を支持することになり、表が16回もしくはそれより多い回数のデータは、もう一方の仮説（$p=\frac{3}{4}$）が証拠上の有意性をもつこととなる。もしコインを30回投げて表の回数がちょうど15回なら、2つの仮説は同じ尤度をもつ。すでに述べたように、尤度の法則はロイヤルの1番目の問い（「証拠から何がわかるのか」）に答えるものである。一方、ネイマン–ピアソンの理論は、「受け入れと棄却の方針」を与える〔この点で両者は接点をもたないように見える〕。しかし、ここで注目したいのは、次のようなケースの判断だ。もし私たちが、実際に仮説の**反証**とはならず、仮説を**支持する**証拠となるような観察を得たとき、その仮説を棄却することは間違いなのか、そうではないのか。まさにこの判断〔これが間違いかどうか〕をめぐって、ネイマン–ピアソンの理論と尤度の法則は接点をもつのである（もっとも両者の見解は相容れないのだが）。こうした接点が生じるのは、30回コインを投げたうち12回、13回、14回表が出たとき、まさにそのときである。もしあなたが、これらの結果のいずれかを実験で得たならば、ネイマン–ピアソンの理論は仮説 $p=\frac{1}{4}$ を**棄却せよ**と言う。ところが尤度の法則は、これらの結果はどれも $p=\frac{1}{4}$ という仮説を**支持する**証拠だと解釈する（対立仮説が $p=\frac{3}{4}$ であるとして）。もし尤度の法則が正しければ、ネイマン–ピアソンの理論は間違っていることになる〔このように両者は同じ1つの問題に関わり、対立する見解を通して互いに接点をもつことになる〕。

[*25] $p=\frac{1}{4}$ で30回中12回以上表が出る確率は、$\sum_{k=12}^{30} {}_{30}C_k (p)^k (1-p)^{30-k}$ である。

仮にあなたが $p = \frac{3}{4}$ を帰無仮説にしたとすれば、ネイマン-ピアソンの理論ではどんな手続きをとることを勧められるだろうか。このときあなたは、先ほどとは違った境界線を引くことになるが、これもまた、尤度の法則による境界線とは一致しないのだ。$p = \frac{3}{4}$ を帰無仮説とすれば、あなたは表の回数が、18回もしくはそれより少ない回数のときに、帰無仮説を棄却することになる。このことから、表が12回から18回観察されたときに、2つの仮説のどちらを棄却するかは、結局、どちらを帰無仮説にしてどちらを対立仮説にするかによって変わってしまうことがわかる。$p = \frac{1}{4}$ という仮説が帰無仮説であれば、このうち（つまり表が12回から18回のうち）のどの結果が出たとしても、それは棄却されることになる。しかし $p = \frac{1}{4}$ が対立仮説ならば、この仮説 $p = \frac{1}{4}$ は棄却されない。帰無仮説とされた仮説は、より厳しい評価に曝されるのである。一方、尤度の法則は、あなたが評価しようと思うあれやこれやの仮説がどう分類されるかには関係なく、また α の値を選択する必要もない。どちらの選択も恣意的なものであるから、それが必要ないというのは、尤度の法則のすぐれた面を表している。読者には、この点にぜひ注目してもらいたい。

　繰り返し述べるが、ネイマン-ピアソンの理論はまず α の値を設定し、次いで β の値を最小にしようとする。そのため、ネイマン-ピアソンの理論が引く境界線は尤度の法則によって引かれる境界線とは違うものになる。もしかしたら統計学の歴史は、今とは別のものであった可能性がある。もし、この2種類の誤りが同じ程度に深刻なものとして扱われていれば、そのとき統計学の目的は、2つの「誤り確率」の和である $(\alpha + \beta)$ を最小化することになっていただろう。この方法が使われていたなら、結核検査についてマジソン製とプレーリー製のどちらを選べばよいかは決められなかったことになる。けれども、コイン投げの例では、ちょうど2つの曲線が重なる「30回中15回が表」という点が基準として選ばれることになり (Royall: 1997, 17)、この方針をとるなら、結局、ネイマン-ピアソンの哲学は尤度の法則と一致する。実

際、第1種の誤りと第2種の誤りに結びつく不利益を扱うための方法はいろいろあり、それぞれの方法に応じて受け入れ・棄却の方針が異なる。たとえ仮に、第1種の誤りを避けることが第2種の誤りを避けるより重要なのだとしても、それでどうして α の値を規定すべきだということになるのか。たとえば、$\alpha = 0.05$ に設定するなら、第1種の誤りの確率が 0.04 でも 0.004 でも違いがないことになる。α の値を小さくすることが β を小さくするより重要なのであれば、どうして $(10\alpha + \beta)$ という和を最小化しようとしないのか。こうした問題があるために、いくらネイマン–ピアソンの哲学を行為主義的に正当化しようとしても、そのままではうまくいかないのである。もしかしたら彼らは、「受け入れ」と「棄却」は態度決定に関わるものであり、証拠の評価と結びつける必要などないと主張するかもしれない。しかし、〔頻度主義者が通常そう述べるように〕人の一生涯に及ぶ長い時間の中で(あるいは1つの科学的営みが継続する中で)誤りの頻度を減らすことが狙いなのだとしても、それだけで機械的に、まず α の値を選び、次に β を最小化するという方針が導かれるわけではない。

　全証拠の原則を論じた際(§3)、私はいくつか例を挙げて、データ記述を論理的に強めたり弱めたりすると、「2つの仮説のどちらが高い尤度をもつか」という評価に影響を与えることを述べた。この原則はまた、ネイマン–ピアソンの理論が、「証拠をいかに評価すべきか」という問題にどう関わるかを考える上で、重要な意味をもっている。図9のコイン投げの例では、30回コインを投げて12回表が出たときに、帰無仮説 $p = \frac{1}{4}$ の方が、対立仮説 $p = \frac{3}{4}$ より尤度が高いにもかかわらず、ネイマン–ピアソンの理論では前者を棄却して後者を受け入れる(あるいは棄却しない)ことを見た。ではここで、観察の記述を論理的に弱い形にしてみることにしよう。つまり、「**12回ちょうど表を観察した**」と言うかわりに、「**12回以上表を観察した**」と言うことにしよう。尤度の法則では、このようにデータ記述が論理的に弱められると、証拠の有意性にも違いが生じると判断される。〔$p = \frac{1}{4}$ を帰無仮説とするとき〕α と β は

ともに小さい値なので、この弱い記述は $p=\frac{1}{4}$ よりも $p=\frac{3}{4}$ を支持する。というのも、〔仮説 $p=\frac{3}{4}$ の、$p=\frac{1}{4}$ に対する〕尤度比は $(1-\beta)/\alpha$ となり、これは 1 より十分大きいからである。30 回中 **12 回以上**表が出るというのは、$p=\frac{1}{4}$ の場合より $p=\frac{3}{4}$ の場合の方が確からしい。これは**実際そのとおりである**。図 9 の 2 つの曲線の下にある部分の面積を見て、このことを確認してほしい [33]。このように、〔論理的に弱い記述によって〕**データの中の情報が抜け落ちているとき**に証拠をどう解釈するか、ということについては、ネイマン–ピアソンの理論と尤度の法則は一致する。しかし、この和解には代償が伴う。私たちは全証拠の原則に反することをしてしまっているからだ。尤度主義の観点からは、あるいはベイズ主義の観点からも同様であるが、全証拠の原則に反するというこの点は、ネイマン–ピアソンの理論にある深刻な欠点である [34]。

これまでに述べてきたような、尤度主義者にとってもベイズ主義者にとっても致命的に映る難点に加え、ネイマン–ピアソンの理論にはもう 1 つ、特にベイズ主義者を苛立たせるようなことがある。その難点は、「受け入れ」と「棄却」の根拠が手持ちの証拠だけからどのようにして得られるか、という問題と関係する。確かに、もし検査手段の信頼性が非常に高ければ、陽性の検査結果は、「S が結核でない」という仮説よりも「S が結核である」という仮説を支持する強力な証拠となる。しかしこのことは、「陽性の結果が出たときに、S が結核であることはほぼありえない」ということと両立する〔§2 の「信頼性」および訳註 [14] を参照のこと〕。ネイマン–ピアソンの方針はときに、ある仮説の確からしさを非常に小さくするような証拠に照らして、その仮説を受け入れるよう促すことがある。こうしたことは、受け入れと棄却とが尤度によってコントロールされ、事前確率が無視されているときに起こりうる。もっとも、ネイマン–ピアソンの理論へのこうした批判があるからと言って、事前確率がつねに意味をもたねばならないわけではない。ここで必要な理解は、事前確率はときに意味をもつ、ということであり、これはベイズ主義の立場をとらない者であろうと、認めざるをえないのだ。

ネイマン–ピアソンの方法に見られる最後の特徴を明らかにするため、4番目の検査キットについて検討することにしよう。マゾマニー製のキットである。

マゾマニー製検査キット　$Pr(陰性|S は結核である) = 0.902$
$Pr(陽性|S は結核でない) = 0.001$

「S は結核である」という仮説を帰無仮説とし、$\alpha = 0.05$ と設定するなら、あなたはこのキットを使用するのを拒むだろう。しかし何らかの理由で、おそらくは誤って、このキットを使用してしまったとしよう。そして結果は陽性であったとする。このとき、この証拠をどのように解釈するべきなのだろうか。尤度主義者なら、S が結核であることを支持する強力な証拠を得たと言うだろう。なぜなら、問われている尤度比がこの場合は大きいからである。

$$\frac{Pr_{マゾマニー}(陽性|S は結核である)}{Pr_{マゾマニー}(陽性|S は結核でない)} = \frac{0.098}{0.001} = 98$$

実際、この証拠の強さは、マジソン製の検査キットで陽性の結果に付随する証拠の強さとちょうど等しい。この2つのキットでは α と β の値が異なるにもかかわらず、マジソン製の検査キットを用いて得られた陽性の結果もまた、尤度比は、0.98/0.01=98 になる。しかし、ネイマン–ピアソンの方法論ではマジソン製の検査キットが採用され、マゾマニー製の検査キットは使わないよう指示される。もし陽性の結果が得られたときに、2つの検査キットが**証拠に関して同等**と言えるならば、どうしてこのようなネイマン–ピアソンの方針が成り立つのだろうか。それが可能な理由は、ネイマン–ピアソンの理論が、**汎用的方針** (general policy) をいかに選ぶべきかという問いに焦点を合わせるものだからである。もしあなたが医者であり、患者すべてにマジソン製の検査キットを用いるか、それともマゾマニー製の検査キットを用いるかを選ばねばならないとしたら、マジソン製の検査キットを選ぶのが妥当であるように思われる。と、ここで注意してもらいたいのは、いまちょうど述べたことがらが、ロイヤルの問い (3)「何をするべきか」に振り分けられる問いへの答え

になっているということだ。すなわちこれは、医療の実践における、「どの検査キットを用いるべきか」という問いへの返答であって、(1) S が陽性であるという検査結果は証拠としてどのような意味をもつか、という問いへの答えでもなければ、(2) S が結核であると信じるべきか、という問いへの答えでもない。ハッキングは**事前の賭け**と**事後の評価**とを明確に区別することによって、この点を強調した（Hacking: 1965）。前者は実験の計画に関わり、後者は実際に行った実験から得られる結果の解釈に関わるものである。尤度主義者とベイズ主義者は、その課題をともに重要なものと認識しているが、加えて主張することは、これら2つがまったく異なった課題だということである。一方、ネイマン–ピアソンの哲学はこれらの課題を区別しない。ひとたび汎用的な手段が選ばれれば、その手段を個別のできごとに適用した後は、得られた結果をさらにどう解釈すべきかなどと問うことはない。この両哲学の相違が明確になる場合はというと、検査方法としてはとても最善と言えないような方法が用いられ、それでもその結果を解釈したいと望むときだ。私がマゾマニー製の検査キットを例に挙げたのは、まさにそうしたケースを考えるためである。この検査キットを使って陽性の結果を得た場合、ネイマン–ピアソン流の頻度主義者であれば、「こんな検査キットは用いるべきではなかった」と言って、その結果を解釈することを拒むだろう。一方、ベイズ主義者と尤度主義者は、「マジソン製検査キットでなくこの検査キットを使っても、まったく問題ないことがわかった」と言って、喜んで検査結果を解釈しようとするだろう。哲学に通じた人なら、この2つの統計的枠組みの相違が、ちょうど倫理学における規則功利主義と行為功利主義の区別[35]に対応するものであることに気づくはずだ。

　さて、単純なコイン投げの例を通してネイマン–ピアソン理論の初歩を説明してきたが、同時にその説明を通じ、ネイマン–ピアソンの方法論に対する標準的な批判も確認することができた。しかしこうした批判に対して、頻度主義者は「仮説 $p=\frac{1}{4}$ を仮説 $p=\frac{3}{4}$ と比べてテストするなんてばかげている」

と反論したがるかもしれない。そして、そうする代わりに、ただ p の値を**推定するだけでよい**（またその推定値の周辺に信頼区間を設けるだけでよい）と言うかもしれない。たとえば、もし 30 回中 12 回表が出たのであれば、単純に p の最大尤度（maximum likelihood）の推定値は 0.4 だと言うことができる。すでに述べたように、これは p の値がおそらく 0.4 だという意味ではないし、p の真の値が 0.4 に**近い**という意味でさえない。しかし、これが最大尤度の推定値（最尤推定値）なのだと言うことによって、$p = \frac{1}{4}$ と $p = \frac{3}{4}$ のどちらを帰無仮説にするかという問題や、α の値を何にすべきかといった問題を一掃することができる。「最大尤度の推定法（最尤法）」という言葉からは、それがあたかも尤度主義の考え方であるのように、あるいはさらにベイズ主義の考え方であるかのように聞こえるかもしれないが、頻度主義者はこの方法について、彼らとは違う、自分たち独自の根拠を掲げるのである。つまり、尤度の法則を受け入れてこの方法を使うのではない。彼らが考えるには、最尤法について正当化しようとする場合、**汎用的方針**という長所が最尤法に備わっているからこそ、その正当化がなされるのである[36]。したがって頻度主義者にとっては、個々の最尤**推定値**について、さらに付け加えて問うべきことは何もない。彼らが焦点とするのは、**推定方法** (estimator) *26)であり、**推定値** (estimate) ではない。頻度主義的な推定の理論の中心概念は、推定方法（すなわち、推定値を得るための手続き）が**許容的**でなければならない、ということだ。逆に、推定方法が非許容的な場合とは、いま推定されているパラメータが取りうるすべての値に対し、予期される誤差がもっと小さくなるような

---

*26)統計学の文脈で、'estimator' は「確率分布の母数について推定される数量」を表す場合と「確率分布の母数を推定する方法」を表す場合がある（もちろん、この両概念は互いに密接に関係している）。英語でこれが 1 つの語で表されるように、日本語でもこの概念的な区別をあまり明確にせず、どちらの意味でも「推定量」という同一の語で表すことが一般的である。しかし本書では、このあとソーバーがわざわざ、この言葉は「(母数を) 推定する手続き」であると断っているので、著者の意向を尊重し、本文中の 'estimator' については原則「推定方法」と訳し、「推定量」と訳した方が通りがよい場合は「推定方法（推定量）」と併記する。

推定方法が他に存在する場合である。「非許容的」という条件は、ある推定方法を用いないことに対する十分条件だと言って間違いないが、「許容的」という条件は、ある方法が使われるための十分条件ではない。というのも、互いに相容れない助言を与えるような「許容的」推定方法が複数存在しうるからである。いずれにせよ、最尤法は 1 つないし 2 つのパラメータが推定されるときには許容的なひとつの方法であるが、推定問題が 3 つ以上のパラメータを含む場合にはそうではない。3 つ以上のパラメータがあるときには、推定されているパラメータの真の値が何であれ、予期される誤差が最尤法よりも小さくなるような別の方法（ジェイムズ–スタインの公式 (1961) に従う縮小 (shrinkage) を伴う方法）が存在する（Efron & Morris: 1977）[37]。これ以上推定に関する問題を掘り下げることはしないでおこう。ここではただ、このように言いさえすれば十分である。頻度主義者は、ここで取り上げたような「仮説 $p = \frac{3}{4}$ との比較で仮説 $p = \frac{1}{4}$ をテストする」という〔ネイマン–ピアソン理論に不利と考えられる〕例でネイマン–ピアソン理論を使うのを差し控え、p の値の最大尤度を推定することこそ最良の方法だと主張することもできる[33]。

2 つの仮説が統計学的に**単純**なものであれば、いまの推定による手法はネイマン–ピアソンの仮説検定よりも意味があるかもしれない。ところが、テストされている仮説がともに**複合的**なものである場合、頻度主義者はこの方法を選択肢として用いることができない。このような場合に用いられるネイマン–ピアソン流の標準的な方法は**尤度比検定**である。この専門用語を誤解しないようにしていただきたい。尤度主義の中心的な概念である尤度の法則にも

---

[33] ここで強調しておくべきことは、このような最尤法を採るという戦略の変更を単純仮説の場合に適用したとしても〔確かにその新戦法は単純仮説の場合に「許容的な」ものであるが〕、それによってネイマン–ピアソンの理論は何ら擁護されないということである。私が本書で示したネイマン–ピアソンへの批判に対して、これまでのところ十分な回答は出されていない。この最尤法という方法は、まったく異なった頻度主義の方法として提案されたものである。〔訳註：訳註 [36] で述べたように、現在用いられている最尤法は、ネイマン–ピアソンの考え方に批判的であったフィッシャーに由来する。つまり、これはネイマン–ピアソン理論の問題点を解決するために提案された継承的方法ではない。〕

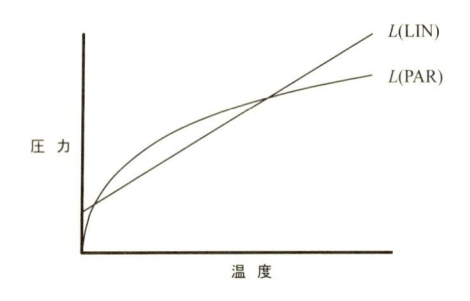

図 10 各観察結果はデータの点によって表すことができる。$L(\text{LIN})$ はデータに最も適合する直線であり、$L(\text{PAR})$ は最も適合する放物線である。尤度比検定では、$L(\text{LIN})$ と $L(\text{PAR})$ の尤度比を計算することによって、LIN と PAR のモデル比較を行う。

尤度比という言葉が現れるが、尤度比検定は頻度主義者が作ったものである。尤度比検定の中身がどのようなものかを示すため、1 つの例を挙げよう。あなたは台所で次のような実験を行う。圧力鍋をある温度まで加熱し、鍋の中の圧力がどれくらいかを観察する実験である。実験では、温度や圧力を直接観察するのではなく、温度計や圧力計の目盛りを観察する。あなたはこれらの計器が信頼できることを知っているが、100%は信頼できないことも知っている。そしてあなたはこの実験を複数回行い、図 10 のような座標系に各観測結果を 1 点 1 点プロットしていく。

いま、この鍋の系で温度と圧力とがどのように関係しているかを記述しようとする 2 つのモデルがあり、あなたはこれをテストしたいものとしよう。変数 X と Y がそれぞれ温度と圧力を表すとしたとき、その 2 つのモデルは以下の通りである。

$$y = a + bx + e \qquad \textbf{(LIN)}$$
$$y = a + bx + cx^2 + e \qquad \textbf{(PAR)}$$

LIN は温度と圧力との関係が直線 (line) で表されるとするモデルで、PAR はそれが放物線 (parabola) で表されるとするモデルである。これらのモデル

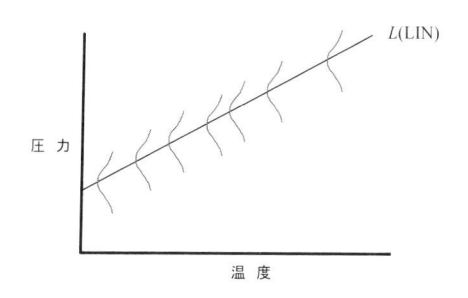

図11 $L(\text{LIN})$ はデータに最も近い直線である。モデル LIN はこの線の近傍に誤差分布を仮定している。与えられた温度に対する圧力の観測値は、必ずしも圧力の平均値（「予測」値）と正確に一致している必要はない。

において、x と y は変数であり、a, b, c ならびに e はパラメータ〔測定される変数間の関係を記述するための変数〕である。この2つのモデルはそれぞれ無限の選言である。LIN は xy 平面上のすべての直線からなる選言であり、また PAR はすべての放物線からなる選言である。言い換えれば、これらモデルの調整可能なパラメータには存在量化子がつくことになる。たとえば LIN が意味するのは、$y = a + bx + e$ を満たすような a, b, e の値が**存在する**ということである [*27)]。各モデルにおける "e" は観測における誤差を表している。たとえ温度と圧力の真の関係が直線的であっても、採られたデータがきれいに直線上に並ぶとは考えられない。LIN は、その中に含まれている各直線の周りに誤差分布を仮定する。ときに、直線は与えられた x の値に対して y の「予測」値を与えると言われることがあるが、それは少し誤解を招きかねない言い方である。LIN における各直線が表しているのは、与えられた温度の値と結びつけられるべき、圧力の観測値の**平均**（期待値、§2 を参照のこと）である。この誤差分布は図11 のように表される。

[*27)] 量化とは、対象領域内で論理式を満たす個体の量を限定すること。存在量化子とは「論理記号 ∃+変項」で表されるもので、∃[変項][条件] の形で「[条件] となるような [変項] が存在する」ことを表す。「$y = a + bx + e$ を満たすような a, b, e の値が存在する」は、$\exists a \exists b \exists e (y = a + bx + e)$ と表される。

尤度比検定をどのように LIN と PAR の比較に適用するかを示そう。まず、データの確率が最大になるような直線を見つける。この直線はデータに「最も近い」もの、すなわちデータに最もよく「適合する」ものである。この最大尤度の直線を $L(LIN)$ と呼ぼう[38]。次いで、同じことを PAR に対しても行う。たくさんの放物線が存在して、あるものはデータに近く、あるものは大きく外れている。その中からデータの確率が最大になるものを見つけ出さねばならない。このような放物線を $L(PAR)$ と表そう。これら LIN と PAR のうちの「最適なもの」が図10に表されている。図9のコイン投げの例において、ネイマン-ピアソンの理論が2つの単純な統計的仮説（$p = \frac{1}{4}$ と $p = \frac{3}{4}$）をどのように評価するかを論じたが、そこでは、それぞれの仮説がどんなデータ予測をするのかが問題となりえた。しかし LIN と PAR とは複合的である。どちらも、あなたが台所で得た実験データについて、それがどれくらい確からしいかということ（すなわち、あなたが用いた x の値に対して、実際に観察された y の値がどれくらい確からしいかということ）を示しはしないのである。ネイマン-ピアソンの理論は、LIN から $L(LIN)$ へ、PAR から $L(PAR)$ へと焦点を移すことで、この問題を解決している。つまり、それぞれのモデルで最大尤度をもつものどうしを比較することで、2つのモデルをテストするのである。それはあたかも、LIN と PAR という2つの軍隊が、互いに最もデータの適合度が高い最強兵士を送り出して争うようなものだ。それぞれ軍隊はただ見守っているだけで、どちらの兵士が**一対一の勝負**に勝つかによって軍隊の勝敗が決まる。PAR に対する LIN の尤度比検定は次の尤度比を焦点とする。

$$\frac{Pr[\text{データ} \mid L(LIN)]}{Pr[\text{データ} \mid L(PAR)]}$$

このとき問われるのは、この比が、ある恣意的に選ばれた有意水準より小さいかどうかということである。もし小さければ、LIN は棄却すべきとされる。

尤度比検定の1つの興味深い特徴は、2つの単純仮説をテストする際にネ

イマン–ピアソンの検定が抱えていた、恣意性の問題のうちの一方の問題を回避しているということである。仮説 $p = \frac{3}{4}$ との比較で仮説 $p = \frac{1}{4}$ をテストするというコイン投げの例では、どちらを帰無仮説にするかを決定しなければならなかった。結核検査の例にも当てはまることだが、こうした単純仮説には、どちらが「本当の」帰無仮説なのかをあらかじめ決めるような固有の性質は一切ない。概して仮説検定では、どちらの種類の誤りを避けることに一層関心があるか、ということについては十分考慮がなされているのだが、これは私たち〔の関心〕に関わる事実であって、仮説そのものに関する事実ではない。LIN を PAR との比較でテストするというのは、これとはまた異なった問題である。2 つのモデルはそれぞれ調整可能なパラメータをもっているが、LIN が $c = 0$ とするのに対し、PAR では c がどのような値になるかはあらかじめ決まっていない。この、〔どちらを帰無仮説にするかについて〕2 通りの方法が考えられるテストで、LIN が帰無仮説だときっぱり言えるのは、まさにこうした客観的な意味によってである。頻度主義者はときに帰無仮説の選択について、これは私たちがどちらの仮説を無効にしたいか（棄却したいか）という話だ、と述べることがあるが、本書の関心からして、ここでそのような考え方に立ち入る必要はないだろう。

　コインをめぐる 2 つの単純仮説 $p = \frac{1}{4}$ と $p = \frac{3}{4}$ について論じた際、そしてさらにそのどちらを帰無仮説に選び、どんな α の水準を用いるべきかという問題について論じた際に、私は、頻度主義者がこの問題に、敢えてネイマン–ピアソンの理論を適用しない可能性があると述べた。そのときに代わりとなった考え方は、パラメータ p [$= Pr(表 \mid コインを投げる)$] の最もよい推定方法を追求しようとするものであった。推定の作業は、何らかの実験モデル〔実験を行う上での基本的枠組み〕を選んだ**後**で行われる。つまりこの推定方法を採るとき、あなたはすでに、「コインを投げるときに表が出る確率はいつでも等しい」という判断や、「それぞれの試行が互いに独立である」という判断を下している。こうした枠組みがあってはじめて、あなたは p を推定できるの

だ。しかし、複合仮説である LIN や PAR をテストする場合には、これとは事情が異なっている。〔どちらを帰無仮説にするかという一方の恣意性問題は回避されるが、もう一方の〕有意水準を決定するという問題は、この検定でも脇に追いやることはできない。ところが、〔単純仮説の仮説検定と違って〕推定の問題をこの代わりに検討するということが、この場合はできないのである。というのも、LIN と PAR の競合は複数モデルの**間**の競合であるが、一方、推定はある１つのモデル**内部**で遂行される作業だからである。確かに、もし LIN を真と見なせば、それに含まれるパラメータの値を推定することができる。同じことは PAR についても言える。しかしそれではとても、PAR との比較で LIN をテストしたことにはならない。実際、$L(\mathrm{LIN})$ は $L(\mathrm{PAR})$ よりも高い尤度をもちえないことが事前にわかっている。それは LIN が PAR の入れ子になっているからである。PAR において $c = 0$ とすれば LIN の方程式が得られるので、LIN は PAR の特殊ケースということになる。尤度比検定が焦点としている比の値は１よりも大きい値を取りえないとすれば、頻度主義者の問うべきことは、その比の値が**有意に**〔つまり、帰無仮説 LIN が棄却できるほど十分に〕１より小さいかどうかということになる。有意に小さいかどうかは、データを見て決めなければならない。

「受け入れよ」「棄却せよ」という頻度主義者の助言は、こうした２つの複合モデルの比較ではどのような意味をもつのだろうか。これは興味ある問いだ。LIN が PAR の入れ子であるというのは、LIN が PAR を論理的に含意すること〔「LIN ならば PAR」がつねに真〕である。であれば、LIN を受け入れて PAR を棄却するというのは、いったいどういう意味なのだろうか。LIN が PAR を含意するのであれば、前者を真とし、かつ、後者を偽とすることはできない。同様に、LIN を棄却することなしに PAR を棄却することはできない。PAR が偽であれば、LIN もまた偽だからである。頻度主義者はこうした問題を排除しておく必要がある。考えられる１つの解決法は、検討価値のあるモデルどうしが入れ子にならないように条件をつける、ということだろう。たとえ

ば、2つのモデルのパラメータがすべてゼロでない値をもつと決めてやれば、この問題は排除できる。こうすれば確かに2つのモデルは両立しない。しかし、この回答には問題がある。尤度比検定の基礎となる数学の理論においては、モデルが入れ子構造 (nested) になっていることが要求されるからである[39] (Burnham & Anderson: 2002)。

ベイズ主義者は、複合仮説に対するネイマン–ピアソンの論法について、さらにもう1つの批判を加える。これは、単純仮説だけを考えている場合には出てこない批判である。ネイマン–ピアソンの理論ではLINとPARとを比較するのに、最大尤度をもつものどうし、すなわち$L(\text{LIN})$と$L(\text{PAR})$とを比較した。しかし、ベイズ主義者の見方によれば、LINとPARの尤度は最大尤度ではなく、むしろ平均尤度なのである。LINは直線（$L_1, L_2, \ldots$）の選言であるから、次の式で表される尤度をもつことになる。

$$Pr(\text{データ} \mid \text{LIN}) = \sum_i Pr(\text{データ} \mid L_i) Pr(L_i \mid \text{LIN})\ {}^{34)}$$

頻度主義者はこうした平均尤度について議論したがらない。なぜなら多くの場合、$Pr(L_i|\text{LIN})$の形をとる重み付けの項（個々の直線の事前確率）に値をつけることが、経験的に正当化できないからである。圧力鍋の中の温度と圧力とが直線的な関係にあるとしたとき、そこで成り立つかもしれない個々の直線関係は、それぞれいったいどんな確率をもつのだろうか（ここでぜひ、圧力鍋について既に得られているデータをいっさい参照することなしに、この問いに答えていただきたい）。頻度主義者がその考察対象を「LINのモデルで表される無数の直線の**平均尤度**」とせずに、「ただ1つの直線に対して決まる**一意の尤度** $L(\text{LIN})$」とするようになった1つの動機はこの点にある。ただしこの事前確率問題は、**確かに**考え方を変える1つの動機にはなるが、これで

---

34) これは離散和（シグマ）ではなく積分で表すべきだが、この話をより幅広い読者に理解してもらうために、前者の形を使いたいと思う。すでに十分知識のある読者なら、これを厳密にはどう表現すべきかおわかりになるだろう。

尤度比検定が正当化されるわけではない。この検定について現在呈示されている正当化の根拠は、〔仮説検定の場合と同様に〕ネイマン-ピアソンの手順を繰り返し使うときに、第1種の誤りの期待値が α 以下になり、また第2種の誤りの期待値が β になる、ということである〔これこそ、彼らが「頻度」主義者と呼ばれる所以であった〕。そして、まさにこうした内容をもつものこそが、**汎用的方針**である。けれども私たちはさらに次のように問うことができよう。台所の実験で得たデータによって LIN と PAR を評価するという具体的な状況を考えたとき、なぜ、このような汎用的方針の特性だけで、「モデル評価に関してはそれぞれ最大尤度となる特別な場合をテストすればよい」と言えるのか。頻度主義者は、この問いを本質的ではないと考えているが、ベイズ主義者にしてみれば、これはまさに中心的な問題なのである。

　尤度比検定を用いて LIN を PAR と比較する際に、仮に LIN を帰無仮説とすることに全く恣意性がないとしても、この手続きにはもう1つ別の面で、ある種の恣意性が入り込む。その恣意性は、コイン投げで $p = \frac{1}{4}$ と $p = \frac{3}{4}$ の2つの単純な仮説をテストする場合には現れなかったものである。この新たな恣意的要素が何かを知るためには、単に2つのモデルを考えるのではなく、入れ子になったモデルの階層を考える必要がある。LIN と PAR とはともに多項式であり、いずれも次の式で表される。

$$y = b_0 + b_1 x + b_2 x^2 + \cdots + b_{n-1} x^{n-1} + b_n x^n$$

LIN は1次の多項式であり、PAR は2次の多項式である。ここでさらに3次、4次、5次の3つの多項式を加えて、5つの多項式の階層関係を考察することにする。簡単のために、5つのモデルをそれぞれ次元の低いものから順に A、B、C、D、E で表そう。これら5つのモデルを台所の実験データにそれぞれ当てはめ、そして隣り合う次元どうしで、適合モデルの尤度比を算出していく必要がある。いま各モデルの尤度を、左から右に次元の低いものから順に並べ、隣接する尤度の各ペアについて、右の尤度に対する左の尤度の比〔=(左

前田廉孝著
塩と帝国
―近代日本の市場・専売・植民地―

A5判・484頁・8000円

帝国日本の経済と生命を支えた一次産品、塩の生産・流通・消費の動態をトータルに解明、植民地塩業の内地への浸透プロセスを専売や瀬戸内塩業も視野にとらえて、忘れられた塩の経済圏の全体像を示すとともに、戦後へとつながる食料・資源の対外依存構造のルーツを描き出す。

978-4-8158-1055-9

庄司智孝著
南シナ海問題の構図
―中越紛争から多国間対立へ―

A5判・344頁・5400円

中国の急速な台頭により国際政治の焦点となった危機の構造を、主要な当事者であるベトナム、フィリピンやASEANの動向をふまえて解明、非対称な大国と向きあう安全保障戦略を米中対立の枠組みにはおさまらない紛争の力学を浮かび上がらせて、危機の行方を新たに展望する。

978-4-8158-1054-2

西 平等著
グローバル・ヘルス法
―理念と歴史―

A5判・350頁・5400円

国際的な保健協力が目指す「健康」とはなにか。その実現のために、どのような法や制度が創出されてきたのか。従来の国際法学を超えて、「社会医学」から「生物医学」の対抗関係を軸に、現在のWHOにいたるグローバルな「健康」体制のあり方を問い直す。パンデミックの時代に必読の書。

978-4-8158-1056-6

谷村省吾著
量子力学10講

A5判・200頁・2700円

肝心な筋道だけをコンパクトにまとめた、待望の教科書。古典力学との対応にこだわることなく、量子力学をそれ自身で完結したものとして捉え、確率振幅からエンタングルメントや調和振動子まで、明快に記述。線形代数がわかれば、量子力学もわかる！

978-4-8158-1049-8

大場裕一著
世界の発光生物
―分類・生態・発光メカニズム―

A5判・456頁・5400円

発光バクテリアからツキヨタケ、ホタル、そしてチョウチンアンコウなどの脊椎動物まで――現在知られているすべての発光生物について、第一人者が分子生物学的知見も含めて紹介。光る生きものたちを通して見える世界と、そこに至る進化の道筋を描き出す。

978-4-8158-1057-3

吉澤誠一郎著
愛国とボイコット
―近代中国の地域的文脈と対日関係―

A5判・314頁・4500円

中国ナショナリズムの実像――。時に暴力を伴う激しい対日ボイコットはなぜ繰り返されたのか。単なる外交懸案の解決でも自国産業の振興でもない異なる地域事情や利害・思想を詳らかにするとともに、それらが愛国主義へとつながっていくメカニズムを捉えた力作。

978-4-8158-1048-1

アンソニー・リード著　太田淳／長田紀之監訳
世界史のなかの東南アジア[上]
―歴史を変える交差路―

A5判・398頁・3600円

世界史を動かし続けた東南アジアを、先史から現代までの全体史として描く、第一人者による決定版。上巻では、植民地支配をこえて独自の国民国家を生成する激動の過程を、消費文化やジェンダー、知的交流などの視点もまじえて示し、多様性豊かな発展を含み豊かに描く。

978-4-8158-1051-1

アンソニー・リード著　太田淳／長田紀之監訳
世界史のなかの東南アジア[下]
―歴史を変える交差路―

A5判・386頁・3600円

世界史を動かし続けた東南アジアを、先史から現代までの全体史として描く、第一人者による決定版。下巻では、植民地支配をこえて独自の国民国家が生成する激動の過程を、消費文化やジェンダー、知的交流などの視点もまじえて示し、多様性を乗りこなす知恵と現代の発展を含み豊かに描く。

978-4-8158-1052-8

堀井 優著
近世東地中海の形成
―マムルーク朝・オスマン帝国とヴェネツィア人―

A5判・240頁・5400円

古くからの東西交易の要衝「レヴァント」。中世から近世への転換のなか、イスラーム国家とヨーロッパ商人の共生を支える秩序の行方は？ オスマン条約体制や海港都市アレクサンドリアのありようを、異文化接触の実像を明らかにするとともに、東アジアに及ぶ「治外法権」の淵源をも示す。

978-4-8158-1053-5

ブノワ・ゴダン著　松浦俊輔訳　隠岐さや香解説
イノベーション概念の現代史

四六判・216頁・3600円

現代社会のキーワードとして君臨する「イノベーション」。いかにして考え出され、政策や経営に組み込まれていったのか。また、研究はどのように商業化に巻き込まれてきたのか。国際機関や省庁、企業の実務家たちに焦点を合わせ、私たちの時代の概念史の「有用性」を問い直す。

978-4-8158-1046-7

多賀 茂 著
概念と生
― ドゥルーズからアガンベンまで ―

四六判・266頁・3000円

世界が違って見える――。概念は、思想家の身体を通して、ある時、ある場所で生まれ、受け手の身体を通して生を変えるだろう。ドゥルーズ、フーコー、ラカン、バルト、ガタリ、アガンベンらの、真に驚くべき概念とつきあい、各々の声や文体とともに、思想の核心をひらいた透徹の書。

978-4-8158-1058-0

藤井淑禎 著
水上 勉
― 文学・思想・人生 ―

四六判・296頁・3200円

事実と虚構のあわいに求められた道とは――。文明を問う「社会派推理小説」によって出発した水上勉。だが、自らの生と重ねて「寺を焼き」「竹を削り」一休・良寛の境涯を跡づけつつ、遂には芸術と投資の向こうへと歩み出す。晩年の日々まで、その文業を初めて本格的に捉えた畢生の力作。

978-4-8158-1047-4

小川正廣 著
ホメロスの逆襲
― それは西洋の古典か ―

A5判・634頁・9000円

最古・最大の「西洋古典」とされるホメロス。だが、創造と受容のいずれも西洋の枠組みには収まっていなかった。実際に西方に伝わったものとその行方を明確にする一方、オリエントの神話・宗教からビザンツの年代記やオスマンの歴史書まで探査し、巨大な実像を初めて捉えた画期的労作。

978-4-8158-1050-4

木俣元一 著
ゴシック新論
― 排除されたものの考古学 ―

A5判・610頁・8000円

美術史・建築史のマスター・ナラティヴに組み込まれている「ゴシック誕生」。しかし、中世ヨーロッパ建築・彫刻の多様さはその直線的な物語から排除されてきた。大聖堂を飾る人像円柱やマイクロアーキテクチャの豊かな造形に光を当て、時代様式を超えた新たなゴシック像を提示する。

978-4-8158-1060-3

岡本隆司 編
交隣と東アジア
― 近世から近代へ ―

A5判・380頁・5400円

交隣とは、たんに日朝の善隣友好を示すものではない。朝貢一元体制の矛盾の露呈を防ぎ、各国の通交を成り立たせた朝鮮外交の意外な役割から東アジアの秩序体系を明らかにし、西洋の到来によるその解体過程も精細にとらえて、世界史的近代の日・朝・中・琉球の姿を映し出す。

978-4-8158-1044-3

刊行案内

2021.10 ～ 2022.2

名古屋大学出版会

概念と生　多賀茂著
水上勉　藤井淑禎著
ホメロスの逆襲　小川正廣著
ゴシック新論　木俣元一著
交隣と東アジア　岡本隆司編
愛国とボイコット　吉澤誠一郎著
世界史のなかの東南アジア［上］　リード著　太田淳/長田紀之監訳
世界史のなかの東南アジア［下］　リード著　太田淳/長田紀之監訳

近世東地中海の形成　堀井優著
イノベーション概念の現代史　ゴダン著　松浦俊輔訳
塩と帝国　前田廉孝著
南シナ海問題の構図　庄司智孝著
グローバル・ヘルス法　西平等著
量子力学10講　谷村省吾著
世界の発光生物　大場裕一著

- 第18回日本学士院学術奨励賞『イスラームのロシア』（長縄宣博著）6800円
- 第34回和辻哲郎文化賞『移り棲む美術』（三浦篤著）5800円
- 第5回フォスコ・マライーニ賞『転生するイコン』（松原知生著）11800円
- 第38回大平正芳記念賞『大陸反攻と台湾』（五十嵐隆幸著）5400円

■お求めの小会の出版物が書店にない場合でも、その書店にご注文くだされば お手に入ります。小会に直接ご注文の場合は、左記へお電話でお問い合わせ下さい。宅配もできます（代引、送料300円）。小会の刊行物は、https://www.unp.or.jp でもご案内しております。

■表示価格は税別です。

〒464-0814 名古屋市千種区不老町1名大内　電話052(781)5027／FAX052(781)0697／e-mail: info@unp.nagoya-u.ac.jp

の尤度)/(右の尤度)〕が以下のような形で得られたとしよう。

$$L(A) \leftarrow (0.1) \rightarrow L(B) \leftarrow (0.3) \rightarrow L(C) \leftarrow (0.05) \rightarrow L(D) \leftarrow (0.5) \rightarrow L(E)$$

尤度比検定をこの階層関係に適用するには2つの方法がある。ステップアップ法とステップダウン法である。どちらの場合も、有意水準 α の値を選択する必要がある。ここでは $\alpha = 0.15$ としておこう。ステップアップ法では、最も単純なモデルであるAから始めて、$L(A)$ の $L(B)$ に対する尤度比が0.15より小さくなるかどうかを調べる。もし小さければAを棄却し、次にBとCを比較して、同じことを問う。そして、これ以上進めない次数までステップアップを続ける。上で示したモデルの列にステップアップ法を適用すると、Bに対してAは棄却されるが、Cに対してBを棄却することはできない。したがって、この過程はBを選択したところで終了する。ステップダウン法では、最も複雑なモデルEから始めて、これを一段下のモデルDと比較する。そして、$L(D)$ の $L(E)$ に対する尤度比が0.15未満になるかどうかを問う。もし小さければEにとどまり、そうでなければEからDへと考察対象を移す。もし上に示したような数字の並びであれば、ステップダウン法はDを選択して終了する。ステップアップ法かステップダウン法かという選択は恣意的であり、しかも、どのモデルを受け入れ、どのモデルを棄却するかに影響を与えるのである（Burnham & Anderson: 1998）。

§6 テストケース
——停止規則

　次に紹介するパズルは、その考え方をめぐり、「ベイズ主義と尤度主義の陣営」対「有意検定とネイマン–ピアソン理論の陣営」という対立の構図を生み出す1つの典型的問題である。このパズルは、観察を次々と行う際に用いられる「停止規則 (stopping rule)」と関係する。停止規則というのは、科学的探求の行程が、いったいどこで終了するのかを決める規則である。§4の有意検定の話で用いたコイン投げの例では、停止規則は「コインを20回投げたところでやめる」であった。そしてその規則の下、表が6回という結果が得られた。しかし、仮にこれとは違う停止規則が用いられたとしても、同じ結果が得られた可能性がある。たとえば、あなたは6回表が出るまでコインを投げようと決めたとする。このとき、20回目にコインを投げたときにちょうど6回目の表が出れば、結果は先の規則の場合と同じになる。さて、ここで問題である。もしこのように、あなたがコインをちょうど20回投げたときに6回目の表が出たとすると、果たしてその結果についての解釈は、どちらの停止規則を採るかで変わると考えるべきだろうか。この問いに、尤度主義とベイズ主義は「ノー」と答える。一方、ここまで述べてきた2つの頻度主義の答えは「イエス」である[35]。

　まずは、ベイズ主義者が受け入れている、尤度による分析の方から見てみよう[*28]。ベイズ主義者が受け入れると言っても、この分析には事前確率の

---

[35] この例は、ハウスンとアーバックが用いている例である (Howson & Urbach: 1993, 210-2)。リンドレーとフィリップスが挙げている例ともよく似ている (Lindley & Phillips: 1976)。

[*28] ベイズ主義でも、実験の「証拠」についての判断は尤度を用いて行うことになる。これは、異なる

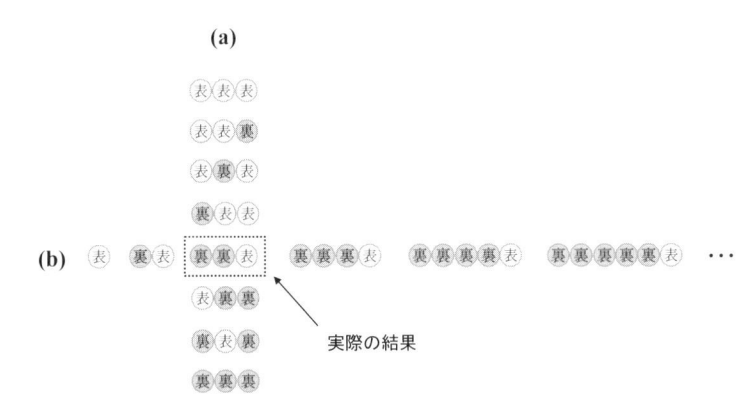

図12 コインを投げて最初の2回が裏で、3回目が表であるとすると、この結果が生じる実験として次の2つが考えられる。(a) コインを3回投げる、(b) 表が1回出るまで投げ続ける（Goodman: 1999, 1000）。それぞれの実験で生じる可能性のある結果が示されている。

話は一切出てこない。停止規則の問題とベイズ主義の関係については、あたかも自明のようにこう言われることがある。「どの停止規則を選ぶかはベイズ主義にとっては無関係だ。」けれども、ベイズ主義ではなぜ無関係と言えるのか、ここでその理由をきちんと確認しておくことにはそれなりの意味がある。できるだけ簡単な例で考えたいので、少しの間、次のような比較実験に話を移すことにしよう。比較するのは、コイン投げの回数が3回に固定された実験と、回数を固定せず表が出るまで投げ続ける実験である。この2つの実験でそれぞれ生じる可能性のある結果が、図12に示されている。コインに偏りがなければ（$p = 0.5$）、回数が固定された実験では、それぞれの順序列が生じる確率は $\frac{1}{8}$ である。回数が固定されない実験では、それぞれ異なった結果が生じる確率は（左から右に向かって）$\frac{1}{2}, \frac{1}{4}, \frac{1}{8}, \ldots$ と変わっていく。いまあなたがコインを投げ、最初の2回が裏で3回目が表であったとしよう。また

データ集合であっても、ある仮説についてそれぞれの事後確率が等しくなることを保証する「尤度の原則 (likelihood principle)」と呼ばれる原則を背景とする (Savage: 1962)。

あなたは、表が出る確率 p の値を知らない。このとき、順序列 ㊤㊤㊦ が得られる確率は、どちらの実験が行われたかに関係なく同じである。

$$Pr(㊤㊤㊦|\text{コインを3回投げる}) = Pr(㊤㊤㊦|\text{ちょうど1回だけ表が出る})$$
$$= p(1-p)^2$$

これは、もしあなたが仮説 $p = 0.9$ との比較で仮説 $p = 0.5$ をテストしているなら、次の等式が成り立つことを意味する。

$$\frac{Pr(㊤㊤㊦ \mid p = 0.5\ \&\ \text{コインを3回投げる})}{Pr(㊤㊤㊦ \mid p = 0.9\ \&\ \text{コインを3回投げる})}$$
$$= \frac{Pr(㊤㊤㊦ \mid p = 0.5\ \&\ \text{表が1回出る})}{Pr(㊤㊤㊦ \mid p = 0.9\ \&\ \text{表が1回出る})}$$

この等式から、なぜベイズ主義者が停止規則の選択を観察の解釈と無関係だと言うのかがわかる。どちらの実験を行ったとしても、(尤度比で測られる)証拠の重みは同じなのだ。ここで最初の例に話を戻せば、あなたが、回数を20回に固定したコイン投げ実験で表を6回出そうと、回数が固定されない実験で6回表が出るまでコインを投げ続けようと、尤度主義者〔ここではベイズ主義者も含めた広い意味の尤度主義者〕にとっては関係ない。その理由はもはや明白だろう。証拠のもつ意味が、このいずれの実験でも同じなのだ。

ところが有意検定の支持者にとっては、この2つの実験計画の違いが問題となる。それはなぜか。答えの取掛りとなるのは次の事実である。〔§4でも確認したとおり〕有意検定では帰無仮説の下で確率を考えねばならず、帰無仮説は、データに関して論理的に弱い記述をする。すなわち(このテスト結果だけを問題にするのではなく)「あなたはこのテスト結果か、または少なくともこれと同じくらい確からしくない結果を得た」という形でデータを扱う。したがって、帰無仮説を $p = 0.5$ としたとき、実験回数を固定する場合と、固定しない場合とで、それぞれあなたが考えるべき確率は次のようになる。

§6 テストケース——停止規則 115

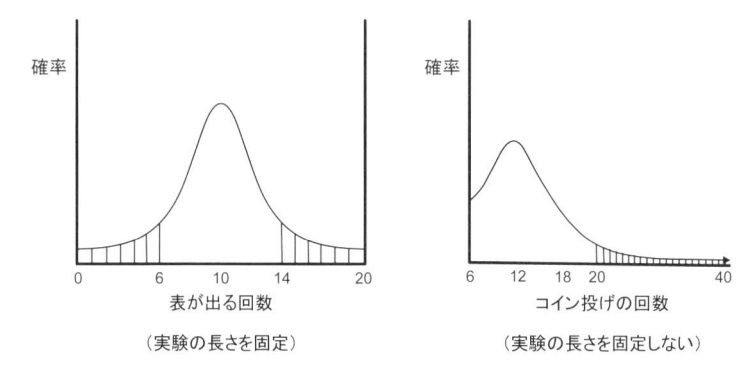

（実験の長さを固定）　　　　　（実験の長さを固定しない）

図 13　回数を固定してコインを 20 回投げる実験と、6 回表が出るまで投げ続ける実験で、どちらも結果が、20 回のコイン投げで 6 回表であったとする。どちらの実験でも、コインに偏りがないという帰無仮説について有意検定をする場合には、その結果が得られるか、またはそれと少なくとも同じくらい確からしくない結果が得られる確率を問題にする。

（固　定）　Pr(0–6 回または 14–20 回表が出る$|p=0.5$ かつコインを 20 回投げる)

（非固定）　Pr(20 回またはそれ以上コインを投げる $|p=0.5$ かつ表が 6 回出る)

実験結果の確率を表す空間において、有意検定が考慮する領域は図 13 のとおりである。（固定）の場合は、その値は 0.115 であり、（非固定）の場合は 0.0319 となる。もしあなたが有意性のレベルを $\alpha = 0.05$ に設定したとすると、固定実験をしたのであれば、帰無仮説を棄却するべきではなく、非固定実験の場合はこれを棄却すべきである。20 回投げて 6 回表という結果が得られたときに、どちらの実験を行ったかによって、こうした大きな違いが生じることになる[36]。

---

[36] 同じ結果がネイマン–ピアソンの仮説検定についても生じうる。たとえば、帰無仮説が複合仮説 $p \neq 0.5$ に対してテストされる場合など（Howson & Urbach: 1993, 211）。

けれどもこのような有意検定の特徴、つまり「帰無仮説が論理的に弱いデータ記述を対象として確率を与えているため、どちらの実験を行ったかによって確率が変わってしまう」という特徴は、必ずしも有意検定だけに見られる固有な特徴というわけではない。もう一度、図12の単純な例で考えてみよう。あなたは3回コインを投げ、順序列 裏裏表 をこのとおりに得た。すでに述べたように、このデータ記述は、どの実験が行われたかにかかわらず、$p = 0.5$ という帰無仮説の下では $\frac{1}{8}$ の確率となる。しかし論理的に弱いデータ記述にすると（そこでは表と裏の回数をそれぞれ記述するが、その順序には言及しない）、

$$Pr(2裏\&1表|\ 帰無仮説が成り立つ、かつコインを3回投げる) = \frac{3}{8}$$
$$Pr(2裏\&1表|\ 帰無仮説が成り立つ、かつ表は1回のみ) = \frac{1}{8}$$

となる。図12で示されるとおり、非固定実験の場合、2回が裏で1回が表となるのは1通りであるが、固定実験の場合は3通りある。重要なことは、尤度主義者の方はこのような条件付き確率の個々の値には関心がなく、もっぱら値の比に関心があるのに対して[40]、有意検定の支持者は条件付き確率の単独の値を重視するということだ。これは実験が（固定）であろうと（非固定）であろうと変わりがない。

仮に、有意検定の支持者が主張するように、停止規則の選択が重要なのだとしよう。しかし、もしどの停止規則が実際に使われたかわからない実験があればどうか。これについて有意検定支持者は何と言うつもりだろうか。ハウスンとアーバックは次のような例を挙げている（Howson & Urbach: 1993, 212）。2人の科学者が協力してコイン投げの実験を行ったとする。その結果、20回投げて表が6回出た（最後の20回目のコイン投げで6回目の表が出た）。彼らは机に向かい、実験上不適切なところは何もないと判断して、この結果を報告する論文を書く。このとき突然、彼らがそれぞれ考えていた実験計画が違ったことが判明する。一方の科学者は20回コインを投げる計画であり、他

方は、6回表が出るまでコインを投げる計画であった。もちろん、この2人は事前にしっかり話し合っておくべきだったが、そうはしなかった今、彼らはどうすればよいのだろうか。有意検定の論理に従うなら、ここで彼らは、「仮に実際とは違う結果が得られていたなら、自分たちはどうしていたか」ということについて了解しておく必要がある。もし19回投げたときに6回目の表が出ていれば、果たして彼らは実験を続けていただろうか。20回目のコイン投げで表が5回しか出ていなければ、さらに実験を続行しただろうか。こうした問いに答えるには、2人の実験者の力関係についての情報が必要である。ひょっとしたら、あなたはここでこう言いたいかもしれない。結果が違っていたときに彼らがどうしていたかなど問題ではない。問題なのは彼らが実際に得た結果であって、この結果は2人の科学者の心理分析など交えずに解釈することができるのだと。もしあなたがこう言いたいのなら、あなたは尤度主義者のように考えていることになる。

ところが、有意検定の擁護者はしばしば、ベイズ主義者が実験計画の方法についてどうしようもないほど無批判であるとほのめかし、他方、自分たちは、この点についてきちんとした分別をもっているかのように述べる。たとえば、いま私が、帰無仮説に反する結果を得るまで、コインを投げ続けようと決めたとする。もしそうなら、私は明らかに、自分が導く結論をあらかじめ知っていることになる。けれども、もし、帰無仮説が真かどうかにかかわらず、そもそもその仮説を棄却できないということがありえない〔必ず棄却する〕のだとしたら、一体どうして実験によって仮説をテストするなどと言えるのか。さらに、もし実験によって帰無仮説をテストするのでないなら、そもそもなぜ、敢えてその実験をする必要があるのだろうか。頻度主義者はこのような実験がいかに無意味であるかを説き、ベイズ主義者がここで大きな見落としをしていると主張する。彼らが言うには、ベイズ主義者は、このような「何度でも繰り返す（try-and-try-again）」実験（Mayo: 1996）を行うことには何ら問題がないとしている。頻度主義者にとってさらに癪に障るのは、

これが本当はベイズ主義の主張の妨げになるはずなのに、ベイズ主義者はそれを認めないどころか、むしろこれを自分たちの主張の**すぐれた点**だと言ってはばからないことである[41]。

こうしたベイズ主義への批判は、ときに、次のようなかなり一般的な形でなされる場合がある。ベイズ主義は、実験計画が認識的に重要だとは**決して**考えておらず、「結果があらかじめわかっているような実験は行わない」ということ〔頻度主義者が当然と考えること〕に対して、いかなる正当な理由付けもできない、との批判である。この批判は、甚だ誇張されている。それは、エディントンが著書（Eddington: 1939）で挙げている、次の単純な例に見られるような誇張である。あなたが湖に網を投げて、50尾の魚が掛かるまで待つとする。あなたは網を引き上げ、掛かっている魚の大きさがすべて10インチより大きいことに気づく。この観察は次の2つの仮説とどう関わるだろうか。H_1 は、湖の魚がすべて10インチより大きいとする仮説で、H_2 は魚の50%が10インチより大きいとする仮説である。あなたがこの話を聞けば、最初はきっと、「観察は H_2 より H_1 を支持する」という考えに飛びつくだろう。しかしその後、この解釈は網がどんな形状なのかによって変わることに気がつく。もし網の目が1インチであれば、この解釈は意味をなす。しかしそれが10インチなら、観察によって2つの仮説に優劣をつけることはできない[42]。つまりベイズ主義に対する一般的批判の要点は、観察と仮説の関係は多くの場合、観察を得る方法によって変わるということである。実験の結果をあらかじめ知ることができ、しかもその結果が、どの仮説が真であるかによらない場合は、この実験を行う意味はない。なぜ意味がないのかについては、尤度の法則を見ればその理由はすっかり一目瞭然であろう[37]。

ベイズ主義へのこのような誇張された批判はしばらく置き、図12と図13で示されたような、長さを固定した実験と固定しない実験について、さらに

---

[37] 私は別の著書で、非常に洗練されたインテリジェント・デザイン論との関係で、このエディントンの**観察選択効果**の例について論じている（Sober: 2004a）。

詳しく見てみることにしよう。まず、頻度主義との関係で話を整理しておきたい。1つの実験を考える。この実験が終了するのは、データに有意検定を実行して、帰無仮説が棄却されるべきだと示されたちょうどそのときである。もし有意水準に「名目的な（nominal）」値を使うなら、この実験が終了する〔帰無仮説が棄却される〕のは確実なことである（Anscombe: 1954）。名目的値を使うというのは、有意検定を行うどの段階（どの試行回数）においても、実験者が、実際に得られたデータの数値をあたかもその段階で観察する予定であったかのように装いながら、データを扱うことを意味する。この実験の結果はあらかじめわかっており、結果は帰無仮説が真であるかどうかには依存しないため、頻度主義者は、こんな実験を行うべきでないのは火を見るより明らかだと考える。しかし彼らは、「逐次実験法（sequential trials）」については反対しない。アーミテージ（Armitage: 1975）は、有意水準に「名目的な」値でなく「全体を考慮した（overall）」値を使うような実験について、その観察結果を記録する方法を示した。この新しい概念によって、実験が終了することはもはや確かなことではなくなり、頻度主義の視点で見ても、この実験を行うことはもはや常軌を逸したことではない。アーミテージはまた、帰無仮説を棄却するだけでなく受け入れられるようにするには、逐次実験をどう構築すればよいのかについても述べている[43]。

　この問題に関するベイズ主義と尤度主義の見方を理解するには、両者の枠組みに対し、それらとは無関係な考え方を押しつけないよう注意しなければならない。ベイズ主義も尤度主義も、有意検定を用いることはないし、実験が帰無仮説の「受け入れ」または「棄却」によって終了するということもない。どちらも実験結果の解釈は尤度の法則によって行うので、争点となる帰無仮説に対して、何が対立仮説となるかが明確でなければならない。両者の考え方を見るために次のような仮定をしよう〔以下は、頻度主義者による批判に対する、ベイズ主義および尤度主義の側からの1つの回答である〕。帰無仮説 (H_0) は $p = 0.5$ で、対立仮説 (H_1) は $p = 0.9$、また、あなたの行う実験が終了するのは、表が

出た頻度によって、H_1 と H_0 の尤度比〔$Pr(X|H_0)/Pr(X|H_1)$〕がちょうど $1/k$ (ただし $k \geq 1$) 以下になったときである。果たしてこのとき、もし H_0 が真であるとしても、この実験は必ず終了して、H_1 を支持するような証拠を誤って導くことになるのだろうか。ロビンズは、H_0 が真である場合にこの実験が終了する〔H_0 を棄却してしまう〕確率が $1/k$ 以下であることを示した (Robbins: 1970)[44]。もしあなたが、「帰無仮説に対する強い反証」を尤度比が $\frac{1}{8}$ 以下になることと定めるなら、誤ってこの結果を得る確率は $\frac{1}{8}$ 以下だということになる。この点について、ロイヤルは次のように述べている。「もし無節操な研究者が、たまたま真であるところのライバル仮説に対し、自分のお気に入りの、しかし誤った仮説を裏付けるような証拠を何とかして見つけようとするとき、少なくとも k 以上という要素によってこれをするなら、その研究者はおそらくずっとその願いが叶えられずにいることだろう。」(Royall: 1997, 7) この点が、仮説の事前確率や事後確率とは全く関係ないことに注意してほしい。これは厳密に、尤度の枠組みの中での話である[38]。

このように、H_0 に対する強い反証を得てはじめて実験を終えるという「何度でも繰り返す」実験は、終了する基準が尤度比によって与えられるのであれば、必ずしも終了しない。この実験計画に何か問題があるとするならば、それは、あなたがあらかじめ何が起こるかを知っている、ということではない。テディ・サイデンフェルト (T. Seidenfeld) が記すところでは、この計画の1つの欠点は、もし帰無仮説が正しければ、この実験がいつまでも繰り返

---

[38] カデインら (Kadane et al.: 1996) も同様の結果を得ているが、よりベイズ主義に則った枠組みでこれを行っており、強い可算加法性 (countable additivity) の仮定を用いている。あなたが実験を終了するタイミングについて、H_1 の事後確率が、ある値 v を超えたちょうどそのときにしようと決めたとする。このとき、もし H_1 の事前確率が r であれば、H_0 が真であるにもかかわらずこの実験が終了する確率は、わずかに $r(1-v)/(1-r)v$ にすぎない。したがって、もし H_0 と H_1 の事前確率がどちらも $\frac{1}{2}$ で、H_1 が少なくとも 0.9 の事後確率を得たときに実験をやめるとしたら、実験が終了する確率は 0.11 でしかない。この例における尤度比との関係に注意すること。r と v にこのような値を与えるとき、実験は、H_1 に対する H_0 の尤度比が $\frac{1}{9}$ 以下になったちょうどそのときに終了する [45]。

される可能性がかなり高いということだ。したがって、もし実験を行うのに多額の費用が必要で、しかも資金が限られているなら、ベイズ主義者はこの実験計画に従わないことが得策である（Backe: 1999, S360）[39]。幸い、これよりずっと現実味のある実験方法がいくつかある。たとえば、H_1 よりも H_0 を支持する強い証拠か、または H_0 よりも H_1 を支持する強い証拠が得られるまで、証拠を取り出し続けるという方法である。この公平な手続きの実験が遅かれ早かれ終了する確率は、1 である（Wald: 1947, 37-40; Backe: 1999, S359）。しかし、もちろん、あなたがどちらの結果を得るかは、あらかじめ決まっているわけではない。

以上述べた点から、実験の選択的停止問題についてどう考えるとよいだろうか。有意検定の支持者は、〔つねに一定の〕「名目的な」p 値によって判定を行う場合、何度でも繰り返す実験など意味がないとして拒否する。しかしながら、「全体を考慮した」p 値を使うことで、逐次実験の支持者は頻度主義の範囲内に踏みとどまる。そしてもしあなたが、ベイズ主義や尤度主義の線でテスト方法を組み立てるなら、何度でも繰り返す実験が必ず実験終了に至る、というのは正しくはない（ただしここでの終了は、帰無仮説に対して強い反証を示す尤度比に到達することを意味する）。このことが示すのは、もし実験が**実際**に終了するのであれば、あなたは（尤度比によって定義されるところの）証拠を確かに得るということである。ベイズ主義者は、実験の計画も、得られた結果の解釈も、ともに重要なテーマだと考える。これこそ、ハッキング（Hacking: 1965）による事前の賭けと事後の評価の区別が意味するところである（§5）。往々にして、この後者の問題を前者の問題と区別しないのは、他ならぬ頻度主義者たちである。

---

[39] セントピーターズバーグ（サンクトペテルブルク）のパラドクスに対するジェフリーの答え（Jeffrey: 1983, 154）を参照のこと。その答えとは、「誰でも金に限りはあるのだから、〔このパラドクスで〕あなたが提示されている賭けは欺瞞的と言わなければならない」というものだ [46]。

§7 頻度主義 III
——モデル選択理論

街灯の下で鍵を探す

　私は、ベイズ主義に対する反論として、ベイズ主義がしばしば、事前確率やキャッチオール仮説の値を決める客観的な根拠をもたないということを挙げた。その際、このような値を決める**別の**理論があって、それがベイズ主義よりもすぐれていると論じたわけではない。そうはせずに、私は論じるテーマを変えたのだ。私は尤度主義の立場に退避したが、尤度主義はベイズ主義と違い、「証拠がいかに解釈されるべきか」という問題に答えようとする。このように問いをずらすというパターンは、統計学の基礎づけや、哲学に固有のものというわけではない。政治はしばしば「可能性の芸術（可能性の学）」[*29]と呼ばれるが、科学もまた、こう呼ばれておかしくはない。1 つの問題が解けないからと言って、解くことのできる他の問題まで取り組むべきでないというのは不合理である。咎められることがあるとすれば、それは、古い理論では扱いきれなかった問題が、まるで新しい理論で解けるかのような誤った印象を与えてしまうことである。科学はときに、自分が紛失した鍵を街灯の下で探す人にたとえることができる。どうしてそこを探すのかと聞かれて、その人は、そこに灯りが点っているからと答える。自分の鍵がおそらくそこに

[*29] ドイツ帝国初代宰相オットー・フォン・ビスマルクが述べたとされる言葉。

ありそうだから、とは答えない。

　前の2つの節で、私は有意検定とネイマン–ピアソンの仮説検定に関する基本的なことがらを述べた。そして、それぞれにとって深刻な（そして一般によくなされる）反論のいくつかを示した。しかし、頻度主義の議論のはじめにも述べたように、この統計哲学は統一された理論ではない。むしろ頻度主義は、種々の考え方を緩やかに結んだ連合体なのである。私が有意検定や仮説検定について行った批判は、必ずしも他の頻度主義の考え方に当てはまるとは限らない。**モデル選択理論**と呼ばれる統計学の分野では、それ自体の問題はあるものの、これまで確認したような問題が持ち上がることはない。そこでは、どの仮説を帰無仮説にすべきかを決める必要はなく、α の値を選ぶ必要もない。実際、モデル選択理論においては、仮説を受け入れたり棄却するということがない。ただし、統計学のこの分野につけられている名前（「モデル選択理論」）は、誤解を招きやすいものである。というのも、扱われるのはモデル**比較**の問題であって、正確にはモデル**選択**の問題ではないからだ。このモデル比較の問題に対し、これまで示されてきた回答のいくつかを検討する前に、まずモデル比較とはいったいどんな問題かを理解する必要がある。これまでにこの領域でなされた核心的なことがらの1つは、「理論による予測の正確性をいかに見積もるべきか」という新たな問いを発することであった。

科学のモデル構築：広く見られる2つの方法

　科学研究の多くの分野では、「モデル」の構築と評価に非常に多くの努力が注がれている。この「モデル」という言葉は、統計学ではある特別な意味で使われるが、個別の科学ごとに、それぞれ少しずつ異なった非数学的な意味でも用いられている。前節の直線モデル、放物線モデルのところで述べたように、モデルという言葉が統計学的な意味で使われるときには、調整でき

るパラメータが含まれている。X と Y が直線的な関係をもつ、と言えばこれはモデルであるが、$y = 3 + 4x$ というのはモデルではない。このような特定の直線の方程式は、直線モデルの調整可能なパラメータを具体的な値で置き換えることによって得られる。一方、科学者が「モデル」という言葉を使うときには、しばしばこれとは違うことを考えている。彼らにとってモデルとは、単純化された仮説のことである。つまりモデルは、関係する要素のすべてを記述することなしに、一連の観察を説明したり予測したりするとされるものである。モデルは現実と完全な形で即応するものではない。そこには理想化が含まれている。物理学で使われるモデルでは、天体が球対称であると仮定されるし、粒子は完全弾性衝突すると仮定され、また、ボールは全く摩擦のない斜面を転がり落ちると仮定される。進化生物学者は、個体群が無限に大きいこと、交配が完全にランダムであること、また、ある形質が、その形質進化の見られる個体群において何世代にもわたって不変な1つの適応度をもつと仮定する。これらのモデルは偽であることがわかっているが、それで直ちにダメということにはならない。このような「偽である」ことの中にも、真理が含まれているのではという望みがある。理想化が**害のない**ものであれば、事実から離れていることはさほど問題ではない。仮に理想化されたモデルが偽であろうと、それらは正確な予測を与えてくれる（McMullin: 1985; Hausman: 1992）。たとえば、ボールがスロープを転がり落ちるのにかかる時間を予測したいとしよう。このときたとえ、スロープには**ほぼ**摩擦がない、としか言えず、またあなたの行う計測がいくぶん不正確だとしても、スロープに**完全**に摩擦がないとする仮定はうまく機能してくれるだろう[40]。

---

[40] モデル理論と呼ばれる論理学のある部分においては、「モデル」という言葉はここでの用法とは違う第3の用法をもつ。そこではモデルは、文の集合を真にするような、対象、性質、そして関係の集合である。この使い方ではモデルは命題ではない。科学におけるモデルの使用について、歴史的、哲学的な面から考察したものとしては、以下を参照のこと。Hesse: 1966; Morgan & Morrison: 1999; Da Costa & French: 2003; Frigg & Hartmann: 2006.

科学におけるモデルの使用に関して、広く行き渡った、哲学的に重要な意味をもつ事実が2つある。1つは、科学者が偽〔事実に反する〕とわかっているモデルについてしばしばテストするということである。これは、多くの**ゼロ仮説**（ヌル・モデル）[*30]と呼ばれる仮説において、特にはっきりと見られる。このゼロ仮説という言葉は、2つの量の間に差がないという仮説に対してしばしば用いられる。2つのトウモロコシ畑でそれぞれの平均の丈が同じであるという仮説は、この意味でゼロ仮説である。同じことが、コインに偏りがないという仮説にも当てはまる（偏りがないとは、表が出る可能性と裏が出る可能性に差がないということである）。興味深いことに、私たちは多くの場合、このようなゼロ仮説と呼ばれる仮説が偽であるということを、科学的にきわめて確かなこととして既に知っている。コインについて考えてみよう。あなたはコインが**完全**に対称的な形をしていると、本当に思っているだろうか。そして、毎回コインを投げるときに、表が出る確率 (p) と裏が出る確率 $(1-p)$ がぴったり同じであり、いつコインを投げても、その正確な対称性がきちんと維持されると思うだろうか。私ならばそのようには考えない。私が予想するのは、コインの形とバランスには、それほど目立たなくても非対称性があるということであって、$p \neq \frac{1}{2}$ であるという確信が揺らぐことはまずない。またかなり強い確信をもって、コインが使われるうちには、たとえわずかであってもその形が変わるだろうと思っている。では科学者は $p \neq \frac{1}{2}$ という複合仮説と比較しつつ、なぜ、わざわざ $p = \frac{1}{2}$ という単純仮説をテストしようとするのだろうか[*31]。あるいはもう一方の例、2つのトウモロコシ畑の場合を考えてみよう。ここでのゼロ仮説は、2つの畑でトウモロコシ

[*30]「ゼロ仮説」と、前節までに何度も取り上げられた「帰無仮説」とは、基本的には同じ意味であり、どちらも 'null hypothesis' の訳語である。しかし前節までは、有意検定や仮説検定において「テスト対象として（任意に）指定される仮説」という、より一般的な意味で取り上げられてきたのに対して、本節では「比較される2つの量に差がない」という、帰無仮説に典型的な1つのタイプに限定してこの語が用いられている。混乱を避けるため、本節ではこの語を「ゼロ仮説」として訳し分けておく。

[*31] 単純仮説と複合仮説の違いについては、§3「尤度主義の限界」を参照のこと。

の丈の平均が同じという仮説である。私はふたたび、このゼロ仮説はほぼ間違いなく「真でない」と確信する。もちろん、ゼロ仮説がアプリオリに〔経験的な検証を全く経ずに〕偽だというわけではない。私が言いたいのは、この世界での私たちの経験を通して考えれば、まず確かなこととして、2つの平均がぴったり同じこと（小数点以下100万桁以上で数字が揃うこと）などはないということである。にもかかわらず科学者は、「差がゼロである」というゼロ仮説を他の何らかの仮説との比較でテストするのである。

統計的なテストをする前にゼロ仮説がしばしば偽とわかるのであれば、「ゼロ仮説なんてテストする価値がない」と主張する統計学者がいたとしても不思議ではない（たとえば、Yoccoz: 1991 と Johnson: 1995 を参照せよ）。しかし私は、このような結論を導きはしない。もしも科学的推論の目的が、真である説を見つけ出すことに限られるのであるならば、こうしたゼロ仮説をテストせずに棄却することは意味をなすだろう。しかし、その目的が正確な予測を与える理論を見つけ出すことだとしたら、ゼロ仮説をテストすることには意味があるかもしれない。偽とわかっている仮説であっても、正確な予測を与える可能性がある。そしてまた、テストされる**すべての**仮説が（理想化を含んでいるために）偽であるとわかっていても、それでもなお、そのうちのどれが最も正確な予測をするかを判断することは価値があるだろう。理想化された（したがって偽の）モデルが科学的テストの本来の対象ならば、私たちは科学的思考の目的について考え方を改める必要がある。ベイズ主義は通常、**真**であることが確からしい理論はどれかを判断する理論と見なされる。また、ネイマン＝ピアソンの理論は、どの仮説を**真**として受け入れるべきか、また**偽**として棄却すべきかに関わる理論である。さらに尤度主義では、いま得られている証拠によって、果たして H_2 を真とする仮説より H_1 を真とする仮説が支持されるかどうかを示すものである。推論に関わるこれらの理論のいずれにも、真理〔すなわち値の真の分布〕がその一部として含まれている。私たちは、このように真理に取りつかれた状態を克服する必要がある。

科学のモデル構築に関する2つ目の事実もまた、哲学的な意味を孕んでいる。この事実は、科学者が非常に複雑なモデルを使用するときに経験することと関係している。もし得られた一連のデータが、複雑に絡み合う原因から生み出されると考えられるなら、科学者はおそらく複雑なモデルを作ってこれを説明したい気持ちに駆られるだろう。複雑な現実を正しく扱うには、複雑な理論が必要なのではないか、というわけである。けれども、データに適合するそうしたモデルを見つけるときに、もし、調整可能なパラメータの最尤推定値を見つけ出すという方法（§5の圧力鍋の例で述べた方法）をとるとすればどうか。実は、そのような適合モデルを使って同じシステムの新しいデータを予測すると、しばしばひどい結果を招くことになる。私が問題にしているのは、たとえば次の例に見られるようなモデル構築のパターンである。いま、圧力鍋の実験で、温度と圧力の組み合わせ $<x,y>$ について n 回の観察を行ったとしよう。数学的事実として、n 個のデータに**完全**に適合する $n-1$ 次の多項式を見つけることができる。もし観察を2回行ったのであれば、正確にそれらの点を通る1本の直線（1次の多項式）が見つかり、3回の観察なら、同様にして1つの放物線（2次の多項式）が見つかる。このような具合である。しかし、十分複雑な多項式が**既存**のデータに適合する、というのは数学的には確かなことだが、残念ながら、その適合モデルが**新しい**データの予測においてもよい働きをする、という保証はない。事実、科学者はしばしば、複雑なモデルを既存データに適合させたときに、これが新しいデータの予測に関しては、まるでうまくいかないことに気づく。むしろ、より単純なモデルの方がしばしばよい働きをする。ここで言うモデルの複雑性とは、モデルの中に調整可能なパラメータがいくつ含まれているかで決まるものである。

　モデルを扱う科学者に共通するこうした経験を考慮するとき、ひょっとすると、ここから得られる教訓は次の曖昧な経験則だけだと思われるかもしれない。「モデルを作るときに、あまりに複雑なモデルを作ってはならない。ま

た、あまりに単純なモデルも作ってはならない。」この助言は理にかなってはいるが、それほど役立つものとは言えない。いったいどれくらい複雑であれば、複雑すぎることになるのだろうか。注目してほしいのは、実は、この助言を曖昧さのない、ずっと精確な形で表現できるということである。モデル選択理論の研究により、相当多くの状況で、「既存データに適合させたモデルがどれほど正確に新しいデータを予測できるか」という度合いが**見積もれる**〔数的に表現できる〕ことがわかった。この領域の数学的基礎の部分にはまだ探求すべきことが多く残っているが、驚くべきことに、そうした探求を進める対象となるような数理構造が、現在すでに存在するのである。既存データに適合させた非常に複雑なモデルだと、新しいデータ予測では多くの場合うまくいかない。これは事実である。しかし、これは、ただ受け入れるしかない厳然たる事実ではない。そうではなく、なぜ複雑なモデルではなかなか予測がうまくいかないのか、という理由を**説明**してくれるような、また科学者に対して複雑すぎるモデルの使用を避ける手立てを与えてくれるような、そんな数理体系が存在するのである。

赤池の体系、理論、規準

モデル選択理論は、赤池弘次の1973年の論文において統計学の1つのテーマとして着手されたものである。赤池はある問題を立て、そしてそれに対する答えを提示した。彼の業績の中で、この2つの部分を区別しておくことが重要である。というのも、彼が研究対象として選び出した問題は、彼の答えに勝る重要性をもつからである〔この問いこそ、本節最初に述べた、「この領域での重要な」問いである〕。彼が基礎を築いたテーマにより、それぞれ異なる状況下で適切と思われるような、多くの異なる答えの発見につながった。現在、複数のモデル選択規準が通用しており、異なるモデル選択の課題には異なる規

§7 頻度主義 III——モデル選択理論　129

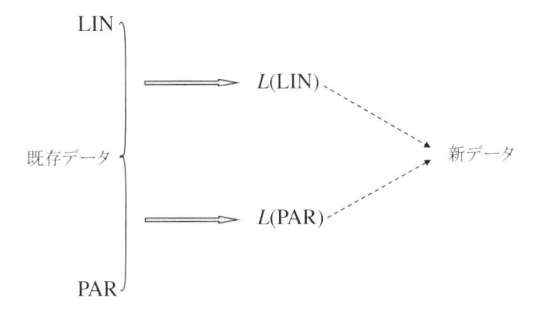

図 14 赤池が考えた予測問題。既存データとモデルから、あなたはモデルの中で最も尤度の高いものを導くことができる。次に、最も尤度の高いモデルは、新しいデータについて確率的な予測を行う。LIN と PAR は、既存データに適合させたときに、どちらがより正確に新しいデータを予測するだろうか。図中、演繹的関係は実線の矢印で示され、確率的な関係は破線で示されている。

準を用いるべきだという考え方が、広く認められている。

図 14 は、赤池がどのような種類の問題を論じたのかを、単純な形で示したものである。LIN と PAR は、§5 の圧力鍋の例において、温度と圧力がどう関係しているかを検討した際の 2 つのモデルである。あなたは手元にあるデータを用い、それぞれのモデルがもつパラメータについて、最尤推定値（尤度が最大になる値）を見つけるとしよう。つまりあなたはデータを使って、$L(\text{LIN})$ と $L(\text{PAR})$ を見つける。$L(\text{LIN})$ とは LIN の中で最大の尤度をもつものであり、$L(\text{PAR})$ は同様に PAR の中で最大尤度をもつものである。そこで、あなたは次のように問う。もし同じ圧力鍋によって新しいデータを得るとするなら、その予測をより正確に行うのは $L(\text{LIN})$ だろうか、それとも $L(\text{PAR})$ だろうか。ここで読者に気づいてもらいたいのは、この問いは、非常に頭を悩ませる問題だということだ。あなたがデータとして参照できるのは、圧力鍋からすでに得られた古いデータのみである。LIN は PAR の内側に入れ子状に含まれているので、あなたは既存データが何であれ、$Pr[\text{既存データ} \mid L(\text{PAR})] \geq Pr[\text{既存データ} \mid L(\text{LIN})]$ が成り立つことをあらかじめ知っ

ている〔§5, 後半の議論〕。2つの適合モデルが全く同じ尤度をもつのは、データがぴったり直線上にあるときだけである。それ以外の場合は、$L(PAR)$ がより高い尤度をもつ。すでに述べたように複雑なモデルの方が単純なモデルよりも、必ずや手元のデータによく適合する。しかし私たちは、予測においてはより複雑なモデルの方がしばしば劣り、決して勝るものではないことを経験的に知っている。では、$L(LIN)$ と $L(PAR)$ の尤度以外に何を考慮すべきなのだろうか。

ベイズ主義者なら、この時点で LIN と PAR の事前確率に訴えたいと思うだろう。しかしここで私たちは壁に突き当たる。LIN は PAR を論理的に含意するので、$Pr(LIN) \leq Pr(PAR)$ である。単純な方のモデルがより高い事前確率をもつことはできない。これはポパーが強調した点である（Popper: 1959）[47]。私たちがモデルについて考えるときに、互いに相容れないモデルだけを考えることにすればこの問題は回避できる。たとえば、LIN と PAR を考えるのではなく、代わりに LIN* と PAR*（後者のすべてのパラメータがゼロでない値をもつ）を考えるとしよう。このとき、2つのうちどちらがより高い事前確率をもつのかは、確率論の公理で前もって決まるということはない。しかし、$Pr(LIN^*) > Pr(PAR^*)$ と言うことで論理的な矛盾はないにしても、これが単なる仮定以上のものであることを示すのは難しい。PAR* の2次の項につくパラメータ c を考えてみよう。$Pr(LIN^*) > Pr(PAR^*)$ という主張は、$Pr(c = 0) > Pr(c \neq 0)$ という主張と等価である。このとき、この不等式を真とするためのどんな客観的な理由があるだろうか。

予測問題の中身をもう少しはっきりさせよう。既存のデータを用いて $L(LIN)$ と $L(PAR)$ の形を決定した後、あなたはこの2つの曲線が、同じ圧力鍋によって得られる新しいデータを予測するのに、どれくらいうまく使えるかを知りたいとしよう。しかし、新しいデータを得るときに、それが必ず1つの形に決まっているということはない。集められたそれぞれのデータは、たとえすべてが同じ背景的メカニズムで〔統計学的観点で、存在すると考えられる「真のモデ

ル」から〕生み出されたものであっても、互いに異なっている。データが一定でないと予想されるのは、観察が誤るものだからである。このことがあるので、ある適合モデルが新しいデータの予測にどれほどうまく対応できるかを知りたい場合、私たちが確かめたいのは、そのモデルが**平均して**どれくらいうまく予測するかである。$L(LIN)$ は、ある新しいデータの集合については正確に予測できるかもしれないが、他の新しいデータについてはそれほどではないかもしれない。モデル M の**予測の正確性**という言葉の意味は、モデル M を既存データに適合させて新しいデータの予測に使う際、M が**平均して**どれほどうまく予測できるかということである（Forster & Sober: 1994）。図14にあるような課題を何度も繰り返して行うことを想像してほしい。モデルの性能の**期待値**こそが、私たちの知りたいと思うものである[48]。

　この予測の正確性に関する定義をより洗練したものにするために、もう1つ付け加えるべき点がある。「圧力鍋の実験で、$L(LIN)$ あるいは $L(PAR)$ が1つの新しい観察結果を予測する正確性はどれほどか」と問うとき、これはいったい何を意図した問いだろう〔このとき、あるデータをもとに、すでに $L(LIN), L(PAR)$ が決まっているとする〕。新たに行う観察は、温度と圧力の値の組 $<x, y>$ という形をとる。温度 x の値を $L(LIN)$ または $L(PAR)$ に与えたときに得られた結果が、圧力 y についての予測値である。その後、観察値と比べてこの予測値がどれほど近いか、または隔たっているかを判断することができる。これを判断するのに、2つの値の差をとって2乗する方法を用いてもよいだろう。正確性が大きければ大きいほど、2点間の距離の2乗は小さくなる。あるいは $Pr(観察された圧力の値 y |$ 適合モデル $\&$ 観察された温度の値 $x)$ を計算してもよい。この場合、尤度が大きいほど、正確性の度合いが高いことを意味する。ある一定の仮定を置けば、距離の2乗は尤度と〔一方が増えれば他方が減るという〕逆の関係にあるので、これら2つの方法は互いに結びついている[49]。次に問うべきは、新しいデータの集合に1つ以上のデータ点があるとき、どのように予測の正確性を測るべきかということだ〔ここでも「モデルの平均的な予測

正確性」ではなく、引き続き $L(\mathrm{LIN})$, $L(\mathrm{PAR})$ の予測正確性として考える〕。私たちは距離の2乗の和をとることができるし、またすべての新しいデータについて尤度を計算することもできる。けれども、予測しようとするデータの集合が大きくなればなるほど2乗の和は大きくなり、多くの項が掛け合わされるほど、尤度が必然的に小さくなることに注意する必要がある。予測の正確性を定義する際には、データの集合が大きくなるにつれてモデルの予測正確性が自動的に小さくなってしまわないように定義したい。測定方法の考え方を決めようとするときには、必ずこの点を押さえておく必要がある。すなわち、私たちが風呂場の体重計や、温度計、結核検査の正確性を問うとき、その答えが、器具の使われた回数に依存するものであってはならない〔このたとえでは、体重計に乗る人の真の体重が別の方法であらかじめ計測されており（これが真の分布に基づく「観察値」）、体重計の示す値が「予測値」である。体重の計測のたびに、この予測正確性が必然的に小さくなってはならないということ〕。この問題に対する1つの自然な解決法は、モデルの予測正確性を1データ当たりの平均の正確性と考えることである（Forster & Sober: 1994; Forster: 2001）。予測正確性についてのこのような考え方は、赤池 (Akaike: 1973) の定理にはない[50]。彼はむしろモデル比較について考えようとした。比較においては、すべてのモデルが同一の新たなデータについて予測することが要求され、そのデータ数は既存データに含まれる観察の数と同じでなければならない〔この制約は、後述する AIC の導出方法に由来する〕。こうした脈絡で考えるなら、1データ当たりの予測正確性と、データ集合全体にわたるトータルな正確性との違いが問題になることはない。しばらくは赤池の例にしたがい、予測正確性が1データ当たりの量であるという事実は持ち出さないでおこう。データの集合がどんどん大きくなった場合にどう対処したらよいかという問いには、また後で戻りたいと思う。

　既存データに適合させたモデル〔$L(\mathrm{LIN})$ や $L(\mathrm{PAR})$〕は、新しいデータについてどれほど正確に予測するのか。赤池は、この推定に関わる「予測問題」を新たな問題として掲げ、ある1つの結果を導いた〔以下は、ソーバーが挙げた「モ

デルの平均的な予測性能を表す」「データ数に依存しない」という 2 つの要求を満たす、赤池の提言である。すなわち、提言された指標は、その平均（＝「モデル」の予測正確性）が意味をもち（実際には、モデル中の最もよい曲線の予測性能に収束する）、データ数が多くなっても評価値が自動的に下がることがない〕。

赤池の定理： モデル M の予測正確性に関する不偏推定値
$$= \log\{Pr[\text{データ}\,|L(\mathrm{M})]\} - k$$

まず、既存のデータを使って、モデル M の中から最大尤度をもつものを見つけ、その尤度の自然対数（底が e）をとる。そして、モデルに含まれる調整可能なパラメータの数 k を引く〔これが「不偏推定値」とあるのは、この期待値が、モデルの中で真の分布に最も近い曲線の尤度（平均対数尤度）になるということ（さらに詳しくは訳註 [51] 参照）〕。赤池の推定値が、「データに対するモデルの適合度」と「モデルの単純性」とを両方考慮している点に注意してほしい。赤池の定理により、次のようなモデル選択規準の公式が導かれる [*32)]。

赤池情報量規準 (AIC)： モデル M の AIC スコアは、
$$\mathrm{AIC}(\mathrm{M}) \stackrel{\text{def}}{=} \log\{Pr[\text{データ}\,|L(\mathrm{M})]\} - k$$
〔* 'def' は新たに定義を導入するときに用いる記号〕

この規準に関して、モデルの AIC スコアの絶対的な値に興味があるのではない。重要なのは、異なるモデルを同じデータ集合に適合させた際に、それらモデルのスコアがどう**比較される**かということである。AIC とは、モデルの

[*32)] 公式の形について、先に 1 つ注意しておく。ここでは単純な対数尤度 $\log\{Pr[\text{データ}\,|L(\mathrm{M})]\}$ によって公式が簡略化して書かれているが、この尤度部分は正確には、$L(\mathrm{M})$ の分布を表す関数を $p(x)$ とすれば、$\sum_{i=1}^{n} \log p(x_i|\hat{\theta})$ で表される（いま n 個のデータを $\boldsymbol{x} = (x_1, x_2, \cdots, x_n)$ として、それぞれの x の値を n 個の確率変数 $X_1, \cdots, X_n$ の実現値とし、さらに $L(\mathrm{M})$ がそのままこの曲線による分布を表す密度関数と見なせば、公式前半の対数尤度部分を $\log\{Pr[\boldsymbol{x}|L(\mathrm{M})]\}$ と表現できる）。なお、通常 AIC はここで書かれている形とは正負の符号が逆になる。ここで符号を逆にしている理由、ならびに AIC の基本的な導出方法については、原註 41) と訳註 [51] を参照のこと。

比較という仕事に取り組もうとするもくろみであって、モデルの受け入れや棄却に関わるものではない（Sakamoto et al.: 1986, 84)[41]。

　LIN と PAR の AIC スコアはどう比較されるのだろうか。PAR は、AIC スコアの最初の項については LIN よりも高い値をもつことになる。つまり、$L(PAR)$ がより高い値をもち、それゆえ対数尤度もこちらが高い。しかし、PAR は調整可能なパラメータを LIN より1つ多くもっている。この点で、PAR は LIN より劣る。どちらのモデルも1つのよい知らせと、1つの悪い知らせをもつことになる。2つのモデルの AIC スコアは、データの種類によって左右される。可能なデータ集合のうち、LIN のスコアがよいものもあれば、PAR のスコアがよいものもあろう。問題は、LIN から PAR に変わることによって単純性が失われるとき、果たしてその損失分を補うほど、データが十分に直線性から外れているかどうかである。AIC は、データへの適合と単純性との適切なトレードオフ（兼ね合い）について、その判断のための根拠を一定の原則により与えるものである。

　赤池の定理には、答えるべき3つの問いがある。「不偏」とは何を意味するのか。赤池の定理は AIC とどんな関係にあるのか。そして最後に、定理が導かれた前提とはどのようなものか、である。

　風呂場の体重計は、もしあなたが何度もそれで体重を計り、その平均があなたの本当の体重であるならば、あなたの体重の不偏推定値（unbiased estimate）を与える。この仮想的なテストの実施においては、あなたの本当の体重が変わらないことを前提にしている。不偏な推定方法（unbiased estimator, 不偏推定量）は真の値をその中心とするものである。すなわち、あなたの本当の体重が x なら、体重計の表示の期待値は x である。しかし、不偏な（偏りが

---

[41] 私はここで、AIC を予測の正確性の尺度として表した。したがって、スコアのより大きなモデルが、より小さなモデルよりもよいことになる。しかし読者に注意してほしいのだが、通常 AIC は新しいデータからの距離の期待値を表すものとして表され、その場合は、スコアが小さい方がよいモデルになる [51]。

ない)体重計は、場合によっては高すぎる推定値を示すかもしれないし、低すぎる推定値を示すかもしれない。異なる推定値の間に、平均してどれくらいの変動(変動の平方)があるかということを、推定方法(推定量)における**分散**と呼ぶ。分散が大きい体重計であれば、その表示が真の値に近い確率は非常に小さいことがある[42]。最もよい体重計というのは、偏りがなく、かつ分散が小さいものであろう。けれどもこの2つの価値のうち、どちらかをより重視することを選ばなければならないとしたらどうだろうか。一方の体重計は全く偏りはないが分散が大きく、もう一方の体重計は、若干偏りがあるが分散は小さいとする。この2者の選択では、前者より後者が選ばれるということが想像に難くない。後者の体重計は、表示が高すぎる傾向もしくは低すぎる傾向があるが(そのいずれであるかをあなたは知らない)、これが〔たとえばその分布の中心から〕50グラム以上外れることはめったにない。この体重計は、もう一方の体重計、すなわち真の体重を中心とするが、5キログラムも重すぎたり軽すぎたりしがちな体重計よりも、すぐれた体重計だと言えそうである。この考察を通じて、次のことが示唆される。すなわちAICに望むべきことは、それが不偏な推定方法であるだけでなく、分散が最小でもあるような推定方法であること、もしくは使用されうる他の推定方法よりも分散が小さいことである。赤池の定理は、こうした問いかけには必ずしも答えていない〔AICは、真の分布と、データをもとに最尤推定された曲線の分布とのカルバック=ライブラー距離(平均対数尤度の $-\frac{1}{n}$ 倍)の不偏推定量を与える(訳註[51]参照)〕。坂元らはAIC推定値の分散の特徴について述べているが(Sakamoto et al.: 1986, 76-80)、このテーマについては今後さらに知識が深められる必要がある[*33]。いずれにせよ、不偏性と分散に関するこのような問いが、頻度主義的な枠組

---

[42] たとえば図2の3つの曲線が、78ポンドの対象物を異なる3つの不偏な体重計に置いた際、表示されうる重さを表していると考えてもらいたい。

[*33] 最近の動向としては、たとえば、小西・北川 (2004)「5. ブートストラップ情報量規準」における数値的アプローチとしての分散減少法などを参照のこと。

みの中でなされていることに注意してほしい〔すなわち AIC は頻度主義に分類される（詳しくは本節の最後で述べられる）〕。私たちは、〔前節までに述べた頻度主義と同じく〕汎用的方針の「動作特性（検査特性）」について、すなわちここでは、AIC を用いてモデルの予測正確性を推定するときの動作特性について論じているのである。したがって、たとえ AIC が不偏で分散が小さいという条件を満たすとしても、あなたの圧力鍋のデータに関して LIN が PAR よりスコアがよい場合に、LIN の方が予測において正確であることは**確からしい**（確率が高い）、という結論が伴われるわけではない。もしこうした事後確率を使うのであれば、事前確率が必要となる。しかし、これは頻度主義者〔である AIC 論者〕にとってはどうでもよいことである。

　次に、赤池が自身の定理の証明で用いた仮定について、見てみることにしよう。赤池の証明は、数学的統計においてよく用いられる「正規性の仮定」を用いている。この仮定のおよその意味は、「モデルにおいて推定する必要があるパラメータは、いずれも、その推定値を繰り返し得たなら正規分布をなす」ということである〔ランダムなデータの集合（真の分布）に対して決まるパラメータの各最尤推定値が、最適パラメータ（真の分布に最も近い）を中心とした正規分布に次第に近づくということ（漸近正規）〕。第 2 に、「既存データも新しいデータも、背後にある同じ実在から得られた」という仮定が用いられている。つまり、あなたが圧力鍋についてデータを集め、これから確認される新しいデータによって、LIN と PAR のいずれの予測が正確かを判断する際には、「圧力鍋を支配する、真の、しかしまだ形のわかっていない法則が、かつて観察を行った場合にも、またこれから新しい観察を行う場合でも、変わることなく成立する」と仮定するのである。温度と圧力は、すべてのデータを通じ、同じ仕方で互いに結びつかなければならない〔「真の分布」ないし「真のモデル」の存在の仮定〕。この他にもう 1 つ、定理の証明に用いられる第 3 の仮定がある。あなたがこれまでに集めたデータは、様々な温度の値を調べることによって得られたものである。そして、それら温度の値は何らかの抽出手続きによって決まったはずで、

おそらくは、ある一定範囲の値からランダムに選ばれたものであろう。赤池の定理は、新しいデータも前のデータも、同じ温度の値の分布から取り出されると仮定する。したがって、X と Y の関係はデータ集合全体を通じて同じであるとされ、X の値の分布も同様とされる〔これは、データから得られた最尤推定値を用いつつ、再びそのデータをもとに予測正確性を見積もるという AIC の基本的な構造に由来する〕。以上 3 つを合わせると、結局、赤池の証明ではヒューム的な**自然の斉一性の仮定**と呼ばれる仮定が前提されていたことがわかる（Forster & Sober: 1994）[52]。

いま挙げたうちの最後の仮定により、赤池の定理と情報量規準は、外挿に関する推論問題には適用できないことになる。つまり、あなたの得るサンプルがある一定の範囲の温度であって、しかもあなたがこの範囲の外で成り立つことについて予測をしたいというときには、赤池の規準を適用できないということである（Forster: 2000; 2001）。この点について理解するには、AIC が「除外数 1 の交差検定（take-one-out cross-validation）」と呼ばれる別のモデル選択手法〔leave-one-out cross-validation, LOOCV とも呼ばれる〕と漸近的に等しい*[34]という事実に注目するのがよいであろう（Stone: 1977）。交差検定は、単純性についてはとりたてて何も言わない。このテストの方法としては、たとえば LIN のようなモデルをテストする際には、サンプル中の n 個のデータ点のうちの 1 つを除けておき、残りの $n-1$ 個のデータ点に LIN を適合させて、その後、除けておいたデータ点が $L(\text{LIN})$ によってどれくらいうまく予測されているかを見るのである。この同じ手続きが、他のすべてのデータ点に対して繰り返し適用される。そして、これら n 回の試行を通し、そのモデルの平均的成績を算出する。これが LIN の交差検定のスコアである。同じことが他のモデルに対しても行われ、異なるモデルのスコアが相互に比較

---

*[34]「漸近的に等しい」とは、2 つの関数において、変数を大きくしていくと、その 2 つの関数が実質的に等しくなるということを意味する。つまり、2 つの関数を $f(x), g(x)$ で表せば、$\lim_{x \to \infty} \frac{g(x)}{f(x)}$ が存在し、この値が 1 に等しいということ。

される。交差検定は、データを訓練事例（検量事例）と予測事例（テスト事例）に分けることでモデルの成績を測定しようとするもので、データの種類を問わない一般的手続きである。いま述べたテストの適用は、n 個のデータを、訓練用の $n-1$ 個と予測用の 1 個のデータに分けるものであった。これは、「除外数 1 の（take-one-out）交差検定」と呼ばれている [53]。交差検定の枠組みの中では、この方法以外に、除外数 2 の方法、除外数 3 の方法など、取り除いておく個数を変えることが可能である。このとき、あるモデルを他のモデルと比較した場合に、除外数 1 のテストではスコアがよいが、除外数 10 のテストでは結果がその逆になる、といったことが起こりうる。AIC が、後者のテストではなく前者のテストと等価であるということは肝心な点である。AIC はあくまで、ある 1 つの種類の予測問題に対して回答するものである。しかし予測問題には、それとは違う種類のものもある [54]。

次に私たちの興味を引くのは、データ集合の大きさが増したときに、AIC による LIN, PAR の比較がどう変化するかということだ。モデルの AIC スコアには 2 つの量が影響を与えるが、データの数が増えていくときにはそのうち 1 つの値のみが変わる。この点について考えてみよう。$L(\text{LIN})$ と $L(\text{PAR})$ の対数尤度は、どちらも、データ数が増えるにつれて小さくなる〔赤池の「公式」に従えば、そうである。ただしこれをデータ数 n で割って「1 データ当たり」で考えれば必ずしも対数尤度は小さくならない〕。しかし、それぞれのモデルの調整可能なパラメータ数は、当然ながら同じままである。AIC の定義から、次の場合に限って、AIC(LIN) > AIC(PAR) であることがわかる。

$$\log\{Pr[\text{データ} |L(\text{LIN})]\} - \log\{Pr[\text{データ} |L(\text{PAR})]\} > -1$$

不等式の右辺が "−1" なのは、PAR が LIN より調整可能なパラメータが 1 つ多いことによる。したがって、私たちが知りたいのは次が成り立つかどうかということだ。

$$\log\left\{\frac{Pr[\text{データ} |L(\text{LIN})]}{Pr[\text{データ} |L(\text{PAR})]}\right\} > -1$$

そして（対数の底は $e \approx 2.72$ なので）、これは次の場合に限り、真である。

$$\frac{Pr[\text{データ}\,|L(\text{LIN})]}{Pr[\text{データ}\,|L(\text{PAR})]} > \frac{1}{2.72} \approx 0.37 \quad \textbf{(A)}$$

この不等式は、LIN が 2 つの AIC スコアのうち、より高いスコアになるための条件を示している。これは、データ集合のサイズが小さいときや、中程度であるときには成り立つだろう。しかし、十分大きなデータ集合であれば、この不等式は必ず偽となる。PAR のスコアが必ずよくなるのである[43]。

これは AIC の理にかなった特徴の 1 つである。PAR に対する LIN の単純性によって、あるサンプルの大きさまでは、$L(\text{LIN})$ の尤度の低さは埋め合わせができるが、やがてそれはできなくなる。あなたは、たとえデータ中にわずかに放物線的な湾曲があるとしても、サンプルの大きさが小さい場合にはこれを無視したいと思うかもしれない。しかし、多くのデータを得た後も依然としてこの湾曲があるなら、これを無視することは思慮に欠けているだろう。モデル評価において単純性が与える影響度は、サンプルの大きさによって決められるべきである。AIC が扱おうとする予測問題では、既存のデータ集合を使い、それとほぼ同じ大きさの新しいデータ集合について予測するということを必然的に伴う。もし現在の手持ちデータで PAR より LIN の方がスコアがよくても、それよりずっと大きなデータ集合に関して LIN のスコアがよいということにはならない。

すでに見たように、尤度比検定（§6）もまた LIN や PAR のようなモデルに適用できる。ここで、この検定と AIC の違いを見ておくことは有益なこと

---

[43] §3 で、証言が一致した 2 人の証言者について述べたことを思い出してもらいたい。その議論では、証言が、報告された命題を条件として互いに独立であるということが重要であった。同様にいまの文脈でも、それぞれのデータは $L(\text{LIN})$ を条件として、また $L(\text{PAR})$ を条件として互いに独立である。もし少数の、互いに独立で信頼できる証言者がすべて、P が真であると言うならば、$\neg P$ に対する P の尤度がある閾値を超えるかどうかは、必ずしもわからない。しかし、どのような閾値を設定しようと、同じ証言をする証言者が十分たくさんいれば、尤度比は必ずその閾値を超える。同様に、データ集合が十分大きいときには、$L(\text{PAR})$ の対数尤度は、命題 (A) で示されたものを含めてどんな閾値を設定しようと、$L(\text{LIN})$ の対数尤度を超える [55]。

だ。まず第1に、尤度比検定は、帰無仮説が棄却されるべきかどうかについて助言を与えるものである。したがって尤度比検定では、「帰無仮説を棄却する上で、2つの適合モデルの尤度比がどれくらい小さくなければならないか」について、恣意的な判断が必要となる。一方、AICが助言を与えるのは「モデルの受け入れや棄却」についてではなく、「モデルの比較」についてである。さらにAICが比較するのは「予測の正確性に関する推定値」であって、「どちらがより真に近いか」ではない。第2に、尤度比検定ではその数学的な構造から、テストできるのは入れ子構造のモデルに対してだけとなるが〔§5, 訳註[39] 参照〕、そこでは「LIN が PAR を含意するとき、LIN を受け入れて PAR を棄却することは何を意味するのか」ということが問題となった。一方 AIC は、その背景にある数学により、入れ子型モデルにも、非入れ子型モデルにも等しく適用することができる[56]。第3に、尤度比検定は全証拠の原則に反する。この検定ではデータの1つ1つの値は見ず、それらのデータ点が一定の領域にあるかどうかという、論理的に弱い記述だけに注目する。これに対しAICの方は、全証拠の原則を的確に守っている。

同定可能性

AIC はモデルが複雑であることに対してペナルティを科すが、あまりに複雑なために AIC の適用すらできないモデルがある。といってもそれは、たとえば 23,453,450,965 個以上のパラメータをもつモデルは原則として適用の範囲外である、ということではない。そうではなく、私が考えている限界というのは、手元にある観察されたデータ数によって生じるものである。いまあるデータ点よりも多くのパラメータをもつモデルは、（一般的に）**同定可能 (identifiable) ではない**〔それがどのような形かを指定することができない〕。同定できないということは、モデルがもつパラメータの**一意的な**最尤推定値などは

存在しないことを意味する。このように1つのものが選び出せないというのは、データ集合が十分小さければ、単純なモデルでも起こることである。もはや本書ではおなじみの例、LIN について考えよう。これは間違いなく単純なモデルである。いま、あなたのデータ集合がたった1つのデータ点からなるとしよう。正確にこの点を通るような直線は無数にある。そしてどの直線も、それ以上よい値はとれない尤度をもつ。この場合、LIN の予測正確性について語ることには意味があるのだろうか。モデル選択の手順に従えば、まずこの1つのデータにモデルを適合させ、そしてその「一意的に決まった」適合モデルを使い、新たなデータ点を含む他のデータ集合を予測することになる。しかし、この場合、「一意的な」適合モデルなどは存在しない。したがって、AIC は適用さえできないのである。

ただ1つの観察しかないデータ集合、などと言うと冗談のように聞こえるかもしれない。しかし、この同定可能性についての論点は、科学者が実際に用いるような非常に大きなデータ集合に対しても当てはまる。AIC は、同定できないモデルには適用することができない。このことは、私たちが評価できる理論の種類がデータによって制限を受けることを意味する。対照的にベイズ主義は、このようなモデルに対しても事前確率や尤度の割り当てを禁じない。主観的ベイズ主義者にとっては、こうした数値はいつでも問題なく割り当てられるものである。ウィトゲンシュタインは『論理哲学論考』の最後の1行でこう述べた。語りえないものについては、人は沈黙しなければならない。AIC は、ある種のウィトゲンシュタイン的慎重さを具体的に表している。ベイズ主義の方が、これより大胆である。

AIC は統計学的一致性をもたないか

　私は少し前のところで、推定方法は、その不偏性と分散によって評価することができると述べた。ここでもう1つ、推定方法に関して価値がありそうな、あるいは必要だとさえ思われる第3の性質について考えてみたい。それは、**統計学的一致性** (statistical consistency) という性質である。これを**論理的整合性（無矛盾性）**と混同しないようにしてもらいたい。推定方法が「統計学的一致性をもつ」と言われるのは、データが次々に加えられていくときに、パラメータの推定値がその真の値に収束する場合である。たとえば、コインを投げて表が出る確率を推定したいとする。このとき、推定値として「コイン投げのサンプルにおける表の頻度」を使うという方針は、統計学的一致性をもつ（この点は、§2 において、ライヘンバッハのストレート規則との関係ですでに論じた）。これは最尤推定法である。この手続きを用いることで、推定値はコイン投げの回数が増えるにつれて、表が出る真の確率に収束する〔これが、狭い意味の「頻度主義」における基本テーゼである〕。では AIC は、データの大きさが増すときに、モデルの予測正確性に関する真の値に収束するだろうか。つまり、1つのモデルが他のモデルよりも予測の正確性が実際によい場合、データ集合のサイズが際限なく大きくなるときに、AIC はこの前者のモデルに、より高いスコアを与え続けると言えるのだろうか。

　AIC の一致性に関する問いは、これまでしばしば誤って理解されてきた。問われるべきは、AIC が真のモデルに収束するかどうかではない。AIC はどのモデルが真かを評価するための仕組みではなく、モデルの予測正確性を推定するものである（Forster: 2001）。すでに述べたとおり、AIC を使い、すべて理想化が含まれた一連のモデル、つまりすべて偽であることが最初からわかっているモデルを評価することは、全く妥当である。また、モデルが入れ子構造になっているときには、そのどれかが真であれば、最も複雑なモデルが

真となることもあらかじめわかる。この事実を確かめるのには、データやモデル選択規準を使う必要はない。ときに AIC をめぐる一致性の問題は、「調整可能なパラメータ数が最小となるような真のモデルに、AIC が収束するかどうか」という問題だと受け取られてきた。それゆえ、もし LIN と PAR がともに真ならば、AIC に課された仕事は、データが際限なく大きくなったときに、その解が LIN に収束することだと受け取られたのである。これが AIC の課題ではないことは、すでに指摘したとおりである。もしモデルが入れ子構造であると考えられるなら、データ集合がますます大きくなれば、結局、最も複雑なモデルが一番よい AIC スコアを得ることになる。これは AIC の欠陥ではない。この複雑なモデルこそ、十分大きなデータ集合に対して**確かに**、最大の予測正確性をもつモデルなのである。そうした意味において、AIC は一番よいモデルへ収束することに成功している。しかし AIC において重要なことは、桁外れの、あるいは無限のデータ集合に対する予測の最も正確なモデルを確かめることではない。AIC が取り上げるのは、有限な手持ちのデータをどう処理するかという問題である。もしあなたが圧力鍋について圧力と温度を 200 回観察したとすれば、その場合に追求すべきことは、さらに 200 回観察したときに、どのモデルの予測が最もすぐれているかを推定することである。これは、既存のデータと新しいデータに 2,000,000,000,000,000 回の観察が含まれていて、そのときに最もよいモデルを推定することとは問題が違う（Burnham & Anderson: 2002, 298）。

　データ集合が大きくなるときに、「AIC は考察されるモデルの中で最もよい予測正確性をもつものに収束すべきだ」とする要求は、あなたがどんどん太り続けていくときに、風呂場の体重計があなたの真の体重に収束すべきだ、という要求と少し似たところがある [35]。この場合、計量の対象が同じ状態で

---

[35] あなたが太り続けるなら、収束する「真の体重」はない（これを計測せよというのは無意味な要求である）。AIC は、一定範囲内のサンプルに適用される（つまり外挿問題に用いられない）ことで予測正確性を見積もろうとする。したがって、範囲を次々に拡大して「真の値に収束せよ」という要求は、

なく変化しているので、体重計は1つの値に収束しえない。むしろ、「体重計の表示はあなたの真の体重を中心としたものであるべきだ」と要求する方がより意味があるだろう。つまり、こう問うべきである。もしあなたが、重さの固定された1つの対象の重さを何度も計るなら、計量回数が増すにつれて、その計量結果の平均は対象の真の重さへと収束するだろうかと。こうした収束こそ、偏りのない体重計がなすことである。AICを用いて繰り返しデータ集合の「重さ」を計ることは、これと同じことをしていることになる。なぜなら、AICは〔モデルのパラメータの最尤推定値を繰り返し得ることで、この分布が最適パラメータを中心とする正規分布に近づくので〕不偏な推定値を得る方法だからである。

ベイズ主義のモデル選択

AICが統計学的に不整合であるという批判は、「シュワルツ（Schwarz: 1978）由来のベイズ情報量規準（BIC）の方がすぐれている」という主張の中で、しばしば唱えられてきた。BICは確かに、もし、いま考えているモデルの中に真であるモデルが含まれていれば、真かつ最も小さい〔パラメータ数が最小限の〕モデルに収束する。しかし、もし考察されている競合モデルがすべての場合を尽くしていないとすれば、なぜこの意味での整合性〔つまり「一致性」〕に価値があるとすべきなのかがさらに問われる。このような場合、モデルのうちのいずれかが真であるという保証は全くない。また、もしモデルが入れ子状になっているのであれば、モデルのいずれかが真のときに、最も大きなモデルが真であることは前もって知られている。いったいなぜ、**ある1つの真なるモデル**ではなく、とにかく**最小のモデル**に収束することが重要なのだろうか。

AICにとってはそもそも無意味な要求である。

もし前者を得ようとするのであれば、(モデルのうちの 1 つが真であれば) それをするのは容易く、これを行う上でモデル選択規準は全く必要ない。後者の仕事がより難しいからと言って、それが価値のあることだという説明にはならない。

この、一致性の問題に論理的に先立つものとして、BIC と AIC の相違に関する一層根本的な問題がある。すでに述べたように、AIC の目的は、予測正確性の期待値について、異なるモデル間で比較をすることである。一方 BIC の目的は、予測正確性とは全く関係がない。このモデル選択規準は、複合モデルの平均尤度を見積もるというベイズ主義的な目的をもつ。たとえば LIN は異なる直線の無数の選言であり、それぞれの直線が手元のデータに対してそれ自身の確率を与える。私たちは前に、LIN の尤度はこれら異なる直線の加重平均でなければならない、との考え方を見た〔§5, 後半の議論〕。その場合の重み付けの項は、$Pr(L_i|LIN)$ という形であった。BIC は $Pr(データ|LIN)$ を推定しようとするので、これら重み付けの項がどんな値をもつかについて何らかの仮定をしなければならない。ベイズ主義の考え方にそれほど肩入れしていない人たちは、この重み付けを何らかの客観性で基礎付けることは無理だとあきらめて、そうした理由で BIC には懐疑的である。このような重み付けの値に言及する以上、BIC にはその値を導く妥当な方法がなければならないが、重み付けの項は BIC の最終的な形には現れない。最終的な形とは、シュワルツが平均尤度を出すために導いた次の規準である (Schwarz: 1978)。

ベイズ情報量規準: モデル M の尤度
$$\approx \log\{Pr[データ|L(M)]\} - k[\log(n)]/2$$

ここで、k はモデルの調整可能なパラメータ数であり、n はデータ数である〔AIC の場合と同じく、ここでも符号は通常と逆の形で書かれている〕。BIC は AIC よりも複雑性に対して大きなペナルティを科す。また BIC の第 2 項は、サンプルの大きさが増すにつれて大きくなることにも注意してほしい。シュワルツ

はBICを導く際、考察されるモデルがみな同じ事前確率をもつと仮定した。この仮定があれば、情報量規準は平均尤度を算出するだけでなく、事後確率もまた算出することができる。

　BICには、競合するモデルの中で、最も事後確率が高いものを選ぶという考え方があるので、BICはしばしば入れ子構造のモデルに対しても適用される。しかしすでに述べたように、LINがPARを含意するのであれば、データの中身がどうであろうとLINがPARより確からしくなることはありえない。モデルが入れ子構造の場合、どのモデルの事前確率が最も高く、事後確率が最も高いかはアプリオリに知ることができる。これを割り出すためにデータを参照する必要もなければ、モデル選択規準を持ち出す必要もない。もしデータを参照して、LINがPARより高い事後確率をもつということがBICの規準から導かれたなら、ベイズ規準は単純に間違いを犯したのであり、この証拠は破棄すべきである。もっともこの問題は、BICの適用を非入れ子型モデルに限定することによって避けることができる。

　BICは平均尤度と事後確率を推定するための方法として導かれたものだが、さらにこれが、予測正確性の推定方法としてどれくらいうまく働くのかを問うことができる。私たちは赤池の定理から、AICが不偏推定量であることを知っている。BICはAICと定数部分が異なるので、BICは予測正確性の推定方法としては不偏推定量ではないことになる。さらにもう1つ、BICの欠点が続く。BICの予測正確性の推定値は、AICの場合よりも算出される2乗誤差の期待値が大きいのである (Forster & Sober: 2011)[57]。

　AICとBICの論争はまず第1に、予測の正確性を推定するのか、平均尤度を推定するのかという、目的の選択をめぐる論争として理解される必要がある。目的が設定されてはじめて、その目的を達成するにはどちらの規準がよりよいかという問いを立てることができる。

下位グループの問題

　具体的な1つの曲線は、調整可能なパラメータを含んでいないので、多くのモデルの要素となる。たとえば、"$y = 3 + 4x$" は LIN の要素であるが、PAR やそれ以外の多くのモデルの要素でもある。こうした条件の下、1つの具体的な曲線の AIC スコアはどのように計算されるのだろうか。その対数尤度〔AIC の第1項〕は一意的に決まることになるが、複雑性の程度〔第2項〕に関してはどんなペナルティを科せばよいのだろうか。その曲線をある1つのモデルの要素と見るならば、そのモデルのペナルティ項を当てはめればよい。しかし別のモデルの要素と見れば、また違うペナルティ項を適用することになる。これが下位グループ（subfamily）問題である（Forster & Sober: 1994 で、私はこの問題をそう名付けた）[58]。

　この問題の解決に一歩近づくには、次のことを認識する必要がある。AIC は**モデル**に適用されるのであって、1つの曲線が「本当は」どのモデルに属すかなどということを、AIC が示す必要はない。モデルの予測正確性とは、そのモデルを既存の複数のデータ集合に適合させて新しいデータの予測を行う際の、平均的な成績のことである。たとえ、手元の（同一直線上にある）データによって、たまたま $L(\text{LIN})$ と $L(\text{PAR})$ が同一の曲線になったとしても、LIN と PAR が予測正確性において異なる、と述べることは何ら矛盾ではない。AIC は**1つずつの曲線**にも適用可能であるが、これはそうした個々の曲線がモデルの局限的な事例と見なせるからである。個々の曲線は、調整可能なパラメータ数がゼロのモデルである。1つの曲線の AIC スコアは複雑性のペナルティがゼロなので、単にその対数尤度だけで表されることになる。したがって、たとえば "$y = 3 + 4x$" の方が "$y = 3 + 4x + 0.001x^2$" よりも尤度が低く、その結果 AIC スコアが低いということがあっても、この2つの曲線がそれぞれ LIN と PAR の適合モデルである場合に〔「適合モデル」とは、デー

タ集合が与えられたときに、パラメータ最尤推定値によって決まる曲線、すなわち $L(\text{LIN})$ や $L(\text{PAR})$ を指す〕、LIN の方が PAR よりも AIC スコアが高くなる可能性がある〔つまり、第 2 項による複雑性のペナルティが効いてくる〕。この 2 つの個別曲線は〔局限的なモデルとして〕それぞれ自分の AIC スコアをもち、LIN は第 3 の、また PAR は第 4 の AIC スコアをもつのである。

　いま述べた点は、AIC が自己矛盾の罪を犯していない〔同じ曲線が 2 つの異なる AIC に結びつくからといって矛盾するわけではない〕（あるいは 1 つの曲線がどのモデルに「本当に」属すかを、恣意的に決めるという罪を犯していない）ことを示すものだが、これにより、まだ答えられていない問題が残る。それは、いったい私たちは、予測を行うのに AIC をどのように**使うべきか**、という問題である。これは、全証拠の原則（§3）との関係で以前に論じたときと同じ言葉の意味で、**実用主義的**（pragmatic）問題である〔ある目的や動機に対して役立つかどうかで判断すべき問題である〕。私たちは AIC を $L(\text{LIN})$ と $L(\text{PAR})$ という 2 つの曲線に適用し〔つまり、はじめは LIN と PAR を比較するが、それぞれ最適な曲線である $L(\text{LIN})$ と $L(\text{PAR})$ が見つかれば、それらを新たに「モデル」と見なして AIC スコアを比較するということ〕、その結果、後者を私たちの予測に使うべきだろうか。それとも、AIC を LIN と PAR に適用し、どちらのモデルがよりよいかをデータに照らして決めるべきだろうか。具体的な個々の曲線だけを焦点とすれば、私たちはいつも最も大きいモデル由来の曲線を選ぶことになる。AIC を使うことの動機は、正確な予測をするモデルを見つけ出すことにある。AIC を適合モデルにだけ適用すれば、〔より複雑なモデルが予測に優れているとは限らないことは、経験的に明らかなので〕せっかくの情報量規準をこの目的の達成に役立てることができない。しかし、AIC をこのような形で用いないもう 1 つ別の理由がある。AIC は、それが LIN や PAR に適用されようと、$L(\text{LIN})$ や $L(\text{PAR})$ に適用されようと、あるいは 4 つすべてに適用されようと、それには関係なく予測正確性の不偏推定値を与えるものである〔$L(\text{LIN})$ や $L(\text{PAR})$ はパラメータが固定されるので、パラメータが最適パラメータを中心とした正規分布に次第に

近づくことはありえないが、この曲線を使って AIC スコアをとり続ければ〔実は、その値は大きくバラつくが〕「AIC の期待値」は、もとのモデルの期待値と同じで、最適分布の期待値となる〕。L(LIN) と L(PAR) のスコアを計算するのではなく LIN と PAR の方を計算する理由の 1 つは、小さいモデル〔下位モデル〕に AIC が適用されるほど分散が大きくなるためである[59] (Escoto: 2004)。AIC を適合モデルだけに適用すると、予測正確性に関して、より不正確な推定値を与えがちになる。

実用的(実際的)使用に関わるこの問題には、また別の次元の話がある。AIC が「比較」に関する原則であって「受け入れ」の原則ではないという点に鑑みるなら、AIC スコアの一番よいモデルだけを使って、考察される残りすべてのモデルを無視して予測を行うことは誤りとなる。結局 AIC は、誤りを甘んじて受け入れる推定方法である〔期待値に対して、ある程度のバラツキを許す〕。これはすなわち、予測が**モデルの平均化**によってなされるべきであることを示唆する (Burnham & Anderson: 2002)。もしあなたが、圧力鍋をある温度に設定したときの圧力を予測したいなら、あなたは、AIC スコアが最もよいモデルの予測結果を考慮し、また 2 番目によいモデルの予測を考慮し、というようにすべてのモデルを考慮すべきである。**AIC の重み付け**を使えば、これら異なる予測を平均化することができる。このとき、AIC スコアがよいモデルの予測に対し、より大きな重みが与えられることになる[60]。

AIC の適用範囲

私は、AIC とは要するに何かを説明しようとして、LIN と PAR のモデルを使ってきた。しかしこのことで、AIC が単に「カーブフィッティング(曲線のあてはめ)問題」とだけ関わるとは受け取らないでほしい。哲学者はときに、カーブフィッティング問題を軽んじる。そのような問題は、単に考察さ

れている様々な仮説を使って、観察量の間に成り立つパターンを確認するだけの、ある種の単純な帰納的推論に過ぎないと見なすのである。しかしAICを含むモデル選択規準の適用は、そのような問題にだけ限定されるものではない。これらの規準は、ある1つの結果が複数の入力変数の値に左右されるような、**因果モデル**に対しても適用される。私たちは第3章と第4章〔ともに原著不訳出〕で、モデル選択の考え方が進化生物学の問題にどのように適用されるかを見る。

　私はAIC対BICの論争について、その主な要因は、それらがそもそも異なる量に関する推定方法であるにもかかわらず、これを見落としている点にあると述べた。しかし一方で、「予測正確性の推定」という同じ目的をもちつつも、互いに異なるモデル選択規準が確かに存在する。たとえば、評価されるモデルで、観察数に比べてパラメータ数が多い場合に特に有効となるような、杉浦の変型AICがある（Sugiura: 1978）。これはAIC_cと呼ばれ、AICよりもモデルの複雑性に大きなペナルティを科す[44]。これ以外に、竹内情報量規準（TIC）というものもある（Takeuchi: 1976）[*36]。これらの規準はすべて、モデルの中で最適合なものの尤度を計算し、複雑性に関するペナルティを科す。それぞれ違うのはペナルティ項に関してである。私は少し前に、AICが除外数1の交差検定と等価だと述べた。このことから、除外数が2以上の交差検定はどのような統計学的特性をもつのかという問いが生じ、またこうした方法が、異なる推論の問題ではどんな役に立つのかという問いが生じる（Forster: 2006; 2007）。さらにまた、目的が内挿ではなく外挿である場合、どんなモデル選択規準が最も適切なのか、という問いも生じる。このように問

---

[44] バーナムとアンダーソンは、ちょうど$n/k < 40$となるときにAIC_cを使うことを推奨している（Burnham & Anderson: 2002, 50）。ここでnは観察数、kは評価されるモデルのうち最大のモデルのパラメータ数を指す。

[*36] TICの補正項はAICの補正項をより精密に評価したもので、真の分布が与えられている場合には、より正確な近似値を与える。TICからAICを導くことができる（北川: 2007）。

題と解答が多様な中で、私が驚きに思うのは、それらに共有されているものがある、ということである。これこそ、赤池の概念的枠組みに他ならない[*37)]。こうした他のすべての方法が、この赤池の枠組みの中で理解されるべきものである。私たちが知りたいのは、モデルを既存のデータに適合させたとき、そのモデルがいかに正確に新しいデータを予測するかである。これにはモデルの既存データへの適合度合いが関係するが、モデルの複雑性（モデルに含まれる調整可能なパラメータ）もまた関係する。赤池の枠組みは、科学者がなぜ、偽とわかっているモデルをわざわざテストするのかを理解する助けになる。もしも科学者の目的が「どのモデルが真なのか」を判断することなら、理想化されたものをテストする意味はほとんどない。予測の正確性は、これとはまた別の話であって、そこには独自の認識論がある。ベイズ主義、尤度主義、ネイマン-ピアソンの枠組みは、この種の問題に適用されるときには、それぞれ違った難点をもつ。赤池が着手したこのテーマは、こうした問題に新たな光を投げかけるものであり、また、今後さらに多くの光を与えることを約束するものである。

実在論と道具主義

　プロバスケットボールのファンならほとんど誰でも、選手がときどき「波に乗って（hot hands）」プレーすることがあると思うだろう。選手が波に乗っているとき、得点チャンスは増し、チームメイトはその選手にボールを回そうとする。ギロビッチらは、この広く信じられていることをテストするのに、全米プロバスケットボールリーグ（NBA）における得点パターンを統計的な

[*37)] 赤池が AIC を提案した後、同様に KL-情報量で予測分布を評価する、様々な情報量規準が提案されることを予言し、「AIC の A はその最初を意味する」と述べていたことを北川が伝えている（北川: 2007）。

分析にかけた（Gilovich et al.: 1985）。その結果、どの選手もシーズンを通した得点確率が一定である、というゼロ仮説は棄却することができないとの結論に達した。「波に乗る」という信念は、彼らに言わせれば「認知的錯誤」である[45]。しかしバスケット通たちは、この統計学的宣言に完全な不信感を示した。この論争を赤池の枠組みに当てはめてみると、より一層論争の意味が増すだろう。科学者は、ゼロ仮説が偽であることを認めるのに臆する必要はない。どの選手も得点確率が決して変動しない、などという考え方は、まさしくばかげている。しかし、たとえこのばかげた仮説が偽であるとしても、その仮説が新しいデータ〔たとえば次の試合での選手の得点〕をどれほど正確に予測するかを知ることは、意味があるかもしれない。バスケット選手に関する真実は、おそらく非常に複雑なものだろう。彼らの得点確率は、相互に作用する多くの要因に対して、彼らの反応が微妙に違えば、変わってしまうようなものである。そうだとしたら、選手とコーチたちは、単純化されたモデルを使うことで、よりよい予測ができる可能性がある。しかし、仮に「波に乗る」ということが実際にあるとしても、選手がいつ波に乗るかを予測しようとすることは、おそらく徒労に終わるだろう。

　これまで、「既存データに適合させたモデルは、新しいデータをどれだけ正確に予測するか」という評価の問題について述べてきたが、この問題は、哲学的に興味深い性質をもっている。偽であると知られているモデルは、ときに、真であると知られているモデルよりも、予測が正確である。おそらくもっと驚きなのは、私たちは、予測が正確だと期待すべきモデルがどれか**推定**できる場合があり、さらに、それを評価する方法によって、真のモデルよりむしろ偽のモデルが選ばれる場合がある、ということだ。赤池の枠組みは、このようにし

---

[45] ギロビッチらの分析に対するワードロープの懐疑的な見解も参照のこと（Wardrop: 1999）。ワードロープは、ギロビッチらが仮説をテストしたのは**相関**（選手が得点する確率が、その前のシュートで失敗している場合より成功している場合の方が高いのかどうか）についてであって、**変動のなさ**（選手の得点確率が、ある値から急に別の値に変化するというようなこと）を評価していないと論じている。

て、古い哲学に新しい息吹を吹き込むのである。**道具主義** (instrumentalism) というのは、科学的推論の目的を真なる理論の発見とはせず、予測の正確な理論を見つけることだとする見方である[46]。この見方と対立関係にあるのは、科学の目的が真なる理論の発見にあるとする**科学的実在論**である。

　実在論と道具主義の論争は、科学者たちに、彼らの目標が何かを調査したとしても解決できない。「何が真であるかを見つけることが目標だ」と答える科学者もいれば、「正確な予測をする理論を見つけることだ」と言う科学者もいるだろう。このような調査をすれば、全員が自分たち個人の目的を真面目に答えてくれるだろうが、その答えはここでの問題と関係がない。哲学的な論争に関わるのは、**科学的推論**によって何が達成されるかであり、**科学者**が何を望んでいるかではない。もし、科学で用いられる推論手続きによって、どの理論が真かを発見できるなら、そのときは実在論が正しいことになる。一方、もしこうした推論の手続きによって、どの理論が予測において最も正確か、ということだけが発見できるのであれば、その場合は道具主義が正しい。どちらの哲学的立場であろうと、科学者が様々な仮説を吟味するときに、それですべての仮説の可能性が尽くされていることなどまずありえない、ということを肝に銘じる必要がある (Stanford: 2006) [62]。科学者は、これまでに発展してきた理論を扱うのであって、誰も未来の科学者達が論じるであろう新しい理論を予見することはできない。科学者がいつの世でも、こうした事態に直面せざるをえないというのは厳然たる事実であり、そうすると、どんな場合であっても、科学者にできる最善のことは比較の判断だということになる。実在論が主張していることは、「科学的な推論の方法が示すのは、競合する仮説の中でどの仮説が最も『真理』の候補になるかだ」というように理

---

[46] 道具主義はときに、「科学的な理論は真でも偽でもなく、単に予測をするための道具である」という意味論的なテーゼとして述べられることもある。これに対する適切な返答はこうである。理論が真理値を欠くという理由はなく、認識論的なテーゼに古くさい言語哲学の荷を負わせる理由もない (Sober: 2002) [61]。

解すべきである。これに対し、道具主義が主張するのは、「科学に言えることは、競合仮説のどれが最も予測にすぐれていそうかということだけだ」ということである。

　道具主義と実在論はたいてい、**包括的**テーゼとしてその主張がなされる。どちらも、科学者が探求するすべての仮説に関する主張である。探求される仮説が、モデルか適合モデルかということは関係なく、また、仮説がどの科学的テーマの一部かということも関係ない。赤池の枠組みに従えば、このような包括的な問題の定式化は書き改める必要がある。赤池によって、一方では**モデル**の道具主義的哲学が成立する余地が与えられる。あるモデル (M_1) が他のモデル (M_2) より AIC スコアがよいという事実は、前者が後者より予測において正確だと考える根拠となる。これは M_1 が真であるとか、真である確率が高いとか、あるいは、真である候補としてより大きな裏付けを得ている、などと考える根拠ではない。しかし、2つのモデルにおける AIC スコアの違いには、**適合モデル**の「真理性」〔真理への近さ〕に関係した、もう1つ別の意味が含まれている。すなわち赤池の定理は、「モデル M の AIC スコアは適合モデル $L(M)$ の、真理〔真のモデル（あるいはモデルの中でこれに最も近い、「最適」パラメータによる曲線）〕への近さを示す不偏推定値である」というテーゼとしても定式化することが可能である [63]。

　ただし、ここでの近さは、カルバック–ライブラー距離によって測られるものである[47]。圧力鍋の例に関して言うと、温度と圧力の関係を示す、真ではあるがまだ知られていない曲線が存在する。個々の特定の曲線〔モデルから最尤推定をもとに得られる曲線〕は、その真なる曲線に対して、異なるカルバック–

---

[47] たとえば t が、ある離散確率変数の真の分布 $(p_1, p_2, \ldots, p_n)$ であり、c が候補となる分布 $(\pi_1, \pi_2, \ldots, \pi_n)$ であるとしよう。候補 c から真理 t へのカルバック–ライブラー距離 (KL distance) は、$I(t, c) = \sum p_i \log(p_i/\pi_j)$ で表される。ここで真の分布が対数比に重みを与えていることに注意してほしい。KL は「有向距離」である。(t が真である場合の) c から t への距離は、(c が真である場合の) t から c への距離と同じである必要はない。さらに詳しい議論は Burnham & Anderson: 1998 を参照のこと。

ライブラー距離をもつ。ここでモデルは真理に近い曲線を見つけるための道具であり、モデルはその目的をうまく前に進めるために相互に比較される[48]。したがって、赤池の枠組みは、ある種の混合哲学に妥当性を与えることになる。その枠組みの中では、モデルに対しては道具主義が成り立ち、適合モデルに対しては実在論が成り立つ（Sober: 2002）。偽であるモデル F と真であるモデル T をともにデータに適合させたとき、場合によっては $L(F)$ が $L(T)$ より真理に近くなる[64]。AIC ならびに他のモデル選択規準は、いつそのようなことが起こるのかについて手掛かりを与えようとするものである。

このように道具主義が限定的な形で存する〔限定的であれ認めざるをえない〕、ということに対して反論が出るとすれば、その反論の元になる 1 つの考え方は、「道具主義であれ実在論であれ、〔主張される以上は〕科学の**究極**の目的に関する主張と解すべきだ」ということだろう。この主張の上に、〔実在論の立場からは〕次のような反論がなされる。「おそらく、予測が正確なモデルを見つけるというのは、単に科学が、規模の大きな宣伝活動の場で展開する戦略の 1 つに過ぎない。実在論者であっても、もし正確な予測を与える理想化されたモデルがあり、そうしたモデルに価値があるなら、それを見つけることは有用だと認めるだろう。なぜなら、それらのモデルは真理に到達するための手助けとなるからである。つまり、予測正確性に有用性があるとしても、依然として真理こそが科学の究極的な目的である。」このような反論を擁護するには、「科学者は往々にして真なる理論を**見つけたがる**ものだ」という心理的事実を挙げるだけでは不十分である。必要なことは、科学的推論を行うことで、いかにして、「モデルの予測正確性」に関する評価が「理論の真理」に関する主張になるかを、説明することである。私はすでに、適合モデルが真理

---

[48] 「適合モデルを使って**新しい**データを予測することに興味がない場合でも、なぜ AIC 推定値に注意を向けるべきなのか」という問いに対しては、AIC とカルバック–ライブラー距離との関係を考えれば容易に答えが得られる。その場合には、カルバック–ライブラー距離を規準として得られる、真理に近い適合モデルを見つけることに、まだ関心があるということになろう。

により近い場合もあれば、より遠い場合もあると述べた。また、モデル M_1 が M_2 よりも予測にすぐれていることと、適合モデル $L(M_1)$ が $L(M_2)$ より真理に近いこととの間には、非常に密接な関係があることも述べた。上で述べた反論は、おそらく、「科学の本当の目的は適合モデルが真であると発見することであり、モデル自身はその目的に対する単なる手段に過ぎない」と言い換えられるだろう。繰り返すが、これは、何が多くの科学者の興味を引くかという心理学的主張としてならば、正しいかもしれず、正しくないかもしれない(もっとも、実際のところ科学者は、適合モデルよりもモデルの方に一層関心があるのだが)。けれども、科学者の心理に関してではなく、科学的推論に関する主張としてであれば、これをどう正当化することができるのだろうか。もし、正確な予測のモデルを見つけることと、真理に近い適合モデルを見つけることとが互いに相伴うならば、その場合、一方が他方よりも論理的に先立つとは認めがたい。この点について考えてみるならば、「モデルには道具主義、適合モデルには実在論」という混合テーゼが、包括的実在論、包括的道具主義のいずれよりも納得できるものにならないだろうか。

パラメータとは何か

AIC では、モデルの複雑性は予測正確性の推定に関係し、BIC では、それは平均尤度の推定と関係する。どちらも、パラメータ数を数えることによって複雑性を測定する。このことは重要な問題を提起する。モデルは**命題**であり、たまたまそれを表現するのに使われる言語の文とは区別される。「温度と圧力が直線的な関係にある」という命題は、英語という言語の一部ではないし、また日本語の一部でもない。けれどもモデルにおけるパラメータ数というのは、モデルがたまたまどのように記述されるかという、統語論的な特徴であるように見える。使う言語を変えてやれば、モデルに含まれるパラメー

タ数も変えられるように思われる。もしそうであれば、パラメータ数は、モデル自身の認識論的性質——予測の正確性や平均尤度——を確かめる上で、これとどのようにつながりがもてるのだろうか。

この疑問は、これまで用いてきた LIN と PAR の比較の例によって具体的に確かめることができる。私は、LIN には 2 つの、また PAR には 3 つのパラメータがそれぞれあると述べてきた（それぞれの誤差項などは無視している）。$y = mx + b$ の形をしたどんな直線も、一方の軸が傾き m の値を表し、他方の軸が y 切片 b の値を表すような、2 次元のパラメータ空間によって表すことができる。xy 平面上の直線は、まさしく、このパラメータ空間における順序対 $<m, b>$ である。19 世紀にゲオルク・カントールは、平面上の点の数が直線上の点の数と同じであることを発見した。これは、順序対から単一数への、1 対 1 の（単射の）写像関係があることを意味する。この種の写像の例は、**交互配置**（interleaving）によって与えられる。いま、m の取りうる値の範囲を 0 から 1 とし、b の値の範囲も同じ範囲とする平面を考えよう。この単位正方形における各点は、それぞれがもつ要素を、次のように小数展開した順序対として表すことができる。

$$m = 0.m_1 m_2 m_3 \ldots \quad b = 0.b_1 b_2 b_3 \ldots$$

各位の数を交互配置することによって、この順序対を単一数として表すことができる。

$$i = 0.m_1 b_1 m_2 b_2 m_3 b_3 \ldots$$

このとき、各 $<m, b>$ の対から単一数 i への関数が存在し、各 i の取りうる値から元の 1 つの対 $<m, b>$ への関数も存在することに注意しよう。そうすると、LIN において、いかなる意味で **2 つのパラメータ** (m と b) が存在することになるのだろうか。むしろ、パラメータはただ **1 つ**である（すなわち 1 つの数を表す i）と言えるのではないか。そして、LIN のパラメータがただ 1

つだけなら、PAR もまたそうである（対の場合と同様、3 つ組でも交互配置が可能である）。そうすると、2 つのモデルの複雑性の違いは、私たちが任意に選ぶ表記法による、人為的産物であるように思われる。

この問いは、**次元**の意味をどう記述するかが問題となっていた 19 世紀の数学では重要であった。平面が 2 次元であり、直線が 1 次元だという概念を表現するための、厳密で、言語によらない不変な方法はあるのだろうか。この問題は 20 世紀になってブラウワー（ブロウウェル Brouwer）によって解決された。ブラウワーは**位相的不変**という次元概念を取り出したのである（Courant & Robbins: 1959, 249-51; Dauben: 1994）。交互配置の考え方を使ってその概念を直観的に捉えてみたい。3 つの直線について考えよう（そのうち 1 つが真である）。それぞれの直線は、$<m,b>$ のパラメータ空間における座標で定義される。

$$\text{真の直線} = <1,1> \quad L_1 = <2,1> \quad L_2 = <1,3>$$

L_1 は L_2 よりも〔2 次元のパラメータ空間上で〕真理に近いことに注意しよう。この順序対を各々交互配置すると、次が得られる。

$$\text{I(真の直線)} = 11 \quad \text{I}(L_1) = 21 \quad \text{I}(L_2) = 13$$

このとき、I(L_2) が I(L_1) よりも I(真の直線) に〔1 次元のパラメータ空間（直線）上で〕近いことに注意してほしい。交互配置によって得られる写像は 1 対 1（単射）であるが、これは**距離保存的**ではない。この写像には、$<m,b>$ 空間において互いに近い点が、直線上においてもつねに互いに近い像をもつ、という性質は備わってはいない。位相的不変という概念には、距離保存的写像という概念と比べてもっと多くのことが含まれているのだが、この交互配置の例は、モデル選択理論において「パラメータとは何なのか」を理解する助けとなる。もしある空間が n 次元ならば、その空間から別の m 次元空間 $(n \neq m)$ への、1 対 1 対応であるような、連続した、かつ距離保存的な写像は存在し

ない。この意味において次元は不変量となる [*38]。

このことは、LIN の次元にどんな意味をもつのだろう。その次元数は 2 なのか、1 なのか、あるいはそれ以外の数なのか。交互配置という可能性があるにもかかわらず、定義上、その数は 1 つに決まらなければならない。この問いにきちんと答えることは、あまりに本題を外れることになろう。ここでは次の 2 つをコメントし、読者の理解の助けとしたい。まず、LIN の PAR に対する関係を見る。LIN は PAR に入れ子状に含まれていた。これは 2 つの命題に関する事実であって、その命題がたまたま表現された言語とは関係がない。LIN が PAR より高い次元をもてないというのは、この入れ子関係の結果としてである。そして、入れ子関係についての事実は不変なので、同じことが次元についての事実にも成り立つ（Forster: 1999）。第 2 のコメントは、赤池の定理の中身にもう一度立ち返ってみよう、ということ。すでに見たとおり、この定理は、モデル M の予測正確性の不偏推定値が何かを示すものであった。同じことだが、AIC は、「$L(M)$ から、真の、しかし未知の確率分布 T への、カルバック–ライブラー (KL) 距離を不偏推定した値」と見ることもできる。この後の見方をすれば、赤池の定理はこう述べていることになる [*39]。

$$L(M) \text{ の } T \text{ への } KL \text{ 距離} = E[L(M) \text{ の対数尤度} - k]$$

この左辺は言語から独立な量を表し、同じことが右辺の第 1 項についても成り立つ。そうするとここから、k〔ここでは「次元数」と考える〕もまた、言語から独立な量でなければならないことになる。この場合も、これでモデルの k

---

[*38] n 次元から m 次元への、1 対 1 対応、連続、距離保存的な写像があれば、次元にかかわらない何らかの不変量が存在して次元は不変ではなくなるが、こうした写像が存在しないことから、空間の次元は不変量である。

[*39] 真の分布を $q(x)$、予測分布を $p(x|\hat{\theta})$ とすれば（$\hat{\theta}$ はデータから得られるパラメータ最尤推定値）、左辺は、$-\int q(x) p(x|\hat{\theta}) dx = I(q(x), p(x|\hat{\theta}))$ である。AIC の期待値（AIC を何度も繰り返し得たときの平均）がこの値になる、というのが赤池の基本的な考え方であった（訳註 [51]）。

の値をどう決めればよいかが示されるわけではない。しかし、その値が何であろうと、それが、表記の仕方で変わってしまうような人為的産物でないことは、確かに示される。

AIC は頻度主義か

　私は、AIC を頻度主義の1つのタイプと分類した〔本節「赤池の体系、理論、規準」〕。ここで、この分類に意味があるかどうかを少し検討してみたい。本論で私は、AIC が受け入れや棄却の規準ではないこと、また全証拠の原則に反していないことを強調した。これに加え、モデルの AIC スコアは、用いられる停止規則にも依存しない。このような性質により、AIC は有意検定やネイマン–ピアソンの理論からは区別される。もし AIC が頻度主義の立場なら、また別の種類の頻度主義ということになる。

　赤池は自らの結果について、「最大尤度の原則を拡張したもの」と述べているが（Akaike: 1973）、この言葉があるからといって、AIC を尤度主義の1つと結論するべきではない。AIC は、「最もよいモデルが、最も高い平均尤度をもつ」とは言っていないし、「モデル M_1 がモデル M_2 よりすぐれているのは、$L(M_1)$ が $L(M_2)$ より高い尤度をもつ場合に限る」とも言っていない。AIC がベイズ主義でないことは、さらに明らかである。あなたは AIC を用いることで、モデルが真である確率を見積もるわけではないし、また1つのモデルが、他のモデルより予測が正確である確率を見積もるわけでもない。このような事後確率について何らかの結論を得るには事前確率が必要だが、事前確率は AIC では何の役割も果たさない。

　AIC を頻度主義的な構築物と見なす、その主な理由は、赤池の定理の特徴にある。赤池の定理は、長期的な試行において意味をもつ「不偏性」という特徴が、その推定手続きに含まれていることを示している。これはまさに、

頻度主義者が重視する統計的性質に他ならない。もちろん頻度主義者は、これ以外に機能する特徴も重要だと考えている。たとえば、手続きに統計学的一致性はあるか、その分散の値はどうか、またその値は受け入れ可能か、といったことである。§5 で述べたように、ベイズ主義者と尤度主義者は、（推定値を得る）手続き自体を評価することには異議を唱えない。それゆえ彼らは、マジソン製の結核検査キットとプレーリー製の検査キットを比較することには何の不都合もないと見なす。しかし彼らは、さらに問われるべきもう1つの問いがあると主張する。それは、すでに得られた**推定値**（それがどんな推定方法で導き出されたかは問わない）をどう評価すべきか、という問いである。尤度主義者は、尤度の法則で理解されるかぎりにおいて、その推定値がどう裏付けられるかを知りたい。ベイズ主義者は、推定値が真である（あるいは真理に近い）確率を知りたいと思う。しかし頻度主義者は、推定値をめぐるこのような第2の問いは、意味をなさないと考える。彼らは、**推定方法**（推定量）には、長期的試行において機能する特徴がなければならないと主張するが、そうした推定方法がもたらす個々の**推定値**については、さらに言うべきことは何もないと考えるのである。

赤池の**定理**が、頻度主義者によって重要とされる問いを取り上げているからと言って、**AIC スコア**が、ベイズ主義や尤度主義の観点から無意味になるわけではない。もちろん、M_1 の方が M_2 より平均尤度が低くても、そして $L(M_1)$ の方が $L(M_2)$ より尤度が低くても、M_1 の AIC スコアの方がよいということは起こりうる。けれども、AIC スコアがモデルの予測正確性に対して、まさに尤度の法則でいう「証拠」を与えるのであれば、尤度の法則と AIC は、依然として友好関係を結ぶことができる。AIC が温度計のような測定装置だと考えてみよう。AIC スコアと予測正確性との関係は、およそ、温度計の表示と温度との関係と同じである。もし温度計がある対象に対して別の対象よりも高い数字を示すなら、私たちはそれを、「前者が後者より温度が高い証拠だ」と受け取る。おそらく同じことが AIC スコアについても成り立つ。

ここで焦点となる温度計の性質は、次のように記述することができる。いま、対象 O_1 と O_2 について、温度計の読みが $R(O_1)$ と $R(O_2)$ であるとし、両者に $R(O_1) - R(O_2) = x > 0$ という関係があるとしよう。この観察は次のことを示す。2 つの温度差の最もよい点推定値が正になるのは、

$z < 0$ となるすべての z に対し、

$$Pr[R(O_1) - R(O_2) = x | 温度(O_1) - 温度(O_2) = y]$$
$$> Pr[R(O_1) - R(O_2) = x | 温度(O_1) - 温度(O_2) = z]$$

となるような $y > 0$ が存在するときである〔つまり、この不等式が成立するような、実際の温度差 $y(> 0)$ が存在することを示せるならば、尤度の法則に従って、「実際の温度差は y である」という仮説の方を、「温度差は $z(< 0)$ である」という仮説よりも支持できるということ〕。

これと同じ論点が、AIC スコア、および AIC スコアとモデルの予測正確性の関係において成り立つには、いったい何が必要であろうか。AIC スコアに関しても成り立つと思われることは、モデル M_1 がモデル M_2 に対して x 単位分だけ大きな AIC スコアをもつと観察されれば、予測正確性 (PA) の差の点推定値は正になるということである。

すなわち、$z < 0$ であるすべての z に対して、

$$Pr[\mathrm{AIC}(M_1) - \mathrm{AIC}(M_2) = x \mid \mathrm{PA}(M_1) - \mathrm{PA}(M_2) = y]$$
$$> Pr[\mathrm{AIC}(M_1) - \mathrm{AIC}(M_2) = x \mid \mathrm{PA}(M_1) - \mathrm{PA}(M_2) = z]$$

となるような $y > 0$ が存在するときである。

この不等式は、赤池の定理からは導けない。そして必ずしもすべての x に対して成立するわけではない。たとえば x がゼロに非常に近い場合には成り立たない (Forster & Sober: 2011)。しかし、これが**実際に**成立しているときには、ベイズ主義者と尤度主義者は、AIC スコアを証拠と見なすに当たって

全く不安を覚えなくともよい[65]。AIC は、赤池の定理により、系譜としては頻度主義に由来するものである。しかし温度計の読みと同様、AIC スコアは頻度主義と本質的に結びついているわけではない。

§8 第2のテストケース
——偶然の一致についての推論

　エヴェリン・マリー・アダムズがニュージャージー州宝くじに2度も当たったときに（1984-5年にかけて、4ヶ月以内に）、ニューヨークタイムズは、こんなことが起こる確率は170億分の1だと伝えた。これは、アダムズがそれぞれの宝くじの機会に1枚のくじ券を買っていて、抽選が無作為に行われた場合に、彼女が当たる確率である。実は、ここで新聞は小さな間違いを犯している。もし、アダムズがこの2回の宝くじで当選する確率を計算したいのなら、記者は、アダムズが複数枚のくじ券を購入していたという事実を考慮すべきであった。したがって、新聞が伝えた非常に低い数字は、実際にはもう少し高い数字になるはずだった。しかし、統計学に通じた人たちであれば、たいていは、この控えめな修正が的外れだと言うだろう。彼らにとって考察の対象とすべき事象は、アダムズがこの2つの宝くじを当てたということではなく、ある人がある機会に2つの州宝くじに当選したということである。宝くじを買った人が何百万人もいるのであれば、こうしたことが起きるのは「ほとんど確実なこと」となる（Diaconis & Mosteller: 1989, 859）。

　アダムズの2回の当選は単なる偶然だったのか。それともこの2つの宝くじは、彼女が見事に当選するよう、不正に操作されていたのか。ディアコニスとモステラーは、偶然について考察するときに用いるべき適切な原則は、「真に大きな数の法則」（law of truly large numbers）であると言う。この法則の意味するところは、「十分大きなサンプル数があれば、どんな突拍子もないことでも起こる見込みがある」〔前掲論文〕ということである。彼らはリトルウッド（Littlewood: 1953）に同じ考えが見られるとして引用している。リ

トルウッドは皮肉な調子で、「奇跡とは確率が 100 万分の 1 よりも小さい事象」であると定義した。ディアコニスとモステラーはアメリカの人口 2 億 5 千万人を例として引き、もし奇跡が「1 人につき 1 日当たり 100 万分の 1 の確率で生じるのなら、1 日に 250 回の奇跡が起こると期待され、1 年ではだいたい 10 万回の奇跡が生じる」と述べている（Diaconis & Mosteller: 1989, 859）。もし地球上の人口が参照クラスとして用いられれば、有り余る数の奇跡が起こると考えられる。

「真に大きな数の法則」は、アダムズの 2 回当選の例にどう適用したらいいだろうか。考えられる 1 つの可能性は、観察についての記述を次の (1) から、論理的に弱い (2) に変更するということである。

(1) エヴェリン・アダムズは、2 回のニュージャージー州宝くじでそれぞれ 4 枚のくじ券を買い、2 回とも当選する。
(2) ある人物があるときに、1 つ以上の州における 2 つ以上の宝くじで何枚かのくじ券を買い、1 つの州で少なくとも 2 回当選する。

もし、あなたがこの問題を考えるのに確率論的**モーダス・トレンス**（§4）を使い、さらに、アダムズが 2 回当選したという事実だけでは、「宝くじが公正であった」という帰無仮説を棄却できないと信じるなら、データ記述を (1) から (2) に弱めることは魅力的かもしれない。これは、当選をめぐる共謀説の訴えを無効化するための、簡単な方策となる。しかしたとえこの方策によって、あなたが、アダムズの幸運について直観的に妥当と思える結論を導けるとしても、いつ、どれくらいデータ記述が弱められればよいのか、という疑問が生じる。この件について何らかの指針がなければ、あなたは、自分のお気に入りの説が攻撃される場合には、いつでもデータ記述を弱めるという危険を冒すことになる。そうすることで、あなたは、自分がすでに正しいと信じていることがらに満足できるだろうし、他人が支持する説には疑いをかけることができるだろう。これはおそらく精神的には満足できる状態だが、合

理的な分析に耐えるものではない。

　くじに不正がなかったことを示す第2の方法は、全証拠の原則（§4）と合致するものであり、ベイズ主義的な考え方を利用する。この方法では、「アダムズが当選した2つのくじに不正操作があったという仮説よりも、くじが公正であったという仮説の方がはるかに尤度が低い」という点については、そのまま受け入れる。けれども、アダムズの2回の当選が、2つの宝くじに不正があったということを確からしくしてしまわないように、事前確率に訴えるのである。事前確率に訴えることに私は反対するが、私のここでの反対理由は、その主観性にあるのではない。宝くじに不正をするような連中であれば、自分たちのごまかしが明るみに出ないよう必死で画策する、という点は考慮しないといけないが、結局は、「宝くじはたいてい公正である」という証拠が手に入るかもしれない〔したがって、くじが公正ということに、それなりに高い事前確率を与えることは可能だろう〕。ここで私が〔最終的に事前確率に訴えるという〕ベイズ的回答に賛成しないのは、この方法が〔事前確率を持ち出す前に〕、「観察結果は2つの宝くじにアダムズ当選の不正があったという説を支持している」と認めてしまっているからである。ベイズ主義の中心である尤度の法則に従う限り [*40]、ベイズ主義者はこのような譲歩を免れることができない〔グレムリン仮説に対して尤度の法則からどのような判断が導けたかを思い出すとよい（§2）〕。私はここで、観察が、こうした証拠的有意性をもたずに済む方法があることを示したい。実はモデル選択の枠組みに従うことで、そうした議論を展開することが可能なのである。ただし、そうすることで目的が大きく変わるという点に注意しなければならない。私たちはもはや、「どの仮説が真でありそうか」

[*40] ベイズ主義が観察によって信念の度合いを変化させる唯一の手段が「尤度」であった（§2）。2つの仮説 H_1, H_2 に適用した次のベイズの公式、

$$\frac{Pr(H_1|O)}{Pr(H_2|O)} = \frac{Pr(O|H_1)}{Pr(O|H_2)} \times \frac{Pr(H_1)}{Pr(H_2)}$$

において、事後確率の比が事前確率の比と異なるのは、尤度の比 $\neq 1$ のときだけである。

あるいは「どの仮説の尤度が最も高いか」を見出すのではなく，「どの仮説の予測が最も正確か」を発見しようとすることになる．

モデル選択の方法は，「データを捨てることがあってはならない」という点ではベイズ主義に同意する．しかし，〔モデル選択の観点において〕適切な考え方はむしろ，観察をさらに**加える**ということである．上に見た，(1) を捨て (2) を焦点とすることで観察データを弱めるという方法を採る代わりに，他の宝くじを買った人の中で誰が当たり，誰が外れたのか，そして彼らがそれぞれ何枚くじ券を買ったのかについて，観察を付け加えるべきなのである．このようにしてデータ集合が大きくなれば，私たちは複数のモデルを考察することができる．

いま，ニュージャージー州で 5 回の宝くじがあり，それぞれの宝くじで 1 人の当選者があるとしよう．話を簡単にするために，どれか 1 つの回の宝くじ購入者は，他の宝くじの購入者と同一であるとしよう〔5 回の宝くじの購入者はいずれも同じ一群の人たちである〕．そして，各購入者は 1 回の宝くじで少なくとも 50 枚のくじ券を買い，各宝くじで購入される券の総数は同じであるとする．さて，私たちはこれら 5 回の宝くじから 1 回分の宝くじを選び，それについて得られるデータの中身を確認する．データ集合には，誰がどの券を購入し，そしてどの券が当選したかという情報が**もれなく**含まれている．このデータを次の 2 つのモデルに適合させる．こうすることで私たちが知りたいのは，残る 4 回の宝くじをランダムに選んだときに得られる新しいデータについて，いまの適合モデルのうちのどちらが，より予測正確性が高いかということだ．ただし，元のデータ集合と新しいデータ集合の抽出は，非復元サンプリングによるものとする〔1 度選んだ回のデータは 2 度選ばない〕．

第 1 のモデルは，調整可能なパラメータが 1 つしかないので非常にシンプルである．

（公正モデル）　　Pr(くじ券 i が当選する | 5 回の宝くじのうちのある
　　　　　　　　　　回に、くじ券 i が購入された) $= p$

抽出された回の宝くじのデータから、私たちは購入された券の数 (n) を数えることによって、この 1 つのパラメータ値を推定することができる。パラメータ p の最尤推定値は $\frac{1}{n}$ である [66]。

ここで考えようとするもう 1 つのモデルは、これよりはるかに複雑である。5 回の宝くじで各回の購入者数が 1000 人いることから〔いま、そのように仮定する〕、このモデルは 1000 個のパラメータをもつ。いわばこのモデルでは、それぞれの購入者が自分自身にとっての法則である。

（不正モデル）　　Pr(くじ券 i が当選する | くじ券 i が人物 j によって
　　　　　　　　　　購入された) $= p_j$ 　　　　$(1 \leq j \leq 1000)$

抽出された宝くじのデータから、各購入者のパラメータ値を推定することができる。最尤推定値を得るには、その回の宝くじで、各人物が何枚の券を購入したかを数えてその数を分母とし、その人物が当選したか否かによって分子を 0 または 1 にしてやればよい。1 つのパラメータを除いて、残りすべてのパラメータが値 0 を割り当てられる〔人物 k が m 枚くじ券を購入して当選したとすると、$p_k = \frac{1}{m}$, $p_j = 0$ $(j \neq k)$〕。

さて、この 2 つのモデルのうちどちらが、より予測が正確だと考えられるだろうか。「不正」モデルは「公正」モデルよりもデータによく合うが、「公正」モデルの方がはるかに〔パラメータの使用について〕倹約的である。AIC のようなモデル選択規準によれば、予測正確性を見積もる上では、そのどちらも問題となる [67]。

「公正」「不正」モデルのほかにも、5 回の宝くじについて、こうした観点で考察されうるモデルがある。が、他のモデルの記述と評価については、読者の手に委ねるとしよう。

読者は、「5 回の宝くじ各回において、くじ券購入者が最低 50 枚の券を購入

§8 第 2 のテストケース——偶然の一致についての推論　169

した」という、私が置いた仮定に懸念をもたれることだろう。この仮定は、現実世界のエヴェリン・マリー・アダムズには当てはまらないし、ニュージャージー州宝くじを買って、結果が残念であった他の多くの人たちにも当てはまるものではない。私がこの仮定を置いた理由は、AIC をモデルに適用できるケースが、パラメータ数よりデータ数の方がはるかに多い場合に限られるからである。共謀説を熱心に支持する人であれば、おそらく、それが AIC の重大な限界点だと結論づけるだろう[68]。そして、他の認識論的枠組みを探そうとするだろう。しかし、たとえ共謀説支持者がそうしたとしても、データへの適合は、モデルの予測正確性の推定に関わる、モデルの 1 つの特性に過ぎないことを銘記すべきである。

　さてここに、異なる統計学的枠組みの擁護者たちが、互いに合意できる点が 1 つある。人間の精神は、しばしば、パターンのないところにパターンを当てはめようとする。偏りのないコインを何度も投げ続けると、必ずや表が連続して出ることになる。このとき、コインに突然偏りが生じた（コインが「（波に）乗っている」）と、つい考えたくなる。この種の過剰解釈を促す 1 つの要因は、私たちが、印象の強烈な観察内容に注意を振り向けがちだということである。私たちはコイン投げの事象全体にではなく、「表が連続する」という事象に注意を向ける。私たちの好奇心を刺激するのは、「アダムズが 2 回当選したこと」であって、「ニュージャージー州の宝くじすべてにおいて、当選者と落選者全員の構成がどうなっているか」ということではない。こうした場合すべてにおいて、私たちは印象が強烈なものを、より包括的なデータ集合の中に埋め込むことが必要である。そして印象の強いものだけでなく、ありふれたものにも等しく当てはまるモデルを形成する必要がある。

§9 結語

「科学の目的とは、どの理論が真であることが確からしいのかを発見することである」という主張は、当たり前のことを言っているように思えるかもしれない。しかし、この定式化について立ち止まって考えるべき理由が2つある。まず第1に、私たちは曖昧さに気をつけなければならない。通常の英語では、理論が「真であることが確からしい (probably true)」とは、手持ちの証拠の下で、その理論が「妥当と思われる (plausible)」、あるいは「理にかなっている (reasonable)」ということを意味する。このような言葉で理論を賞賛したところで、数学的な確率論がこうした判断とどう関係するか、という問題は残されたままである。ベイズ主義は、その中身は認識論であって、公理に基づく理論ではない。立ち止まるべき第2の理由は、科学者たちが、誤りである（偽である）ことがわかっている理想化されたモデルを使って、しばしば研究するということである。誤りとわかっているモデルが「真であることが確からしい」などとどうして言えるのか。私たちが用いる認識論には、こうした理論が比較できる場所が必要である。

ロイヤルの3つの問い (§1) は、互いに異なるものであった。**証拠**に関する問いは、**受け入れ**に関する問い、**行為**に関する問いから区別されるべきものであった。この3つの区別は、たとえば次のような証拠に関わる問いを考察する際に重要となる。

- 生物が示す不完全な適応は、それら生物が知的設計者（インテリジェント・デザイナー）によって生み出されたのではない証拠であろうか。
- 寒冷な気候で生息するクマが、温暖な気候で暮らすクマより毛が長い

という事実は、毛の長さが自然選択によって周囲の温度への適応応答として進化したという証拠だろうか。
- 種と種が示す類似性は、それらが1つの共通祖先から分岐した証拠だろうか。

ひょっとすると、あなたはこれら3つの問いに対する答えは、明らかにイエスだと思うかもしれない。もしそうなら、わざわざその理由を明らかにしようとすることにどんな意味があるのか。この疑問に対しては、「あなたがいま読んでいる本は生物学の本ではなく、哲学の本であり、哲学においては、自明と思われることがらを探求することこそ、最重要な課題だから」ということが答えになる。命題が自明に思われるときでさえ、多くの場合、その命題が真である理由はそれほど自明ではない。そのような場合に、哲学的探求の出番となる。こうした探究によって導きうる1つの結果は、自明に思われたことが制限をつけなければ真とはならず、制限された状況の中でだけ真になる、ということである。また別の結果として、私たちの確信の元となる、暗黙のうちになされている仮定について、より深い理解が得られることもある。

尤度の法則は、ベイズ主義と尤度主義に共通の根拠となるものである。ベイズ主義者は確かに、この法則は事前確率を考慮して補う必要があると考えているが、それでも彼らはこの法則を拒否すべきではない。§3で論じたように、尤度の法則がもつ内容だけでは英語の「支持 (favoring)」という言葉の意味をすべて捉えることができないからといって、この法則の力が弱められることはない。

頻度主義に関しては、ときに互いに対立するような様々な方法が、この同じ名称で捉えられていることを見た。私は有意検定やネイマン–ピアソンの仮説検定には一貫して批判的であるが、赤池情報量規準 (AIC) のようなモデル選択理論の考え方には好意的な立場を採っている。AICはふつう、頻度主義の方法と受け取られている。最尤法は、推定値を得る場合に、「データから導

かれた推定値が真であることが確からしいかどうか」については何も示さない。これと同じように、AIC はモデルの予測正確性を推定するものであって、「いま考察されているモデルが、AIC によって付与される予測正確性の度合いをもつことの確からしさ」については何も示さない。実際、赤池は、AIC を最尤法の「拡張」と見なしていた (Akaike: 1973)。それでも、AIC と尤度の法則とを結びつけて捉えることは、依然として可能である。ちょうど偏りのない体重計で、2人のどちらが重いかについて証拠が得られるのと同様に、AIC スコアによって、2つのモデルのうち、どちらの予測正確性が高いかについて証拠を得ることができる (Forster & Sober: 2011)。AIC スコアがこうした証拠をもたらすことに意味を与えるのは、正に尤度の法則なのである。

　ベイズ主義者、尤度主義者、モデル選択理論を使う頻度主義者の間には対立があるが、そうした対立にもかかわらず部分的な和解をもたらすことができる。そのためには、これらの方法がそれぞれ異なるタイプの問題に適していると見なし、またそれぞれの方法が異なる目的をもつと見なせばよい。もしあなたがある集団の結核頻度を知っており、また、ある人物がその集団からランダムに抽出されたと考えることができ、さらに、結核検査がどれくらい信頼できるかがわかっているなら、その人物の検査結果が陽性であったときに、その人が結核であることがどれくらい確からしいかを判断するには、ベイズの定理を使うべきである。事前確率と尤度が客観的な証拠を挙げて正当化できるのであれば、ベイズ主義について何も問題はない。尤度主義と頻度主義は、どちらもこの点に同意すべきである。

　しかし、もし事前確率が客観的に正当化できなければどうなるだろう。これはしばしば科学で生じる問題である。私たちは、一般相対論という仮説の下で、エディントンの観測結果の確率を計算することができる。また、ニュートン力学の仮説の下で、同じ結果の確率を計算することもできる。これら2つの尤度はどちらも問題がない。しかし、これらの理論に対する事前確率の付与は、(もしその付与が、理論に関するその人の事実上の確信度合い以外の

何かを表すものとするならば）それを正当化する手段が何もないのである。さらにまた、私たちは、キャッチオール仮説の尤度、つまり、Pr(エディントンの観測$|\neg GTR$) と Pr(エディントンの観測$|\neg$ニュートン理論) についても、考える手段がない。ベイズ主義が躓くのはここであって、このときまさに尤度主義の出番となる。こうした方法の移行は、同時に問いの移行も伴う。このとき、どの理論が真であることが確からしいか、ということはもはや問われていない。問われているのは、どの理論がその証拠によって最も裏付けられるのかである。

尤度主義が意味をなすのは、事前確率が手に入らず、それぞれの仮説によって観察がどれほど確からしいかがわかる場合である。この後者の考え方〔それぞれの仮説の尤度がわかる、ということ〕は、統計学者が「単純」仮説という言葉で意味する〔単純仮説の場合に成り立つ〕ものである。しかし、対立する1つの、あるいはさらに多くの仮説が複合的であればどうなるか。たとえば、変数 x と変数 y の関係が直線的であるとするモデルは、得られたデータ点がどれほど確からしいかについては何も示さない。$y = mx + b$ という形の直線はたくさんある。そのそれぞれが、（誤差分布を仮定して）得られた観察結果に対して各々の確率を与える。尤度の法則は、このような場合には適用することができない〔単純仮説としてのモデル S（たとえば1つの直線として表されるモデル）の下でならデータ X の尤度 $Pr(X|S)$ は意味をなすが、調整可能なパラメータを含む複合仮説のモデル M（LIN や PAR のようなモデル）の下ではデータ X の尤度 $Pr(X|M)$ は意味をなさない〕。しかし、AIC ならばそれが可能である。こうした方法の移行により、ここでも再び、問いが移行することになる。異なるそれぞれの仮説が**真**であることに対し、証拠がどのような関係をもつか、と問うかわりに、証拠に基づけばどのモデルが最も**予測正確性**がよいのか、が問われることになる。AIC のようなモデル選択規準により、理想化された（そして偽であることがわかっている）モデルも評価することができる。

ベイズ主義と頻度主義の論争は、しばしば確率とは何かをめぐる論争である

とされる。通常の描かれ方によれば、ベイズ主義は確率を合理的信念の度合いとし、頻度主義は確率を頻度とする。この後者の考え方は、"$Pr(A|B) = x$"が、「出来事 B のうち $100x\%$ が A という性質をもつ」ということである。こうした見方によれば、ベイズ主義は主観的なことがらを問題にし、他方、頻度主義は客観的なことがらを問題にしていることになる。もし確率が複数の意味をもちうるのであれば、カルナップ (Carnap: 1950) や他の哲学者たちが主張したように、2つの学派の論争は解消するように見える。それぞれ違うものを問題にしているからである。しかし、論争は確率の解釈をめぐってなされているのではない。ベイズ主義は、確率が客観的な意味をもつ場合にも適用される。これが、結核の例で指摘したことであった。そして、頻度主義は、確率の頻度としての解釈と融合しているわけではない。これは好都合である。というのも、客観的確率はしばしば、実際の頻度として解釈することができないからである。偏りのないコインは奇数回投げることができる。表が出る確率は 0.5 であるが、それが投げられた回数の半分で表が出る、ということは真ではない。ベイズ主義も頻度主義も**認識論**である。それらは証拠に照らしてどのように推論すべきか、ということを示している。両者の論争は、確率の意味論をめぐるものではない。もっとも、意味論的問題は、それ自体としては哲学的に興味ある問題に違いないのだが。

訳註

[1] 哲学、論理学では、ある命題 A が成り立つときに必ず命題 B が成り立つならば、A は B を「演繹的に含意する」(「論理的に含意する」、もしくは単に「含意する」) という。これは集合の包含関係 (「集合 A が集合 B を含む」) と間違いやすいので注意が必要 (関係はむしろ逆になる)。

[2] 科学的推論モデルとは、具体的な個別科学において、データから何らかの結論を導き出そうとするときに用いられるモデルである (「推論」とは、前提の命題から結論の命題を導く作業およびその方法を指し、「推論モデル」とは、ある一定の考え方に基づく推論方法が、具体的な問題に適用可能なように形式化されたものを指す)。これにはしばしば統計学的な推論モデルが用いられるが、これから本論で見るように統計学にも様々な立場があり、その立場によってモデルにも本質的な違いがある (この考え方の違いをめぐる論争が本書の重要なテーマである)。科学者は自らの科学研究においてこうした統計モデルを科学的推論モデルとして「利用」するが、元のモデルの考え方の違いにより、どのモデルを用いるかで推論の結論に大きな違いが生じる場合もある。したがって科学者も、本来は、単に受動的なモデル利用者でいることはできず、どのモデルを採用するかを自らの判断で決めなければならない。

[3] 統計学の哲学を論じた R. ロイヤルの著書『統計学的証拠 (*Statistical Evidence*)』(邦訳なし)。ここで引用されている 3 つの問いは、その第 1 章で統計学における 3 つの異なる理論を区別するために立てられた問い。このあと本書でも論じられるように、ロイヤルは尤度主義が問い (1) に、ベイズ主義が問い (2) に、そして頻度主義が問い (3) にそれぞれ答える理論であると捉える (ただしロイヤルでは問いの順が本書と逆)。このうちロイヤルは、頻度主義 (ネイマン–ピアソンの理論、フィッシャーの理論) については実際に科学で用いられてはいるものの重大な論理的問題を含むとし (この点ではベイズ主義に同意)、ベイズ主義はその主観性への訴えによって必ずしも科学での使用に耐えないとする。しかし科学が統計を使用する場合にこの二者択一に甘んじる必要はなく、第 3 の選択肢として尤度主義があるのだとして、

その科学における使用の妥当性を論じる。併せて、それぞれの学説が対応する 3 つの問いのうち、問い (1) が最も重要であり、残る 2 つの問いはこの問い (1) の後に問われるべきだと主張する。こうした尤度主義的観点による統計学説の見直しが、本書においても 1 つの大事な視点を形成するが、本書でソーバーは尤度主義の限界点も含めた、さらに進んだ統計学説の捉え直しを図る。

[4] それぞれのくじについて「当たりではない」という命題を受け入れて、なおかつこれらの連言も受け入れたなら、結局「どのくじも当たりではない」という命題を受け入れることになる。連言命題は「ある 1 枚の券が当たる」という命題と矛盾するので、両者を同時に受け入れることはできない(「i 番目のくじが当たる」を A_i で表すなら(その否定は $\neg A_i$)、いまの連言命題は $\neg A_1 \& \neg A_2 \& \cdots \& \neg A_{1000}$ と表され、$\neg(\neg A_1 \& \neg A_2 \& \cdots \& \neg A_{1000}) \equiv A_1 \vee A_2 \vee \cdots \vee A_{1000}$ なので、これは $A_1 \vee A_2 \vee \cdots \vee A_{1000}$(「1000 枚のくじのうちのどれかが当たる」という命題)と矛盾する)。しかし個々の「当たりではない」という命題と「ある 1 枚の券が当たる」という命題の間には矛盾がない(たとえば $(\neg A_1) \& (A_1 \vee A_2 \vee \cdots \vee A_{1000})$ は矛盾ではない)ので、カイバーグは連言命題の受け入れを要件から外すことで問題が避けられるとした。

[5] パスカル以前の神の存在証明は、たとえば「『完全性』の概念は『存在』を含むものであり、神は完全であるから存在する」といった「存在論的」証明(アンセルムス)や、「宇宙の因果連鎖には必ず第一原因が必要であり、第一原因として神は存在する」といったアリストテレス的な「宇宙論的」証明(トマス・アクィナス)など、いずれも一定の証明手続きで神の存在を直接導こうとするものであった。パスカルは神に関する理性的(思弁的)判断は必ずアンチノミー(二律背反)に陥るとして、こうした存在証明を退けた。しかし、理性的な証明問題としては沈黙せざるをえないとしても、信仰の問題として私たちは神の存在についての「決断」をつねに迫られており、存在するかしないかのいずれかに必ず賭けなければならないのだとパスカルは述べた。そして、この不可避の賭けでいずれの選択肢に賭けるかについては、確率に基づく理性的判断が可能であるとした。それがいわゆる「パスカルの賭け」の議論である。

[6] 哲学的な認識論とは、私たちの「知識」や「信念」について問う哲学分野である。知識を成り立たせる条件は何か、あるいは信念を正当化するとはどのようなことか、といったことを問題にする。ベイズ主義はまさにこうした問題に 1 つの答えを与えようとするものだということ。

[7] コルモゴロフは『確率論の基礎概念』において、[I] 集合体 F の導入、[II] F の各要素 A に対する確率事象 $P(A)$ の導入、[III] 標本空間 Ω について $Pr(\Omega) = 1$, [IV] 確率事象 A, B が共通の要素をもたないとき、$Pr(A + B) = Pr(A) + Pr(B)$, という確率の4つの公理を立てた後、確率の商として条件付き確率の定義を与えている。

[8] 論理的(演繹的)含意について、再度確認しておこう。命題「A ならば B」がつねに成り立てば、A は B を論理的に(演繹的に)含意する。カードがハートのエースであれば、そのカードは必ずハートであるが、カードがハートであってもそのカードがハートのエースであるとは必ずしも言えない。したがって H_2 は H_1 を含意するが、H_1 は H_2 を含意しない。論理的含意関係と「集合的な包含関係」が逆の関係になることに改めて注意すること。

[9] 確率がそもそも何を意味するか(確率の意味論)についてはいくつか異なる解釈があり、この解釈問題が本書でも1つの底流をなしている。これまで確率に対してなされた主な解釈としては、次のようなものがある。i) 確率を、命題間に成立する必然的(論理的)な関係に類したものと捉え、「部分的に必然的な関係」(あるいは合理的信念の度合い)を表すと見る「論理説(古典的解釈)」、ii) 繰り返しの試行における頻度の極限と見る「頻度説」、iii) 各人の主観的な信念の度合いと見る「主観説」、などである。本書ではこの解釈の違いに対する評価も後ほどなされるが、ここで確認されているのは、確率解釈として何をとるかにかかわらず、何らかの認識に関わる確率(特に「客観的確率」)が一旦得られれば、そこから新たな認識を導くベイズ主義の操作そのものは、つねに有効と考えられるということ。なおすでに述べたように、「認識論的」とは「知識の成立や信念の正当化に関わる」という意味である。

[10] ジェフリーは、たとえばロウソクの灯りによって布の色の判断をする場合に、ただ見つめているだけで、その色に関する信念度合いが変化するという例を挙げて、信念度合いの更新は、何らかの命題の真偽が明らかになるタイミング以外にも生じると主張した。そして、ある命題の信念度合いの変化から、他の命題の新たな信念度合いを得るための規則として、「ジェフリーの更新規則」と呼ばれる規則を示した。これは、ある命題 A の事前確率が $P_1(A) = \sum_i P_1(A|E_i)P_1(E_i)$ で得られていて、命題 E_i への信念度合いが $P_1(E_i)$ から $P_2(E_i)$ に変化したときに、命題 A の事後確率(新たな信念)は、$P_2(A) = \sum_i P_2(A|E_i)P_2(E_i) = \sum_i P_1(A|E_i)P_2(E_i)$ によって得られるとする規則である。原註の中で述べられているように、これはより現実的なベイズ主義の更新規則だが、証拠が得られる順序によって事後確率が変わってしまうと

いう問題が指摘されている（たとえば Dörling: 1999）。

[11] クーンは科学の変遷を次のようなプロセスとして捉えた。科学者集団が一定のパラダイム（法則や実験方法、典型的な法則の適用事例、探究領域などからなるもの）を共有し維持する「通常科学」の時期が続いた後、パラダイムに対するアノマリー（変則事例）が累積してパラダイムに疑問がもたれるようになり、やがて「危機」を迎えることになる。その後、パラダイムの変更を模索する混乱した時期を経た後、革新的なパラダイムが集団内に形成、受容されるようになり（科学革命）、科学は再び通常科学期へと移行する。クーンは新旧2つのパラダイムは通約不可能であり（概念や言葉が共通しない）、パラダイムの変革は連続的な累積によって生じるのではなく、断続的になされると主張した。ソーバーが指摘するのは、もし科学の変遷がクーンの主張通りであれば、ベイズ主義による「厳密な条件付けによる更新規則」を変革後のパラダイムに適用することには問題があるのではないかということ。このパラダイム（あるいは理論）の事前確率になるところの「かつての事後確率」が存在しないからである。ハウスンとアーバックはベイズ主義の立場から、あるパラダイムの変則事例が継続的に見られるようになると、更新規則によりパラダイム（仮説）の確率は次第に小さくなり、これはクーンの言う「パラダイム・シフト」の準備 (prelude) になるという言い方をしている (Howson & Urbach: 2006, 113)。

[12] 新たな理論（あるいはパラダイム）が形成されたとき、通常これに先立つ（旧パラダイムにとっての）変則事例があり、この変則事例への説明が可能になることで新たな理論は確証を得ると考えられる。つまり、新たな理論の確証は、まだ説明はできないが何らかの事実がすでに存在しており、その事実を証拠とすることで得られるものだと考えられる。ところがこの確証プロセスをベイズの更新規則に当てはめると、問題があるように思われる。時刻 t 以前に変則事例となる観察 O が得られているなら（これは既成の事実なので）、時刻 t において $Pr(O) = 1$ である。O の確率が1（つまり O はトートロジー）であれば、$Pr(O|H) = 1$ となる。これをベイズの定理に適用すれば、$Pr(H|O) = Pr(H)$ となるので、仮説 H の確率は更新されず、したがって H は O によって何の確証も得られないことになってしまう。この問題は最初 C. グリマーによって指摘され (Glymour: 1980)、その後「古い（既知の）証拠の問題 (old evidence problem)」として議論されてきた。この問題には多くの類型化がなされ、またベイズ主義者から様々な回答が出されてきたが、依然として議論は続いている。これも本文の問題に関連した、更新規則に関する重要な問題の1つである。

[13] ベイズの定理より、
$$Pr(H|O) = \frac{Pr(O|H)Pr(H)}{Pr(O)}$$
これを上の定性的条件 $Pr(H|O) > Pr(H)$ に当てはめると、
$$\frac{Pr(O|H)Pr(H)}{Pr(O)} > Pr(H)$$
$Pr(H) > 0$ であるから、これより $Pr(O|H) > Pr(O)$.
また (7) より、$Pr(O) = Pr(O|H)Pr(H) + Pr(O|\neg H)Pr(\neg H)$ なので、
$$Pr(O|H) > Pr(O|H)Pr(H) + Pr(O|\neg H)Pr(\neg H)$$
これを変形すると、$Pr(O|H)(1 - Pr(H)) > Pr(O|\neg H)Pr(\neg H)$ となるが、$1 - Pr(H) = Pr(\neg H)$ であるから、
$$Pr(O|H)Pr(\neg H) > Pr(O|\neg H)Pr(\neg H)$$
したがって、$Pr(O|H) > Pr(O|\neg H)$ が得られる。

[14] もし結核検査が「信頼できる」なら、命題 (等式)(6) の右辺の第 1 項 $Pr(陽性 | 結核である)/Pr(陽性 | 結核でない)$ は 1 より十分大きな数となる。ところがある集団内で「結核である」割合が非常に低ければ、その集団内で「結核である」事前確率は「結核でない」事前確率よりもずっと小さいことになるので、(6) の右辺第 2 項 $Pr(結核である)/Pr(結核でない)$ は、非常に小さな数となる。結果として、左辺の比 $Pr(結核である | 陽性)/Pr(結核でない | 陽性)$ は 1 より十分大きいとは言えない場合があることになり、たとえ検査が「信頼できる」ものであっても、検査を受けた患者が結核であることは必ずしも確かとは言えない。

あるいはこれを、ベイズの定理の基本形から確かめることができる（以下はロイヤルが挙げている例）。たとえばある結核検査で、患者が結核である場合に陽性反応が出る確率が 0.95（結核であるのに陽性反応が出ない確率が 0.05）、結核でないのに陽性反応が出る確率が 0.02（結核でない場合に陽性反応が出ない確率が 0.98）であるとし、集団内で結核である確率 $Pr(結核である) = 0.001$ であるとすると、

$Pr(結核 | 陽性)$
$$= \frac{Pr(陽性 | 結核)Pr(結核)}{Pr(陽性 | 結核)Pr(結核) + Pr(陽性 | 結核でない)Pr(結核でない)}$$

$$= \frac{0.95 \times 0.001}{0.95 \times 0.001 + 0.02 \times (1 - 0.001)}$$

$$= 0.045$$

つまり、陽性反応が出ても、その人が結核である確率は 4.5%でしかない。

[15] コインの表が出る確率を p とすると、n 回コインを投げて h 回表が出る確率は $p^h(1-p)^{n-h}$ で表される。これに基づいて n 回コインを投げて h 回表が出たときの、p の事後確率密度関数 $D(p)$ を求めると、

$$\frac{(n+1)!}{h!(n-h)!} p^h (1-p)^{n-h}$$

となる(これを「ベータ分布」と呼ぶ)。ここから p の期待値を求めると、

$$\int_0^1 p D(p) dp = \frac{h+1}{n+2}$$

となり、ラプラスの継起の規則が正しいことが示される。

[16] 最尤推定値とは、値がわかっていないパラメータ(いまの場合はコインの表が出る確率 p)がとりうる値の中で、得られたデータの尤度を最大にする値のことを言う。最尤推定値を求めるには、パラメータを変数(データを定数)と見た関数(これを「尤度関数」と呼び、$L(データ, パラメータ)$ で表す)で、関数の値が最大となるようなパラメータの値を求めればよい。これが最尤法の手続きである。いまパラメータが p で、データが「20 回投げて表が 5 回」(これを X とする)なので、p の尤度関数は、

$$L(X, p) = p^5 (1-p)^{20-5}$$

と表される。これを最大にする p の値は、関数の極値から求めることができる。したがって、$L'(X, p) = 5p^4(1-p)^{14}(1-4p) = 0$ から、(解は 0 と 1 を除くので)$p = \frac{1}{4}$ が求める値となる。

なお、逆にパラメータ p を定数と見て、データ X を変数と見る関数は X の確率密度関数となる。図 4 の 2 つの曲線は、それぞれ $p = \frac{1}{4}, p = \frac{3}{4}$ のときの確率密度曲線(確率がそれぞれ $p = \frac{1}{4}, p = \frac{3}{4}$ のときに、表が出る各回数に対して確率を与える関数)を表している。この関数は、「p が与えられたときのデータの尤度を表す関数」と言い換えられる。

[17] 無差別の原理(等確率の原理)を含んだラプラスの継起の規則は、20 世紀に入ると R. カルナップによって客観的な帰納論理の推論方法(確証関数)として引き継がれ

ることになる。

　カルナップは、ストレート規則は経験に左右されて帰納論理としての客観性に欠けており、他方、論理的可能性に等確率を割り当てる論理説の考え方では「経験から学ぶ」上で支障があると批判して、アプリオリな部分を含みつつも経験から学ぶことができる帰納論理の構築を目指した。その結果、事象の各「状態」への等確率の適用（たとえばコインを2回投げる場合の状態は、表と裏の出方の組み合わせで4通りの状態が区別される）ではなく、「構造」への適用（コインを2回投げるケースでは [表、裏][裏、表] が構造的に同一になるので3通りの構造が区別される）が適切であるとして、構造記述に基づく確率計算（事象の事後確率計算）を行い、結果、ラプラスの継起の規則と等価な規則が導けることを示した（n 回の試行において個体に性質 F_i が観察された回数を n_i とし、観察される事象の構造記述が k 通りである場合に、個体が性質 F_i をもつ（事後）確率は $\frac{n_i+1}{n+k}$ である）(Carnap: 1950)。

　しかしその後、この形には依然として「経験から学ぶ」上で、あるいは「2つの事象の共通点からアナロジカルに学ぶ」上で問題があることが示され、カルナップはこの問題を解決すべく帰納法の連続体（λ 連続体）

$$c^\lambda(F_i a|E) = \frac{n_i + \lambda/k}{n + \lambda}$$

という考え方を新たに提起した (Carnap: 1952)。これはそれぞれ、$\lambda = 0$ のときストレート規則、$\lambda = k$ のとき継起の規則、$\lambda = \infty$ のとき論理説の等確率となる（のちにはさらにパラメータ γ, η が加えられる）。この中でカルナップは λ の違いが「学ぶ速度の違い」に対応するとし、λ の値を変えることで継起の規則が「経験からの学び」に対応できることを示そうとしたが、結局カルナップは最後まで、確証関数において当初目指された「等確率（無差別）の原理のアプリオリな適用」ができず、適用対象に応じた λ の割り当て（事前確率の割り当て）しかできなかった。このようなカルナップの試みの失敗が、この後本論で述べられるベルトランのパラドクスとは独立に、無差別の原理の妥当性が疑われる1つの根拠となっている（もっとも、どの確率を与えるかはそれぞれ「当事者」が決めるべきことで、一旦 λ が選択されれば客観性が保証されるのであればそれで論理としては成功しているという見方もできるが、これは一定の見方に基づく等確率の適用を擁護するものではない）。

[18] 　このパラドクスは、19世紀にベルトラン（J. Bertrand）が示した「弦の問題 (chord paradox)」として知られるパラドクスの類例である。弦の問題とは、「円に無作為に

引かれた一本の弦が、その円に内接する正三角形の一辺より長くなる確率はいくらか」という問題で、「無差別の原理」の適用の仕方によって 3 通りの異なる答え ($\frac{1}{2}, \frac{1}{3}, \frac{1}{4}$) が導かれる。その後、この類例としてフォン・ミーゼス (v. Mises: 1957) によって「ワインと水」の問題が、またハウスンとアーバック (Howson & Urbach: 1993)、ファン・フラーセン (v. Fraassen: 1989) らによって「変数とその関数」の問題が取り上げられた。「変数とその関数」問題とは、本論の例で示されるとおり、ある確率を考える上で、無差別の原理を「変数」と、その「関数」のいずれにも適用可能なケースでは、その 2 つで確率密度の一様性が異なるため、確率計算が一致しないという問題である。こうしたパラドクスを解決する試みとしては、無差別の原理の適用範囲を制限してパラドクスを回避する試み (Keynes: 1921) のほか、もともとの問題の設定が適切でない (ill-posed) として、適切な設定を立てて 1 つの解を導こうとする試み (Jaynes: 1973) など、様々な解決の試みが問題整理とともになされてきた。しかし、いまだに決定的なパラドクス解法は得られていない。

[19] いま、この観測と関わる理論が $T_1, T_2, T_3, \cdots, T_n$ (GTR を含む) だとすると、Pr(観測結果) $= \sum_i Pr$(観測結果 $|T_i) Pr(T_i)$ になるということ。ただしこれを、

$$Pr(観測結果) = Pr(観測結果 |GTR) Pr(GTR)$$
$$+ \sum_i Pr(観測結果 |T_i) Pr(T_i|\neg GTR) Pr(\neg GTR)$$

と捉えると、前段でソーバーが指摘した「キャッチオール」問題が持ち上がることになる。キャッチオール仮説 ($\neg GTR$) が、問題の観測と関係のある、他のすべての可能な仮説（現在まだ知られていない将来の仮説を含む）だとすると、仮にキャッチオール仮説の事前確率 $Pr(\neg GTR)$ の値が定まるとしても、Pr(観測結果 $|\neg GTR$) は値が定まらないように思われる。ベイズ主義においては、ベイズの定理を用いる際に現れる「証拠の無条件確率」は、仮説の尤度を平均化したものとして捉えられる。しかし、この平均化が「キャッチオール仮説の尤度」（「キャッチオール・ファクター」(Mayo: 1996) などと呼ばれる）を含むのであれば、無条件確率は計算できないのではないか。この点が、批判者たちによってしばしば、ベイズ主義の大きな欠点の 1 つとして指摘されてきた。

これに対してベイズ主義者は概ね、「科学者は自らの経験を通じて、キャッチオール・ファクターに主観的な値を当てはめうる」として、こうした批判は当たらないと

考えているように見える。しかし、ここでソーバーが批判するとおり、主観的な値の当てはめにより、同じベイズ主義でも互いに矛盾する結果が導かれる可能性がある。この問題を頻度主義寄りの立場から批判的に取り上げた W. サモンは、キャッチオール・ファクターをキャンセルするようなベイズの定理の用い方を提案した (Salmon: 1990)。サモンのアイデアは、ベイズの定理を組み合わせて

$$\frac{Pr(H_1|観測結果)}{Pr(H_2|観測結果)} = \frac{Pr(観測結果|H_1)Pr(H_1)}{Pr(観測結果|H_2)Pr(H_2)}$$

の形で用いよ、というもので、確かにこのように H_1 と H_2 の相対的評価に持ち込めば、キャッチオール・ファクター問題は見かけ上生じない。けれどもこの提案にも、「仮説の事前確率が残るのであれば、事前確率をベイズ主義の枠組みの中で与えようとする限りは結局キャッチオール・ファクターを再び考慮せざるをえない」として、問題の解決にはつながらないという批判がある (Mayo: 1996, ch.4 ほか)。なおソーバーは、事前確率が「客観的に決まる」場合には、この形はキャッチオール・ファクター問題を回避するのみならず、尤度主義者も（また頻度主義者も）受け入れるべき、認識論的にきわめて重要な確率の関係を表す式だと主張する。この点については、訳註 [20] を参照のこと。

[20] これまでの議論から、ベイズ主義と尤度主義の関係について、ソーバーが重要と考えている点を、論じられた順にまとめておきたい。要点は次の 4 点である。

1. 事前確率が客観的に与えられるときには、尤度主義者も事後確率を認めるべきである。
2. ベイズ主義においても仮説の確率を変化させる原理として尤度の法則は不可欠である。
3. 尤度主義者はキャッチオール仮説（客観的に決まらないとき）の尤度を認めない。
4. 事後確率と尤度を混同してはならない。

（このうち、1 と 3 は表裏である。）ここから、グレムリン仮説の問題を整理してみるとこうなる。ベイズ主義者は、たとえばベイズの公式から

$$\frac{Pr(G|N)}{Pr(\neg G|N)} = \frac{Pr(N|G)}{P(N|\neg G)} \frac{Pr(G)}{Pr(\neg G)}$$

によって、グレムリン仮説への信念度合いが低くなることを述べる（グレムリン仮説を G, 命題「屋根裏で物音がする」を N とする）。ここでもし、事前確率が客観的に

決まるのであれば、尤度主義者もこの事後確率（の比）を認めるべきだが (1,3)、この場合は決まらないので尤度主義者はこれを認めない。確かにこの式の右辺第 1 項は尤度の法則に基づく形であるが (2)、この場合は尤度主義の客観性の条件を満たさない。したがって、尤度主義者はグレムリン仮説に対しては、ただ「証拠（屋根裏の物音）に基づくならグレムリン仮説より他の仮説を支持することはできない」とだけ述べることになる。しかし、これは決してグレムリン仮説が「確からしい」と述べているわけではないので (4)、このことをもって尤度主義を批判することはできない。なお、尤度の法則は $\frac{Pr(O|H_1)}{Pr(O|H_2)}$ に注目するが、事前確率 H_1, H_2 が客観的に決まれば当然ながら事後確率（の比）

$$\frac{Pr(H_1|O)}{Pr(H_2|O)} = \frac{Pr(O|H_1)}{P(O|H_2)} \frac{Pr(H_1)}{Pr(H_2)}$$

も客観的に決まるので、尤度主義者はこれを認めうる。逆にベイズ主義者がこの形を用いる場合であっても、それが客観的な事前確率によらない場合には、尤度主義者は $\frac{Pr(O|H_1)}{Pr(O|H_2)}$ に訴え、「確からしさ」から「証拠による支持」へと焦点を変えて（問いを変えて）判断すべきだと主張する。次のエドワーズの反論に対する尤度主義の答えは、この点をヒントに考えてみてもらいたい。

[21] ハイエク (Hajek: 2003) は、条件付き確率を (K) による「定義」としたときに様々な問題が生じることを、確率がゼロの場合、無限小の場合、曖昧な場合、およびいかなる値も付与できない（定義できない）場合に分けてそれぞれ詳しく示した。そして、確率における根本概念はむしろ条件付き確率であって、他の確率（無条件確率）はこれにより分析すべきであると主張する。ここで取り上げられている「分母がゼロ」の場合について、ハイエクはこれをさらに主観確率、客観確率、対称分布に分けて分析するが、たとえば対称分布の例として、「地球が完全に球体だとするとき、ランダムに選ばれた点が赤道上にある (E) という条件の下で、この点が西半球にある (W) 確率」を挙げる。条件付き確率 $Pr(W|E) = \frac{1}{2}$ であるが、$Pr(E) = 0$ である（点が「赤道上にある」という条件は、たとえば「北緯/南緯 $0°$ の緯線上にある」と言い換えられる。しかし緯度は連続的な値をとるので、各緯線上に点が存在する確率は 0 になる。§2「帰納」の確率密度の説明を参照のこと）。ハイエクはこうした考察に基づき、条件付き確率を根本概念とするのであれば、「合理性の要求として」条件付き確率 $Pr(Z|Z)$ の値が 1 であるべきだと主張する。なおソーバーが次に取り上

げる認識論的問題は、ハイエクが「定義できない確率が定義に含まれる場合」として論じたことと関連する。

[22] すべての文が、基礎となる原子文（このようなものがあると想定し）から論理的な結合によって構成されるというのが、論理学やある種の哲学の基本前提となる。ブール結合とは、こうした原子文を結ぶ「… でない ($\neg$)」「または ($\vee$)」「かつ (&)」の3種類の結合子で、あらゆる文は、原子文（および結合された原子文）がこれら結合子で結合されて構成されると考える。

[23] 客観的ベイズ主義は、確率とは演繹論理を一般化したものだと捉える。演繹論理において、前提が与えられれば結論が確実であるように、客観的ベイズ主義では、前提が与えられたときに、結論を信じるべき度合いが客観的に（一意に）決まると考える。しかし同じ客観的ベイズ主義の中にも、「これこそすべての科学が拠りどころとすべき方法だ」とする強い立場もあれば、「この方法は主観的分析が行えない場合にのみ用いるべきだ」とする弱い立場もあり、その考え方には幅がある。

[24] 客観的確率とは何かという解釈の候補として、1) 実際の頻度、2) 因果的傾向性、3) 仮想的な相対頻度、の3つが考えられる。しかし、たとえば1については、私たちはつねに1と異なる確率概念をもつことができる（コインを奇数回投げた後に壊しても、確率 $\frac{1}{2}$ という概念がもてる）。2 は、$Pr(Y|X)$ が、時刻 t_1 において X が時刻 t_2 に Y を生じさせる因果的傾向性なら、$Pr(X|Y)$ に意味を与えることができない。3 は、たとえばコインの表が出る確率と、有限の、あるいは無限の試行における仮想的頻度は「確率的に」しか結びつかず、後者は前者を演繹的に導くものではない。つまり3つの解釈のいずれにも難点がある。それゆえソーバーは、客観的確率が何かに還元されるという解釈よりも、（たとえば「質量」の概念が、異なる観察でその一致が確認されることによって客観的性質が保証され、いかなる観察にも還元されることのない理論概念として捉えられるように）それ自身で成り立つ理論概念であるという考え方（「理論なしの理論」no-theory theory）を好むとしている (Sober: 2008)。

[25] P に関して、2人の目撃者の証言 $W_1(P)$ と $W_2(P)$ が独立であるとは、P を条件として次の (1) の関係が成立することを意味する（一般に事象 A,B が独立の場合、$Pr(A\&B) = Pr(A) \times Pr(B)$ が成立）。

$$Pr[W_1(P)\&W_2(P)|P] = Pr[W_1(P)|P] \times Pr[W_2(P)|P] \quad (1)$$

このとき、無条件の従属関係、$Pr[W_1(P)|W_2(P)] > Pr[W_1(P)]$ が成立することは、次のように証明できる。まず、$Pr[W_1(P)\&W_2(P)] > Pr[W_1(P)]Pr[W_2(P)]$ を証明する（cf. Reichenbach, H.(1956) *The Direction of Time*, pp.158-160.）。$W_1(P)$ と $W_2(P)$ は $\neg P$ に関しても独立であり、また、それぞれ P を条件とする方が $\neg P$ を条件とする場合より確率が大きいはずなので、次の (2)(3) が成り立つ。

$$Pr[W_1(P)\&W_2(P)|\neg P] = Pr[W_1(P)|\neg P] \times Pr[W_2(P)|\neg P] \quad (2)$$

$$Pr[W_i(P)|P] > Pr[W_i(P)|\neg P] \quad (i=1,2) \quad (3)$$

さらに全確率、余事象の確率の公式から、次の3つの関係が成立する。

$$Pr[W_i(P)] = Pr[W_i(P)|P]Pr[P] + Pr[W_i(P)|\neg P]Pr[\neg P] \quad (i=1,2) \quad (4)$$

$$Pr[W_1(P)\&W_2(P)] = Pr[W_1(P)\&W_2(P)|P]Pr[P]$$
$$+ Pr[W_1(P)\&W_2(P)|\neg P]Pr[\neg P] \quad (5)$$

$$Pr[\neg P] = 1 - Pr[P] \quad (6)$$

いま、$Pr[W_1(P)] = a$, $Pr[W_2(P)] = b$, $Pr[P] = c$, $Pr[W_1(P)|P] = u$, $Pr[W_2(P)|P] = v$, $Pr[W_1(P)|\neg P] = r$, $Pr[W_2(P)|\neg P] = s$ と表せば、上の (1)～(6) の関係から、

$$Pr[W_1(P)\&W_2(P)] - Pr[W_1(P)]Pr[W_2(P)]$$
$$= cuv + (1-c)rs - \{cu + (1-c)r\}\{cv + (1-c)s\}$$
$$= c(1-c)(u-r)(v-s) > 0$$

したがって、$Pr[W_1(P)\&W_2(P)] > Pr[W_1(P)]Pr[W_2(P)]$ が成立する。この両辺を $Pr[W_2(P)]$ で割れば、$Pr[W_1(P)|W_2(P)] > Pr[W_1(P)]$ が得られる。

[26] ポパーは、科学の理論が反証されること（理論の誤りが導かれること）はモーダス・トレンスによって妥当性が保証されるが、理論の正しさを保証する論理はないとして、反証可能なことが科学の合理性の根拠であるとした。ポパーによれば、科学理論は厳しいテストをくぐり抜けて反証を何度も免れることで、高い確証の度合いが得られる。

[27] 確率論的 MT がいくつかの形で表されることに注意。本文で示されているように、確率論的 MT は、

訳註　187

$$Pr(\neg O|H) \text{ は非常に低い}$$
$$\frac{\neg O}{\neg H}$$

とも表せるが、この $\neg O$ を O' と置き換えると、

$$Pr(O'|H) \text{ は非常に低い}$$
$$\frac{O'}{\neg H}$$

となる。ここでソーバーが「O が H の棄却を正当化するために、$Pr(O|H)$ がどれぐらい低くなければならないのか」と述べているのは、この3つめの形をもとに述べていると考えればわかりやすい。なお、このあと取り上げられる3人の理論も、この3番目の形に基づいていて、H が「生命の発生に関する理論」を表し、O' が「（地球上での）生命の観察」を表すと考えればよい。

[28]　確率論的 MT の第3の定式化とは、(1)$Pr(O|H)$ が非常に高い、(2)$\neg O$、という2つの前提から、(3)$Pr(H)$ は非常に低い（$Pr(\neg H)$ は非常に高い）、という結論を導く推論形式である。これが妥当でないことは、次のようにして示される。まず、ベイズの定理を変形して、

$$\frac{Pr(H|\neg O)}{Pr(\neg H|\neg O)} = \frac{Pr(\neg O|H)}{Pr(\neg O|\neg H)} \frac{Pr(H)}{Pr(\neg H)}$$

ここで少し話を先取りすることになるが、このあと §5 で取り上げられる結核検査の例を用いて、ソーバーの論点を確認しておきたい。いま、ある結核検査において、「被験者 S が結核であるときに反応が陰性である」確率が 0.05、「被験者 S が結核でないときに反応が陰性である」確率が 0.95 であるとし（なお、この2つの確率の和が1である必要はない）、被験者を含む集団における結核罹患率が 0.95（非常に高い）とする。ここで H が「被験者 S は結核である」（$\neg H$ は「被験者 S は結核でない」）という仮説を表し、O が「検査結果が陽性である」（$\neg O$ は「検査結果は陰性である」）という観察結果を表すとすると、$Pr(\neg O|H) = 0.05, Pr(\neg O|\neg H) = 0.95, Pr(H) = 0.95, Pr(\neg H) = 0.05$ となる（このとき、前提 (1) は成立すると見なせる）。これを上のベイズの定理の右辺に当てはめると、$\frac{Pr(H|\neg O)}{Pr(\neg H|\neg O)} = 1$. したがって、$Pr(H|\neg O) = 0.5$ となるので、これは「非常に低い」とは言えない（むしろ、依然として「高い」）。ここから、実際

に観察結果 ¬O が得られたときには、妥当な規則である（更新）規則によって、（「今の」）「$Pr(H)$ は高い」という結論が導かれる。したがって、前提 (1) と (2) によって、「$Pr(H)$ が低い」という結論を導く推論は妥当ではない。

[29] それぞれの両親がどちらも血縁者どうしでないような、集団内の血縁 2 者（noninbred relatives）について、コッターマン（Cotterman, C. W.）は両者の遺伝的類似性を k 係数と呼ばれる係数を用いて表す方法を考案した。これは、2 者がある遺伝子座で 2 つの対立遺伝子の「両方とも同一祖先から受け継ぐ確率」（k_2）、「1 つだけ同一祖先から受け継ぐ確率」（k_1）、「1 つも受け継がない確率」（k_0）の 3 つの確率をもとにして、実際に観察される遺伝子座での遺伝子の一致・不一致から血縁的な近さを確率評価するものである。この 3 つの確率について、もし 2 者が同じ両親の兄妹（完全同胞）の場合には、$k_2 = 1/4, k_1 = 1/2, k_0 = 1/4$ となり、血縁でなければ、およそ $k_2 = 0, k_1 = 0, k_0 = 1$ となる（同じ両親の場合は、たとえば父親の遺伝子を Aa、母親の遺伝子を Bb とした場合に、その子どもが受け継ぐ遺伝子の組み合わせを考えてみればよい。血縁でない場合の係数は明らかだろう）。さて、本文の例のように、2 者で 1 つの遺伝子座の対立遺伝子が全く同じ場合、その対立遺伝子の集団内での頻度をそれぞれ p_i, p_j とすると、そうした一致が見られる確率は、

$$p_i p_j \left(k_2 + p_i \cdot \frac{1}{2} k_1 + p_j \cdot \frac{1}{2} k_1 + p_i p_j \cdot k_0 \right)$$

で求められる（完全同胞をもとに考えれば、両親のある遺伝子座の対立遺伝子を Aa, Bb と表すとき、子どもがともに Ab, Ab となる場合のように、両親双方から同じ対立遺伝子の組を受け継ぐ確率が k_2、子どもが Ab, AB のように 1 つの対立遺伝子のみ同じものを受け継ぐが、たまたま b と B が同じものである場合の確率が各 k_1 の項、そして Ab, Ba のように同一遺伝子を受け継がないが、たまたま $A = B, a = b$ である場合の確率が k_0 の項である。これに集団内の頻度としての各対立遺伝子の確率 p_i, p_j を掛ければ一致の確率が得られる。血縁でない場合は、k_0 の項だけを考えればよい）。いま、$p_i = 0.999, p_j = 0.001$ とすれば、1 遺伝子座での完全同胞の一致の確率、血縁でない場合の一致の確率は、本文にあるように、それぞれおよそ $(0.001) \cdot (0.5), (0.001) \cdot (0.001)$ となる。

[30] この理由を、ソーバーの後章の記述にしたがって簡単に述べておこう。いま、生物の種がある 2 つの性質のいずれかをもつとし (2 つの性質をそれぞれ 0, 1 で表す)、2 つの種 X, Y のいずれにも性質 1 が見られるとする。CA でも SA でも、祖先が性質 0

をもつ場合に X, Y がそれぞれ性質 1 をもつ確率は同じであり（これを $Pr(0 \to 1)$ で表す）、祖先が性質 1 をもつ場合のそれぞれの確率も同じである（これを $Pr(1 \to 1)$ で表す）。祖先が性質 1 をもつ確率 p（および性質 0 をもつ確率 $1-p$）も、CA と SA で同じ確率を割り当てることができるので、$X=1, Y=1$ の場合の SA に対する CA の尤度比は、祖先の確率で重み付けされた次の式で表される。

$$\frac{Pr(X=1 \& Y=1|CA)}{Pr(X=1 \& Y=1|SA)} = \frac{(1-p)Pr(0 \to 1)^2 + (p)Pr(1 \to 1)^2}{[(1-p)Pr(0 \to 1) + (p)Pr(1 \to 1)]^2}$$

CA において、共通祖先 Z の性質が 1 としたときに X, Y は「同時」に性質 1 をもつので、この場合の確率は $(p)Pr(1 \to 1)^2$ で表されること（Z が性質 0 をもつ場合も同様の考え方）、SA において X, Y がそれぞれ別の祖先 Z_1, Z_2 に対して性質 1 をもつ確率は、いずれも $[(1-p)Pr(0 \to 1) + (p)Pr(1 \to 1)]$ であり、この 2 つの事象が「同時に」成り立つ確率を求めることになる点に注意。

いま話を簡単にするために、$Pr(1 \to 1) = 1, Pr(0 \to 1) = 0$ とすると、CA の尤度は p、SA の尤度は p^2 となり、尤度比は $p/p^2 = 1/p$ となる。これは、CA の尤度が低ければ低いほど、CA が一層支持されることを意味する。

[31] この前提を、「かつて」成立した次のベイズの公式に当てはめると（右の 2 式中の添字「かつて」は省略してある）、

$$Pr_{かつて}(H|\neg O) = \frac{Pr(\neg O|H)Pr(H)}{Pr(\neg O|H)Pr(H) + Pr(\neg O|\neg H)Pr(\neg H)} \approx \frac{1}{1 + \frac{Pr(\neg O|\neg H)}{Pr(\neg O|H)}}$$

となり、$Pr_{かつて}(H|\neg O)$ が非常に低い値となることが演繹的に導かれる。厳密な更新規則によって、$Pr_{今}(H) = Pr_{かつて}(H|\neg O)$ となるので、本文にある（ベイズ-確率論的 MT）の結論が得られる。

[32] ネイマン–ピアソンのこうした考え方には、1 つの仮説検定に適用される場合と、複数の仮説検定間の選択に適用される場合の 2 つあると考えた方が、このあとの話がわかりやすい。ネイマン–ピアソンの理論では、「α が選択された後 β が最小である検定」の条件を尤度比の考え方をもとに与え（「ネイマン–ピアソンの補題」）、この条件を満たすものを「最強力検定 (most powerful test)」と呼ぶ（尤度比については、あとで取り上げられる）。たとえば二項分布の片側検定（このあとのコイン投げの例がその 1 つ）など、ある種類の検定は、対立仮説によらず α の値を決めるだけで最強力検定となる（こうした単純な場合以外は、また別の条件が考慮される）。この

ようにある 1 つの検定が最強力かどうかの判断に加えて、ネイマン–ピアソンの考え方は、ある α の水準（有意水準）を満たす複数の仮説検定がある場合（同じ帰無仮説、対立仮説に対する検定であるが、たとえばそれぞれ異なる実験方法が元になっている場合）の、検定方式の選択に対しても適用される。この場合は、β（第 2 種の誤り確率）が小さい方が優れた検定方式となるので、これを用いて仮説の受け入れや棄却を判断せよ、ということになる。いまの結核検査キットの選択は、こうした適用の例である。

[33] 尤度の法則では、通常、個々のデータについて 2 つの仮説の尤度を比較するが、ここではデータの記述が論理的に弱められているので、図 9 で言えば、表が 12 回のラインより右側で、それぞれ $p = \frac{1}{4}$ と $p = \frac{3}{4}$ の曲線の下の面積を比較することになる。これと、ネイマン–ピアソンの棄却域との関係はこうである。α は第 1 種の誤り確率だから、これは 12 回ライン右側の $p = \frac{1}{4}$（帰無仮説）の曲線下の面積で表され、β は第 2 種の誤り確率（「$p = \frac{1}{4}$ が偽であるのにこれを棄却しない確率」＝「$p = \frac{3}{4}$ が真であるのにこれを受け入れない（棄却する）確率」）だから 12 回ライン左側の $p = \frac{3}{4}$（対立仮説）の曲線下の面積で表される。したがって、12 回ライン右側の $p = \frac{3}{4}$ の曲線下の面積は $1 - \beta$ となるので（これをネイマン–ピアソンの理論では「検出力」と呼ぶ）、いまの「論理的に弱い記述での尤度比」は、$\frac{1-\beta}{\alpha}$ で表されることになる。

[34] ネイマン–ピアソンの理論においては、観察に関する記述が「12 回以上」という論理的に弱い記述であっても、また「12 回ちょうど」という記述であっても、導かれる結果は同じである。つまり、実際に得られた観察が「12 回ちょうど」のような形であっても、これはつねに論理的に弱い観察と等価に扱われる。これに対して尤度の法則では、この 2 つの観察記述に対する判断は異なる。もし尤度の法則を適用する際に「12 回ちょうど」という情報が得られているのに、敢えてこの情報に基づかずに論理的に弱い形で判断するとすれば、「論理的に弱い記述を用いることで判断が異なるとき、そのような記述を用いることは認められない」という全証拠の原則に反してしまうことになる。観察が「12 回ちょうど」のときに尤度主義とネイマン–ピアソン理論の結論が一致するのは、尤度主義がこのように全証拠の原則に反する結論を導く場合であり、したがって尤度主義からすれば、ネイマン–ピアソン理論には深刻な問題があることになる。

[35] 功利主義の基本的な目的は（ある社会の）全体的な効用を最大にすることであるが、

こうした価値実現の判断を個々の行為の結果をもとに行うのか、それとも一定の道徳規則（「嘘をつくな」など）に従った結果をもとに行うのかという、2つの判断が可能である（この区別は R. B. ブラントによる）。前者を判断基準とするのが行為功利主義、後者を判断基準とするのが規則功利主義である。ベイズ主義と尤度主義は、得られた個々の結果から何が言えるかをその都度判断するのに対して、ネイマン–ピアソンの頻度主義でははじめに汎用規則が立てられて、結果はすべてこの規則を元に判断される。したがって両者の区別はちょうど功利主義の2つの区別に（前者が行為功利主義に、後者が規則功利主義に）対応する。

[36] パラメータ θ の最尤値は、データ集合 x_n に対して確率 $Pr(x|\theta)$ が最大になる θ の値である（$p(x)$ を確率密度関数とするとき、尤度関数 $L(x, \theta) = p(x_1|\theta)p(x_2|\theta)\cdots p(x_n|\theta)$ の値が、データ x に対して最大になるような θ の値）。フィッシャーは、この最尤値を求める方法が、「十分性 (sufficiency)」「一致性 (consistency)」「有効性 (efficiency)」「情報量 (amount of information)」という基準を設けることにより、母数の推定方法として汎用化できると主張した（これが、この方法が「許容的である」根拠である。なお、この推定方法がネイマン–ピアソンではなく、フィッシャーに由来する点に注意）。以後、（広い意味の）「頻度主義者」の中では、このフィッシャー流の汎用化方針を正当化の根拠として、最尤法が用いられている。

[37] ジェイムズ–スタイン推定量 z の基本的な考え方は、1つのデータ集合における平均 y（たとえば1人のバッターのこれまでの打率）が、全体の「平均の平均（グランドアベレージ）」$\bar{y}$（たとえばすべてのバッターのこれまでの平均打率を平均したもの）からどれだけ離れているかという、「グランドアベレージへの縮小」を基準として定まる量 $z = \bar{y} + c(y - \bar{y})$（$c$ は観察される平均で決まる数）であり、それぞれの真の平均値（各バッターの真のバッティング能力）が観察値よりも互いに似通っていると仮定することで、全体的な推定リスクを下げようとするものである（ここでの「リスク」は、本文中の「予期される誤差」に当たる）。1961年の論文でスタインとジェイムズは、3個以上のものの平均を推定する場合に、ジェイムズ–スタイン推定量が、通常用いられる「平均」（最尤推定値）よりもリスクの小さい推定量であることを示した。なお、この推定量はグランドアベレージからかけ離れた平均に対してはよい推定量とならないが、これを修正するために事前分布の考え方を用いれば、グランドアベレージに含まれる平均数が増えるにつれてジェイムズ–スタイン推定量はベイズ推定量に近づくことが知られている (Effron & Morris: 1977)。

[38] $L(\text{LIN})$ を求めるには、まず $y = a + bx + e$ の中で誤差に当たる e が「正規分布」していると仮定する（いまその分散を σ^2 で表す）。データ点がたとえば $X_1(x_1, y_1), X_2(x_2, y_2), X_3(x_3, y_3)$ の 3 点あるとすれば、パラメータ a, b, σ^2（これをまとめて θ で表す）について、この 3 点それぞれの尤度関数 $L_1(X_1, \theta), L_2(X_2, \theta), L_3(X_3, \theta)$ が求められる（このとき、それぞれデータ点は定数として扱われ、尤度関数は、それぞれ y_1, y_2, y_3 が $a+x_1, a+x_2, a+x_3$ を中心（平均）として σ^2 を分散とする正規分布の密度関数であるとして求めることができる）。ここから全体の尤度関数、$L(X, \theta) = L_1(X_1, \theta) \cdot L_2(X_2, \theta) \cdot L_3(X_3, \theta)$ が求められ、$L(\text{LIN})$ はこれを（通常、その対数尤度を）微分して、$\frac{\partial L(X,\theta)}{\partial \theta} = 0$ となる θ から求められる。結果は、図 11 のように誤差部分の分散をもった形となる。なお、このようにパラメータの最尤推定量をもとに得られる直線のことを「回帰直線」と呼ぶ。

[39] 尤度比検定は、一般に、$k(=r+s)$ 個のパラメータのうち r 個のパラメータ (θ_r) がある値に固定された仮説を帰無仮説とし ($H_0 : \theta_r = \theta_{r0}$)、そうでないものを対立仮説とする ($H_1 : \theta_r \neq \theta_{r0}$)。そしてこれをテストする際、帰無仮説 H_0 における尤度関数の最大値 $L(x|\theta_{r0}, \hat{\theta}_s)$ と、帰無仮説と対立仮説の和集合 ($H_0 \cup H_1$) における尤度関数の最大値 $L(x|\theta_r, \theta_s)$ を比較することが要求される（後者は k 個のどのパラメータも予め固定されずに最尤推定量が求められる）。これにより尤度比 l は、$0 \leq l \leq 1$ となり、l が 1 に近い大きな値の場合に H_0 が受け入れられ、0 に近い「棄却域」にあるときに棄却されることになる。したがって尤度比検定では、比較される 2 つの仮説が入れ子になっていなければならない。

[40] ここでのソーバーのポイントは、論理的に弱いデータ記述だと確かに実験によってそれぞれの条件付き確率の値そのものは異なるが、どちらの実験でも 2 つの仮説の**尤度比は同じになる**、ということ。仮説 $p = 0.5$ を仮説 $p = 0.9$ との比較でテストするとき、回数を 3 回に固定して実験し、結果が「2 回が裏、1 回が表」である場合の尤度比は、

$$\frac{{}_3\mathrm{C}_2 (0.5)^2 (0.5)}{{}_3\mathrm{C}_2 (0.9)^2 (0.1)}$$

である。他方、表が 1 回出るまで実験を続けて「2 回が裏、1 回が表」となる場合の尤度比は、

$$\frac{(0.5)^2 (0.5)}{(0.9)^2 (0.1)}$$

となり、2つの比の値は等しい（最初の式で $_3C_2$ が約分される）。このように論理的に弱いデータ記述であっても、実験方法によらず2つの尤度比は等しい（テスト結果に違いが生じない）。

[41] ここで述べられているベイズ主義の実験証拠の考え方に従えば、たとえばコインの表が出る確率について考える場合に、確率を p とする仮説をテストし、n 回中 k 回が表であれば（この結果を x とする）、そのときの尤度は $Pr(x|p) = p^k(1-p)^{n-k}$ で与えられる。右辺の2つの確率 $p, (1-p)$ はもちろんどちらも1より小さいので、結果にかかわらず n を大きくすれば、この値はいくらでも小さくなる（このとき、「事後確率」もいくらでも小さくなる）。したがって、たとえば p を帰無仮説として棄却ラインを任意の小さい値（たとえば 0.05）に設定した場合、ベイズ主義では遅かれ早かれ、この棄却ラインに必ず到達することになる。これは帰無仮説が真であるのかどうかにかかわらず、必ず成り立つことなので、頻度主義者はこの点を取り上げて批判する。一方、ベイズ主義者はこの尤度によって、停止規則によらずに同じ規準が用いられることが重要であると考えるので、この点はむしろ頻度主義に対してすぐれた点だと主張する。

[42] もともとエディントンはこの例（正確には、これに類した例）を、科学（物理学）で必要とされる研究態度を述べるために用いており、自らの観測結果の主観的起源に気付かない（主観性が結果に及ぼす影響に気付かない）観測者の態度を批判し、主観の限界は超えられないながらも慎重にこれを吟味する認識論者の「選択的主観主義」を擁護するために挙げている。つまり、この例はもともと、ベイズ主義を批判するための例ではないが、「誇張されたベイズ批判」において、しばしばベイズ主義者がこの例の「無批判な観測者」のように扱われるということから、ここで取り上げられている。なお、この批判は明らかに、停止規則をめぐるベイズ主義批判とは趣旨の異なる批判である。ソーバーが言いたいことは、停止規則についての「結果をあらかじめ知ることができるにもかかわらず実験を行う」という批判が誇張され、一般化された結果、「ベイズ主義者は停止規則のみならず実験計画を一切考慮しない」という、エディントン型の批判がときになされるということ。

[43] たとえばはじめに有意水準を 0.05 に設定し、その後逐次的に実験を行って、新たなデータが得られるたびに毎回この同じ水準で仮説のテストを行うとすると、その場合の有意水準は「名目的」であると言われる。この数値はもともと単回のテストで用いられるものだが、この水準が逐次実験の複数回のテストで、あたかも毎回、「いま得

られたこのデータで、この水準のテストを1回限り行うつもりであった」かのように使い続けられることを意味する。なぜこれが問題か（頻度主義者が問題にするか）というと、このように一定の有意水準を逐次実験で使い続けると、そのうち、テストされる回またはその回までに少なくとも1回名目的有意水準に達する確率が、名目的有意水準より大きくなってしまい、回数が多くなるに従ってその確率が1に近づく（帰無仮説が真であるかどうかにかかわらず、確実に棄却されてしまう）からである。たとえば2つの薬を各患者に与えて効果の違いを調べる実験では、有意水準 0.05 で「効果が同じ（差がなし）」という仮説が棄却される確率は、実験の数が6の場合は 0.031、10 の場合は 0.055、50 の場合は 0.171、100 の場合は 0.227 となる (Armitage: 1975, 28)。この後者の確率を「全体を考慮した (overall)」有意水準、または「実際の (actual)」有意水準と呼ぶ。頻度主義者は実験回数を固定しない実験では、この確率を低く（一定に）する必要があるとして、そのため名目的水準の設定をその都度調整する（テストはあくまで単回の「名目的」水準でなされるが、「実際の」有意水準が高くならないように名目的水準を選ぶ必要がある。つまり「実際の」有意水準がつねに低くなるようにするには、回数に応じて異なる名目的水準を選ばなければならない、ということ）。頻度主義者はこうした調整を、当然支払うべきペナルティのようなものだと捉え、ベイズ主義も本来同様のペナルティを払うべきだとするが (Mayo: 1996, 350)、ベイズ主義者はこのペナルティが頻度主義の「誤り確率」にのみ由来する不合理なものだと主張する。

[44] 帰無仮説 H_0 を真とし、対立仮説 H_1 を偽とする。いま、H_1 を支持して、両者の尤度比を少なくとも k 以上（ただし $k \geq 1$）とするような値 x の集合 S を考えると、このような S を得る確率 $Pr(S)$ について、

$$Pr(S) = \sum_S Pr(x|H_0) \leq \sum_S Pr(x|H_1)/k \leq 1/k$$

が成り立つ。各式が成立する理由は次のとおり。最初の等式は、H_0 が真であることにより成立。真ん中の不等式は、もとの仮定 $Pr(x|H_0) \leq Pr(x|H_1)/k$ により成立。最後の不等式は、$\sum_S Pr(x|H_1)$ が、H_1 を真としたときに S を得る確率だから（しかし実際 H_1 は偽なので）、この値が1より小さくなることによって成立する。したがって、$Pr(S) \leq 1/k$ が成り立ち、S を得て実験を終了する確率は $1/k$ となる（以上はロイヤルの解説 (Royall: 1997, 7) に基づく）。

[45] カデインらの元の議論に即せば、仮説 H の事前確率を r、観察を続けて事後確率が v 以上となる観察回数の下限を N とすると ($v > r$、また観察は最低 k 回行う)、$Pr(H) \geq Pr(H, N < \infty) = \sum_{n=k}^{\infty} Pr(N = n)Pr(H|N = n) \geq vPr(N < \infty)$ となる (この結果は可算加法性を前提して得られるが、具体的な計算過程については (Kadane et al.: 1996) を参照のこと)。ここから、$Pr(N < \infty) \leq r/v < 1$. なお、仮定より $Pr(\neg H) = 1 - r$、実験計画から $Pr(\neg H|N < \infty) \leq 1 - v$ であるから、

$$Pr(N < \infty|\neg H) = \frac{Pr(\neg H|N < \infty)Pr(N < \infty)}{Pr(\neg H)} \leq \frac{r(1-v)}{v(1-r)}$$

したがって、H が偽であるにもかかわらず、事後確率が v を超えて実験が終了する確率は、$r(1-v)/v(1-r)$ である。

[46] セントピーターズバーグのパラドクスとは、期待値に関する次のパラドクスを指す (この問題を提起したベルヌーイがこの地に住んでいたことからこの名で呼ばれる)。いま偏りのないコインを投げ、はじめて表が出たときのその回数に応じて賞金がもらえるゲームがあるとする。つまり、もし 1 回目で表が出れば 2 円もらえ、2 回目ではじめて表が出れば 4 円もらえ、3 回目であれば 8 円もらえる、というように n 回目ではじめて表が出れば、2^n 円の賞金がもらえる。ではこのゲームの賞金の期待値はというと、n 回目で表が出る確率は $\frac{1}{2^n}$ であるから、

$$2 \cdot \frac{1}{2} + 2^2 \cdot \frac{1}{2^2} + 2^3 \cdot \frac{1}{2^3} + \cdots = 1 + 1 + 1 + \cdots = \infty \text{ (円)}$$

となる。したがって、賭けをする人が期待値をもとに賭けてもよい金額を決めるとすると、いくら高くてもよいことになるが、実際は $\frac{1}{2}$ の確率で 2 円、$\frac{1}{4}$ の確率で 4 円しかもらえないので、高額な掛け金は、少なくとも直観的には不合理であろう。これがパラドクスの内容である。この問題に様々な回答が行われてきたが、確率と効用をもとに意思決定の論理を展開したベイズ主義者の R. ジェフリーは、このパラドクスを解決する方法は端的に、「銀行に無際限に金がある人などないので、こんなゲームに誘いをかける人は嘘つきである」という点に訴えることだとした。

[47] ポパーは仮説 (モデル) の潜在的な反証者 (その反証となるような証拠) の集合の大きさを問題にし、反証の程度が区別できるとした。その際、反証可能性の程度 (反証者の集合) と仮説が成立する確率 (ポパーはここでの確率を「論理的確率」と呼ぶ) とが相補的であると主張した。反証可能性の程度が大きいとき、その仮説の成立する確率は小さく、反証可能性の程度が小さければ仮説の確率は大きい。反証の程度は、

論理的な含意関係（あるいは集合的な包含関係）により相対的に比較可能である。たとえば、「すべての天体の軌道は円である」という仮説と「すべての天体の軌道は楕円である」という仮説では、前者が後者を論理的に含意する（あるいは「楕円軌道の天体の集合は、円軌道の天体の集合を包含する」）ので、前者の反証可能性の程度の方がより大きく、したがってそれが成立する確率はより小さい (Popper: 1959, §6)。

[48] モデル M が平均してどれほどうまく予測するか（モデル M の性能の期待値）、とは次のことを指す。（未知の）真の曲線 T によって得られるデータ集合を $D_1, D_2, D_3, \cdots$, とすると、それぞれのデータをもとに最尤推定を行って、曲線 $L_1(M), L_2(M), L_3(M), \cdots$, が決まる。これら曲線の予測正確性の大きさ（ただし、この大きさについては、まだ明確ではない）を平均した値が、モデル M の予測性能の期待値である (Forster & Sober: 1994)。この後紹介される赤池の考え方に従えば、このモデル性能の平均は、データの数 n を大きくしていったときに、モデルの中で「真の分布に最も近い」予測分布を与える曲線の予測性能値に近づく（後の訳註 [51] における $I(q, p)$ に相当する）。ここでソーバーが「平均」と言うのは、あるデータ集合をもとに曲線 $L(M)$ を固定して、その曲線の予測のよさの平均をランダムに得られる新しいデータによって測る（訳註 [51] の $I(q, p(\hat{\theta}))$ を推定することに当たる）という意味ではないことに注意。実はこうした「平均」の考え方も必要となるのだが、ここでのモデルの予測正確性（平均的性能）とは、各データ集合から最尤推定によって決まる各曲線 $L_n(M)$ に割り当てられる予測性能値（これが結局、このあとすぐ論じられるように、ランダムなデータに対する各曲線の「平均的」予測性能を表す数値となる）を曲線ごとに次々と得たときの平均（期待値）として考えるべきだということ。逆に、予測正確性を表す尺度は、その平均に十分な意味があるものでなければならない（その平均が、真の分布に対してモデルの中の「最適」な曲線でなければならない）。

[49] 変数 y と x の関係を調べるために、$y = a + bx + \epsilon$ というモデル（「線形回帰モデル」と呼ばれる）を立てたとする。a, b は係数（回帰係数）、ϵ は誤差である。観察値と予測値の距離（差）の 2 乗をとって係数の値を求める方法では、n 個のデータに対して、誤差の 2 乗和 $\sum_{t=1}^{n}(y_t - (a + bx_t))^2$ を最小にする係数 a, b を求めることになる。ところで、x を与えたときの y の条件付き確率密度分布 $q(y|x)$ を考えると、これは上記モデルにおける誤差の確率密度分布で近似できる。したがって、誤差 ϵ が平均 0、分散 σ^2 の正規分布に従うとし、調整可能なパラメータのベクトルを $\boldsymbol{\theta}$ と

すると、
$$q(y|x) \approx p(y|x;\boldsymbol{\theta}) = \frac{1}{\sqrt{2\pi\sigma^2}} \exp\left(-\frac{(y-a-bx)^2}{2\sigma^2}\right)$$
となる。(なお、一般に x の確率密度関数が調整可能なパラメータ θ を含んだ確率モデルになっている場合、このモデルは $p(x,\theta)$ のように表され、入力値 x に対して観測値 y がパラメータ θ を含む形で確率的に決まる場合には、このモデルを $p(y|x;\theta)$ のように表す。ただし、確率密度（関数）は $p(x|\theta)$ とも、また尤度関数 $L(x,\theta)$ は $L(\theta|x)$ とも表される。本書では、確率密度（関数）には $p(x|\theta)$ の形を、また尤度関数には $L(x,\theta)$ の形をそれぞれ用いている。）ここで、データ (x,y) を $\boldsymbol{X}$ で表すとすれば、$p(\boldsymbol{X}|\boldsymbol{\theta}) = p(y|x;\boldsymbol{\theta})p(x)$ （ただし $p(x)$ は定義上必要なだけで、その値は問わない）。最尤法で $\boldsymbol{\theta}$ $(a,b$ の値) を求めるには、n 個のデータについて、尤度関数
$$L(\boldsymbol{X},\boldsymbol{\theta}) = p(\boldsymbol{X}_1|\boldsymbol{\theta})\cdots p(\boldsymbol{X}_n|\boldsymbol{\theta})$$
の値を最大にする $\boldsymbol{\theta}$ を求めればよい。いまこの尤度関数の対数を $\ell(\boldsymbol{X},\boldsymbol{\theta})$ で表すと、
$$\ell(\boldsymbol{X},\boldsymbol{\theta}) = \sum_{t=1}^{n}\log p(\boldsymbol{X}_t|\boldsymbol{\theta}) = -\frac{n}{2}\log(2\pi\sigma^2) - \frac{1}{2\sigma^2}\sum_{t=1}^{n}(y_t-(a+bx_t))^2 + n\log p(x)$$
この値を最大にする $\boldsymbol{\theta}$ とは、右辺第 2 項の $\sum_{t=1}^{n}(y_t-(a+bx_t))^2$ を最小にする（すなわち「距離の 2 乗」を最小にする）$\boldsymbol{\theta}$ （係数 a,b) である (cf. 下平: 2004)。このあとの、「予測しようとするデータの集合が大きくなるほど 2 乗の和は大きくなり、… 尤度が必然的に小さくなる」という点は、上記の関係を踏まえれば理解できる。

[50] 赤池がこのような考え方をしなかったということではない。正確には、「このような考え方は、赤池の定理の最終的な形式の中には、形の上では表されていない」ということ。正確性を尤度の対数で測り、$L(\text{LIN})$ のパラメータを $\hat{\theta}$ として $L(\text{LIN}) = p(x|\hat{\theta})$ と表すなら、ここで言う「モデルの予測正確性を 1 データ当たりの平均の正確性と考えること」とは、n 個のデータについて
$$\frac{1}{n}\sum_{i=1}^{n}\log p(x_i|\hat{\theta})$$
を正確性の指標にすることを意味する。

これは n 個のデータについての平均の正確性だが、もし真のモデルから得られるランダムなデータの集合について、平均の正確性（正確性の期待値）を考えるなら、
$$\int q(x)\log p(x|\hat{\theta})dx$$

がその指標となる。$q(x)$ は真の分布を表し、対数尤度がこの確率で重み付けされ、平均化されている（なお、Forster & Sober: 1994, Appendix B では、これがはじめから「1 データ当たりの平均の正確性」の指標として挙げられている）。これは後述のカルバック–ライブラー距離（情報量）をモデルの予測正確性の評価に用いるということに他ならず、赤池は「赤池の定理」を導く上で正にこうした考え方をとった。しかし赤池は、定理の導出過程においては、実際に用いるデータの「データ当たりの平均」を考慮して、AIC をデータ数 n で割った値を導いているが、最終的にはこれを n 倍（正確には $2n$ 倍）した形を結論として示している。ソーバーが言うように「すべてのモデルが同一の新たなデータ予測をするとし、新たなデータの数は既存のデータ数と同じである」と考えれば $1/n$ は必要ない。

[51] ここで、この「距離の期待値」の考え方を含め、AIC の導出について簡単に触れておく（以下は、下平 (2004)，小西・北川 (2004) の解説を参考にしつつ、AIC 導出の要点をまとめたものである。要点の選択、および記述の順序は訳者の判断による）。

AIC の根本には、後出のカルバック–ライブラー (KL-) 距離（カルバック–ライブラー情報量）がある。KL-距離とは、確率変数 x に対してその情報量を $-\log q(x)$ で与えたときに、この真の分布 $q(x)$ の情報量の期待値と、モデル $p(x)$ における情報量の期待値の差として定義される量である。すなわち、KL-距離は、

$$D(q,p) = \int q(x) \log q(x) dx - \int q(x) \log p(x) dx = \int q(x) \log \frac{q(x)}{p(x)} dx$$

で与えられる。ここでこの情報量を「距離」と呼ぶのは、情報量間にピタゴラスの定理のアナロジーが成立することなどから、この情報量が近似的に「距離の 2 乗」と解釈できること（パラメータ空間内で、情報量 $D(q,p)$ が点 q, p の隔たりであるような幾何学的なイメージをもつことができること）による。

さて赤池は、モデルの予測正確性をいかに評価すればよいかという問いに対して、2 乗予測誤差の期待値を考えるのではなく、対象となるモデルの予測分布が真の分布にどれほど近いかを考えるべきだとし、その尺度として KL-距離を用いることを提案した。KL-距離を尺度とするなら、その値が 0 に近いほど、予測分布は真の分布に近いと考えることができる。もっとも、上に示した KL-距離の第 2 式において、$\int q(x) \log q(x) dx$ は定数となるので（$q(x)$ は真の分布なので 1 つに決まる）、モデルを比較する場合には、第 2 項の $-\int q(x) \log p(x) dx$ だけを考えればよいことになる。符号をとれば、これはモデル $p(x)$ の尤度（対数尤度）を平均化したもの（$p(x)$

にあるパラメータ θ が与えられたときの、各 x の値に対するモデルの尤度を x の真の分布確率で重み付けした期待値)、つまり $p(x)$ の平均対数尤度である(いま、$-\int q(x)\log p(x)dx$ を $I(q,p(\theta))$ と表す。この符号が平均対数尤度と逆になることに注意)。したがってモデルの予測のよさを KL-距離で測ることは、すなわちモデルを平均対数尤度で測ることを意味し、「KL-距離がより小さい=平均対数尤度がより大きい」モデルほど予測に優れたモデルということになる(ソーバーが指摘した第 2 の点、つまり「データ数によって指標が自動的に小さくならない」という点が、「平均」対数尤度を考えることで確かに満たされる)。さらに、この方針に従えば、モデルのパラメータが様々な値をとる中で、KL-距離が最短となるようなパラメータの値、すなわちパラメータの最尤値(モデルによる予測分布をパラメータ θ の関数としたときに、真の分布値に対する尤度が最大となる θ の値)$\theta=\theta_0$ が各モデルで決まるはずなので、$I(q,p(\theta_0))$ をモデル比較の尺度とすることが最も適切と考えられる。

しかし、データからこの値を直接計算することはできない。真の分布 $q(x)$ は未知であり、モデルの中で真の分布に一番近い分布を与える θ_0 の値も、$q(x)$ がわからなければ決まらない量なので、未知だからである。また、θ_0 が未知であれば、当然ながら新たなデータ予測を行うこともできない。そこで、新たな方針が必要となる。まず、データは真の分布 $q(x)$ にしたがって得られるはずなので、データをもとに $q(x)$ を近似することを考える(近似の分布を $\hat{q}(x)$ で表す)。このとき近似に、「経験分布」の密度関数と呼ばれる関数を用いることができる。これは、n 個のデータ $\{x_1, x_2, \cdots, x_n\}$ について、$\hat{q}(x) = \frac{1}{n}\sum_{i=1}^{n}\delta(x-x_i)$ で与えられる関数で($x=x_i$ で $\delta(x-x_i)=1$、$x\neq x_i$ で $\delta(x-x_i)=0$ となる)、各データ点に $1/n$ の等確率を与えることのできる確率密度関数である。

さて、いま $I(q,p(\theta))$ と $I(\hat{q},p(\theta))$ の関係を見ると(θ の値は未固定)、

$$I(\hat{q},p(\theta)) = -\int \hat{q}(x)\log p(x)dx = -\frac{1}{n}\sum_{i=1}^{n}\log p(x_i)$$

となる(データが与えられている点でのみ $\hat{q}(x)$ は $\frac{1}{n}$ になり、他の点はすべて 0 になることに注意)。データ数が無限に大きくなれば、この平均の値は期待値に収束するので、$n\to\infty$ のとき、$I(\hat{q},p(\theta)) \to I(q,p(\theta))$ である。したがって、$\hat{q}(x)$ は $q(x)$ のよい近似と見なすことができる。

ところで、モデル比較に最も適切なパラメータ θ_0 は $I(q,p(\theta))$ を最小(平均対

数尤度を最大) にする θ であったので、$I(\hat{q}, p(\theta))$ を $I(q, p(\theta_0))$ の近似と見なすならば、

$$I(\hat{q}, p(\theta)) = -\frac{1}{n}\sum_{i=1}^{n} \log p(x_i)$$

を最小にする θ を θ_0 の近似とする考え方へと導かれる。これはすなわち、n 個のデータが与えられたときのパラメータ θ の最尤推定値に他ならない(これを $\hat{\theta}$ で表す。各モデルにおいて、この $\hat{\theta}$ で決まる曲線が本論の $L(\text{LIN})$ や $L(\text{PAR})$ に当たる)。実際に、n の値を大きくしていき、そのそれぞれのデータ集合に対する最尤推定値 $\hat{\theta}$ の振る舞いを見ると、$\hat{\theta}$ は近似的に θ_0 を平均とする正規分布になる (「漸近正規」)。さらに、$n \to \infty$ のとき $\hat{\theta} \to \theta_0$ である。したがって、$\hat{\theta}$ は θ_0 のよい近似と見なしうる (ここから、ソーバーの第 1 の要求、すなわち「モデル」の予測正確性として平均的なよさをとること (平均的なよさが 1 つの値に収束すること) を満たすことが確認できる)。

ここに、$I(q, p(\theta_0))$ の推定量の 1 つとして、$I(\hat{q}, p(\hat{\theta}))$ が得られた。しかし、これにより、$I(\hat{q}, p(\hat{\theta}))$ をモデルの予測正確性の尺度にしてよいかというとそうではない。まず、新しいデータの予測はパラメータ θ_0 の推定量である $\hat{\theta}$ を用いて行うので、$p(x, \hat{\theta})$ の予測の正確性を測る必要がある。この場合の正確性も、やはり真の分布との距離 (平均対数尤度の大きさ)、つまりランダムに採られたデータの分布を予測する際の平均的なよさで判断されるので、結局 $I(q, p(\hat{\theta}))$ が予測正確性の適切な尺度ということになる。ただし、$q(x)$ は未知であるから、$I(q, p(\hat{\theta}))$ を既知の $I(\hat{q}, p(\hat{\theta}))$ から推定しなければならない。

ここで問題は、$I(q, p(\hat{\theta}))$ と $I(\hat{q}, p(\hat{\theta}))$ の差がどれほどの大きさかである。$I(\hat{q}, p(\hat{\theta}))$ では、データをもとに最尤推定値 $\hat{\theta}$ を求め、再び同じデータを用いて平均対数尤度の推定を行っている。このように同じデータを 2 回用いることで明らかなバイアスが生じる。しかし、もしこのバイアスの量がうまく推定されるなら、そのバイアス分を $I(\hat{q}, p(\hat{\theta})) = -\frac{1}{n}\sum_{i=1}^{n} \log p(x_i|\hat{\theta})$ において補正してやることにより、$I(q, p(\hat{\theta}))$ のよい推定が行えるはずである (バイアスの推定は、$q(x)$ によるデータをランダムに得た場合の期待値を $E\{I(q, p(\hat{\theta}))\}$ とすると、これと $I(\hat{q}, p(\hat{\theta}))$ との差の (データの同時分布に対する) 期待値、すなわち $E[I(\hat{q}, p(\hat{\theta})) - E\{I(q, p(\hat{\theta}))\}]$ で与えられる)。赤池は、このバイアスがモデルのパラメータ数 k で近似できること (バイアスが漸近的にパラメータ数 k になること) を示した (バイアスの詳しい数学的な導出

については小西・北川 (2004) を参照のこと)。この結果から導かれた規準が、

$$\mathrm{AIC} = -2\sum_{i=1}^{n}\log p(x_i|\hat{\theta}) + 2k$$

である。これはバイアスが補正されていることによって、もとの $I(q,p(\hat{\theta}))$ (および平均対数尤度) に対して近似的な不偏推定量を与える。

[52] 「ヒューム的な自然の斉一性の仮定」とは、「これまで得られたデータに一定の規則性が成り立つなら、それは自然において一般に成り立つものであり、新たなデータに対しても成り立つ」という仮定である。18 世紀、英国の哲学者 D. ヒュームは、観察から法則を導く推論 (帰納推論) にはこの仮定が不可欠であるとしたが、この仮定の妥当性を言うには帰納推論が必要となるので (循環論法となるので)、帰納推論は私たちの「心の習慣」と見ることによってのみ、合理的な受け入れが可能だとした。AIC でもヒュームが述べた「自然の斉一性」の仮定が、議論の妥当性を支える大前提である (もっとも、「正規性の仮定」などは厳密に正規性が成り立たなくとも、漸近的に (あるいは近似的に) 正規性が成り立てばよいので、仮定の程度はヒュームのそれよりも弱い。Forster: 2001, 87.)。ただし、AIC の議論は自然の斉一性の「根拠」を探るものではなく、自然の斉一性を前提したときに、「どうすれば、その斉一性がうまく捉えられていると言えるか」を、カルバック−ライブラー情報量、推定の不偏性に基づいて探ろうとするものである。AIC を含むモデル選択の議論は、現代における「帰納推論とは何か」を探る試みであるが、ヒュームのように (ヒュームが想定した) 単純な帰納推論を根拠付けようとするものではなく、何らかの斉一性の仮定の下に、帰納推論の目的をどう設定し、その目的に向けてどのような規準を採用すればよいかを議論の焦点とする。その中で、AIC は「予測正確性」を帰納推論の目的として導かれた規準である (ただし、後で述べられるように、AIC は他の規準に対して「より根本的」と考えられる規準である)。

[53] このような「除外数 1 の交差検定」は、文字通り 1 つのデータだけをテスト事例として残しておくものなので、これは概ね「新しいデータを前のデータと同じ範囲の分布から取り出す」方法と見なせるだろう。これと AIC が漸近的に等しいことから、AIC も同様の特徴 (制約) をもつ方法であることが間接的に理解できる。もっとも、この特徴に関するより直接的な理解は、訳註[51] で述べた AIC 導出過程から得られるだろう。パラメータの最尤推定と予測正確性の評価 (真の分布の推定) の両方に、

一定範囲の同一データが用いられていることがこの制約の根拠である。

なお、この2つの尺度が漸近的に等しいことは、およそ次の手順で示される（下平: 2004）。いま n 個のデータ集合 $X = (x_1, x_2, \cdots, x_n)$ から t 番目のデータ x_t を取り除いたデータ集合を X_t で表し、このデータ集合によるパラメータの最尤推定値を $\hat{\theta}$ とすれば、除外数1の交差検定によるモデル M の予測正確性の尺度は、

$$-\frac{1}{n}\sum_{t=1}^{n} \log p(x_t|\hat{\theta}(X_t))$$

で与えられる。ここで、データ X_t およびデータ X における対数尤度関数をそれぞれ $\ell(X_t, \theta), \ell(X, \theta)$ とすると、

$$\ell(X_t, \theta) = \ell(X, \theta) - \log p(x_t, \theta)$$

の関係が成立する。$\frac{\partial \ell(X_t, \theta)}{\partial \theta} = 0$ となるのは $\theta = \hat{\theta}(X_t)$ のときなので（対数尤度を θ の関数と見たときの極値が θ の最尤値）、上式右辺から、$\theta = \hat{\theta}(X_t)$ のとき、

$$\frac{\partial \ell(X, \theta)}{\partial \theta} = \frac{\partial \log p(x_t, \theta)}{\partial \theta}$$

となる。また、平均対数尤度と KL-距離の関係から、$-\frac{1}{n} \cdot \ell(X, \theta) = I(\hat{q}, p(\theta))$. したがって、$\theta = \hat{\theta}(X_t)$ において、

$$-\frac{1}{n} \cdot \frac{\partial \log p(x_t, \theta)}{\partial \theta} = \frac{\partial I(\hat{q}, p(\theta))}{\partial \theta}$$

この右辺をデータ X に対する最尤値 $\hat{\theta}(X)$ の周りでテイラー展開し、$\hat{\theta}(X_t) - \hat{\theta}(X)$ について解いた後、その結果を $-\frac{1}{n}\sum_{t=1}^{n}(\log p(x_t, \hat{\theta}(X_t)))$ の $\hat{\theta}(X)$ の周りでの展開式に代入すれば、最終的に、$-\frac{1}{n}\sum_{t=1}^{n}(\log p(x_t, \hat{\theta}(X_t)))$ と $I(\hat{q}, p(\hat{\theta}))$ の違いは無視できる大きさであることが示される。

[54] 除外数1の交差検定が AIC と漸近的に等しいのに対して、除外数 k の交差検定（データ数 n）は、

$$k = n\left(1 - \frac{1}{\log n - 1}\right)$$

という条件が成り立つときに、後述の BIC と等しいことが示されている (Shao: 1997)。これら2つの組の大きな違いは、後者には統計学的な「一致性」(consistency, データ数が大きくなると、推定値が真の値に近づくこと) があるのに対して、前者にはそれがないことである。しかしこれは単純に、前者よりも後者が予測にすぐれて

いることを意味しない。そもそも両者ではその目的が異なるのである。AIC および除外数 1 の交差検定は、予測「正確性」の（モデル比較のための）尺度を求めることがその目的となるが、BIC およびある条件下の除外数 k の交差検定は、モデルの「平均尤度」を求めることが目的である。こうした目的の違いについては、このあとの「ベイズ主義のモデル選択」の項で論じられる。

[55] LIN と PAR は入れ子構造なので、どんなデータ x に対しても、$Pr(x|L(\text{PAR})) \geq Pr(x|L(\text{LIN}))$ が成り立つ（これは、§3 の証言者の例で、つねに $Pr[W_i(P)|P] > Pr[W_i(P)|\neg P]$ が成立したことに相当する）。データが直線上にある場合を除いては、つねに不等号が成立する。したがって、証言者の例と同様に、この場合 2 つのデータ集合 X_1, X_2 に対して、

$$\frac{Pr[X_1 \& X_2|L(\text{LIN})]}{Pr[X_1 \& X_2|L(\text{PAR})]} < \frac{Pr[X_1|L(\text{LIN})]}{Pr[X_1|L(\text{PAR})]} < 1$$

となる。つまり、データ集合が大きくなるにつれ (A) の左辺の比は次第に小さくなり、あるデータ数を超えると必ず 0.37 よりも小さくなる。

[56] AIC は、モデルの予測正確性の評価にカルバック–ライブラー距離の期待値を用いようとするものであり、これは最尤推定値そのものではなく、最尤推定によるバイアスを補正したものである。バーナムとアンダーソンは、著書 (Burnham & Anderson: 2002) に関係した補足的なコメントの中で、次のように述べている。「『AIC が入れ子モデルにだけ適用できる』という考え方には根拠がない。カルバック–ライブラー情報量の相対的な期待推定値である AIC は、入れ子型モデル、非入れ子型モデルのどちらにも使うことができる。('AIC MYTHS AND MISUNDERSTANDINGS', http://warnercnr.colostate.edu/~anderson/PDF_files/AIC%20Myths%20and%20Misunderstandings.pdf)」

[57] BIC の推定値が AIC の推定値と c（定数）だけ異なるとする。モデルがもつ真の予測正確性（前出の $I(q, p(\theta_0))$）が AIC*で表されるとすると、AIC は AIC*の不偏推定値なので、$E[\text{AIC}] = \text{AIC*}$ である（E は期待値を表す）。このとき、新たな推定方法の 2 乗誤差は、

$$E[(\text{AIC} + c - \text{AIC*})^2] = E[(\text{AIC} - \text{AIC*})^2] + c^2$$

となる（$E[(\text{AIC} - \text{AIC*})] = 0$ となることに注意）。この結果は、BIC の 2 乗誤差

の期待値は AIC の 2 乗誤差の期待値より、厳密に（c^2 の分だけ）大きくなることを示している (Forster & Sober: 2011)。

[58] あるデータをもとに、モデル M のパラメータ最尤推定値 $\hat{\theta}$ が決まり、モデルの中で一番当てはまりのよい曲線が決まる。この尤度からパラメータ数を引いた数値が AIC であるが、このとき次のような考え方が成り立つ。いま、M の一部のパラメータが、この最尤値に最初から固定されていたとする。この新たなモデル M' はもとのモデル M の部分をなし（「下位グループ」に属す。つまり、$M' \subset M$）、この同じデータに対する M' の最もよい曲線（最尤パラメータを含む曲線）は、M における最もよい曲線と同じである。しかし、M と M' では尤度は同じだが、パラメータ数が M' の方が少ないので、AIC スコアは M' の方がよい。このような下位グループを認めれば、すべてのパラメータをもとの最尤値に固定したモデル（調整可能なパラメータ数ゼロ）の AIC スコアが最もよいことになる。これは結局、AIC スコアの比較が単に尤度の比較になること（新たなデータ予測において、つねに最も複雑な、データに適合する曲線がよいということ）を意味し、当初の AIC の考え方に反する。この点が、「下位グループ」の本質的問題である。

[59] AIC は真の分布 $q(x)$、データに基づくモデルの予測分布 $p(x|\hat{\theta})$ に対して、$I(q, p(\hat{\theta}))$ の推定値であった（訳註 [51] 参照）。この推定値を得る過程で、最尤値の尤度を用いることによるバイアスとして、実はパラメータ推定の「分散」を反映した「パラメータ推定の平均 2 乗誤差」に相当するバイアス（データによる最尤推定値 $\hat{\theta}$ と、真の分布に最も近い最適パラメータ θ_0 の差によるバイアス）が 2 回現れる。モデルのパラメータ数が増えれば、それだけこのバイアスは大きくなる（下平: 2004）。これを平均的にうまく補正するのが AIC の第 2 項であった。したがって、もともとパラメータ数が多いモデルから適合モデル（曲線）を得て、これを強いて「調整可能なパラメータ数ゼロ」の極小モデルにする（あるいはパラメータ数をより小さくする）と、このバイアス分が大きく残ることになる。その場合でも AIC スコアを平均すれば、もとのモデルと同じスコアに近づくが、より大きな分散を許すことになり、新しいデータの正確な予測は得にくいと考えられる。

[60] AIC の重み付けとは、以下のようなものである。あるデータに対して、いくつかの候補になるモデルのそれぞれで AIC スコアを計算する。その後、最も値の小さい AIC と各モデル M_i $(i = 1, 2, \cdots, R)$ の AIC の差 $d_i (= \text{AIC}_i - \text{AIC}_{\min})$ をとり、各モデル M_i の「重み」

$$w_i = \frac{\exp\left(-d_i/2\right)}{\displaystyle\sum_{r=1}^{R} \exp\left(-d_r/2\right)}$$

を計算する。この重みにより、各モデル M_i の予測値 Y_i を平均した値

$$\overline{Y} = \sum_{i=1}^{R} w_i Y i$$

を予測値として用いる (Anderson: 2008, 88;108)。

[61] 科学理論は真でも偽でもない、という立場の道具主義は、論理実証主義への反動としてS. モルゲンベッサーらによって 1960 年代に唱えられた考え方。ソーバーの考える道具主義は、「科学理論の真偽判断の可能性」も含めて、真偽を問題にする言語哲学的な見方を一切科学に持ち込まずに、「予測の正確性」こそ科学の目的だ、とするような見方である。

[62] スタンフォードは、科学の歴史の中で、どの科学的仮説も、そのときにはまだ思いつかれていない後世の仮説によって塗り替えられてきたという点に鑑みるなら、科学的仮説はつねに考慮不全 (underconsideration, 考慮すべき可能性がまだすべて尽くされていない状態) にあるとして、特に「科学的仮説は真理を捉えることができる」とする実在論の主張に異を唱える。

[63] AIC は予測正確性を測る唯一の手段ではない。「AIC の適用範囲」の項でも述べられたとおり、AIC を基礎としながら AIC とは異なる尺度が提案されている。また、AIC のようにモデルにおけるパラメータの最尤推定量を用いずに、パラメータのメジアン（中央値）や平均偏差のメジアンを用いる方法もある。つまり、パラメータがまだ調整されていない「モデル」の段階では、予測正確性の尺度にいくつもの、異なる考え方をもつ候補が考えられる。そうした中で、(AIC の導出には確かに一定の理論的背景があるものの) AIC スコアの比較が予測正確性の比較によい成果を得ているというのは、経験的事実であって、真理と直接結びついた導出関係によって確認できることがらではない。AIC はあくまで 1 つの提案である。したがって、「モデル」の予測正確性の比較に AIC を用いるというのは「道具主義的」判断であり、AIC は本質的に、モデルの次元では道具主義的に理解されうるものである。

　一方、モデルの予測正確性を評価する上で、パラメータの最尤推定量を用いること（パラメータをこのように調整すること）は、モデルの予測分布 $(p(x))$ と「真の」分布 $(q(x))$ がどれほど近いかという、カルバック–ライブラー距離の考え方を背景に

もつものであった (訳註 [51])。AIC は、$I(q,p)$ の考え方から出発し、データから得られた最尤推定値 $\hat{\theta}$ を用いて $I(q,p(\hat{\theta}))$ の推定量を得ることを目標とするが、これを経験分布 $\hat{q}$ による $I(\hat{q},p(\hat{\theta}))$ を用いて (途中、モデルが真の分布に最も近くなる最適パラメータ θ_0 を含む $I(q,p(\theta_0))$ をうまく近似しながら) 推定した量が AIC である。つまり、パラメータを最尤値とする「適合モデル」と、データを生み出す真のモデルとの距離で予測正確性を測ろうとする考え方そのものは、真のモデル (真の分布) を前提として「実在論的」に追求されたものだと言える。

[64] たとえば、真のモデルが PAR (すなわちデータを生み出す真の曲線が 2 次曲線) のとき、モデル LIN は「偽」となるが、得られたデータが直線に近い部分であるときに、それぞれの予測分布と真の分布の距離に関して、LIN の方が小さい (尤度では LIN の方が大きい) ことが起こりうる。一般に、あるデータについて、偽のモデル F の適合モデルに対する確率密度関数を $f(x|\hat{\theta}_f)$、真のモデル T の適合モデルに対する確率密度関数を $t(x|\hat{\theta}_t)$、真の分布を $q(x)$ とすれば、$I(q,f(\hat{\theta}_f)) < I(q,t(\hat{\theta}_t))$、すなわち

$$-\int q(x)\log f(x|\hat{\theta}_f)dx < -\int q(x)\log t(x|\hat{\theta}_t)dx$$

となる場合がある、ということ。

[65] ソーバーは、モデル M_1, M_2 が入れ子構造になっているときに ($M_1 \supset M_2$)、次の関係が「つねに」成立することを解析的に示している (Forster & Sober: 2011)。もし、$\text{AIC}(M_1) - \text{AIC}(M_2) > 0$ ならば、すべての $z \neq y$ について、上掲の不等式が成立するような正の数 y が存在する。これは、「モデルが入れ子構造になっているときに、次数の高いモデルが次数の低いモデルより AIC が大きい」(ただしこの場合の AIC は、予測正確性が高い方が大きい) という条件 (条件 A とする) が成り立っていれば、カルバック-ライブラー距離に基づく実際の予測正確性の差が、「(ある値) y である」という仮説は、その差をそれ以外の値とするどの仮説より尤度が高いことを意味する。したがって、条件 A が成立するときには、尤度の法則に従った「証拠」判断 (「予測正確性の差は y である」という仮説が他の仮説より支持されるということ) が可能であり、このような場合、AIC は尤度主義と、また尤度の法則を受け入れる部分でベイズ主義とも、考え方が一致する (2 つのモデルが入れ子構造になっていない場合については、まだ十分検討されていない)。

[66] ここで考えようとしている宝くじのモデルは、いずれもくじ券の当選確率をパラメー

タとし、実際にどの券が当選したかをデータとするものである。したがって、ある券に当選をもたらす「真のモデル」も、各くじ券がもともともつ当選確率によって決まる（つまり、真のモデルも条件付き確率の形をしていて、条件付けられている部分はここでのモデルと同じ「くじ券 i が当選する」という形をしている。こうしたモデルが、圧力調理器の例のように、1 つの入力値に対して出力値が 1 つに決まる「決定論的」モデルではないことに注意）。公正モデルにおいて、n 枚のくじ券のうちの、ある具体的な券 1 枚が当たる確率は、$p(1-p)^{n-1}$ であるから、これを p の関数とみて p で微分すれば、$(1-p)^{n-2}(1-np)$. これを 0 にする値（1 を除く）が最尤値であるから（§2 訳註 [16] を参照）、最尤値 $p = \frac{1}{n}$ となる。

[67] 「公正」モデル、「不正」モデルのそれぞれの AIC スコアは次のようにして計算できる（各宝くじの購買総数は 50,000 枚とする）。「公正」モデルの AIC スコア $= \log\{Pr[\text{データ}|L(\text{公正モデル})]\} - k$ を求めるには、尤度関数 $p(1-p)^{n-1}$ に最尤値 $p = \frac{1}{50000}$ を代入したものの対数をとり（第 1 項）、ペナルティ項（パラメータ数）$k = 1$ を引いてやればよい。すなわち

$$\text{AIC}(\text{公正モデル}) = \log\left\{\frac{1}{50000} \cdot \left(\frac{49999}{50000}\right)^{49999}\right\} - 1 \approx -11.8 - 1 = -12.8$$

一方、AIC(不正モデル) の値は次のように求められる（言うまでもなく、この「不正」モデルが、「アダムズの 2 回当選に不正があった」とする考え方に対応するモデルである）。各パラメータの最尤値が、当選者 A については $p_A = \frac{1}{50}$ であり（50 枚ちょうどが購入されたとして、そのうちの 1 枚が当選）、はずれた他の人たちについては $p_j = 0$ $(j \neq A)$ である。この最尤値によって実際の当選データを得る尤度は、$\frac{1}{50} \cdot (1 - \frac{1}{50})^{49} \cdot (1)^{49950}$（当選確率 0 のくじ券が実際にはずれる尤度は 1 であることに注意）。したがって、

$$\text{AIC}(\text{不正モデル}) = \log\left\{\frac{1}{50} \cdot \left(\frac{49}{50}\right)^{49}\right\} - 1000 \approx -4.88 - 1000 = -1004.88$$

である（ペナルティ項 k はパラメータ数である 1000）。2 つの AIC スコアを比較すれば、数値上、「公正」モデルの予測正確性が高いことになる（「不正」モデルでは、つねに同じ人物が当選する、としか予測しないので、「公正」モデルの方が AIC スコアがよくなるのは、ある意味で当然とも言える）。

ここでの論点をまとめると、こうなる。i) 宝くじに関して推論を行う 1 つの方法

として、十分なデータがありさえすれば、「予測正確性」という観点でこれを行うことが可能（AICのようなモデル選択規準を実際にモデルに適用することが可能）である。そして、ii) そうしたモデル選択規準による数値比較を、アダムズの当選に不正があったとする「不正」モデル排除のための、1つの根拠と見なすことができる。

[68] AIC適用のために導入された仮定が、あまり現実的でない、という批判に加えて、次のような批判も考えられよう。それは、「ニュージャージー州宝くじが5回行われるのであれば、それぞれの回の「真の」モデルが異なるであろうから、ある1回の宝くじのデータ集合をもとに他の回の宝くじデータを予測するのは「外挿」(extrapolation) を行うことになり、AICの基本的な適用方法を逸脱することにならないか」という批判である（外挿の問題は、本文 §7、「赤池の体系、理論、規準」の後半でも述べられている）。これに対するソーバーの答えは、こうである（以下は訳者とのやりとりによる）。どの回の宝くじのデータにも、次のような「頻度」が認められる。ここで言うデータは「誰がどの券を買い、どの券が当選したか」ということであり、データそのものには確率は含まれていない。しかし、当選者は50枚購入（と仮定して）のうち1枚が当選するので、当選者によって購入されたこの50枚については $\frac{1}{50}$ という当選「頻度」がデータとして付随する。一方、はずれた人の購入した券にも「頻度」0を認めることができる。すなわちデータには、こうした頻度が備わり、この頻度は5回の宝くじすべてに「共通したデータの特徴」である。もちろん、この頻度は「真の確率」と一致している必要はない。したがって、毎回の宝くじで得られるデータが同じ数値上の特徴をもつことから、ここで外挿問題が生じることはない。もちろん、この主張も、本文の批判にあるように「非現実的な仮定」に基づくものだと言えるが、「予測」の観点でいまの宝くじ問題を考えることは確かに可能であろうし、これを認める限りは、このあとソーバーも強調するように、ここでのソーバーの基本的なアイデアは覆されないと思われる。

参考文献

Akaike, H. (1973) Information Theory as an Extension of the Maximum Likelihood Principle. In Petrov, B. and Csaki, F. (eds.), *Second International Symposium on Information Theory*, pp. 267–281. Akademiai Kiado, Budapest.

*Anderson, D. R. (2008) *Model Based Inference in the Life Sciences: A Primer on Evidence*. Springer, New York.

Anscombe, F. J. (1954) Fixed-Sample-Size Analysis of Sequential Observations. *Biometrics*, 10(1):89–100.

Armitage, P. et al. (1975) *Sequential Medical Trials*. John Wiley & Sons, New York, 2nd edition.

Backe, A. (1999) The Likelihood Principle and the Reliability of Experiments. *Philosophy of Science*, 66:S354–361.

Burnham, K. and Anderson, D. (1998) *Model Selection and Multimodel Inference: A Practical Information-Theoretic Approach*. Springer, New York.

Burnham, K. and Anderson, D. (2002) *Model Selection and Multimodel Inference: A Practical Information-Theoretic Approach*. Springer, New York, 2nd edition.

Carnap, R. (1947) *Meaning and Necessity*. University of Chicago Press, Chicago, Ill.（ルドルフ・カルナップ著、永井成男ほか訳 (1974)『意味と必然性：意味論と様相論理学の研究』紀伊国屋書店、東京）

Carnap, R. (1950) *Logical Foundations of Probability*. University of Chicago Press, Chicago, Ill.

*Carnap, R. (1952) *The Continuum of Inductive Methods*. University of Chicago Press, Chicago, Ill.

Clifford, W. K. (1999) The Ethics of Belief. In *The Ethics of Belief and Other Essays*. Prometheus Books, Amherst, NY. First published 1877.

*Cotterman, C. W. (1940) *A Calculus for Statistico-Genetics*. Ph.D. Thesis (unpublised), Ohio State University. Available at http://etd.ohiolink.edu/send-pdf.cgi/Cotterman%20Charles%20William.pdf?osu1298297334

Courant, R. and Robbins, H. (1959) *What is Mathematics?* Oxford University Press, Oxford.（R. クーラント、H. ロビンズ著、I. スチュアート改訂、森口繁一監訳 (2001)

『数学とは何か:考え方と方法への初等的接近』岩波書店、東京)

Crow, J., Budowle, B., Erlich, H., Lederberg, J., Reeder, D., Schumm, J., Thompson, E., Walsh, P., and Weir, B. (2000) The Future of Forensic DNA Testing: Predictions of the Research and Development Working Group. *National Institute of Justice*, NCJ 183697.

Da Costa, N. C. and French, S. (2003) *Science and Partial Truth: A Unitary Account to Models and Scientific Reasoning.* Oxford University Press, Oxford.

Dauben, J. W. (1994) Topology: Invariance of Dimension. In Grattan-Gudeness, I.(ed.), *Companion Encyclopedia of the History and Philosophy of the Mathematical Sciences*, pp. 939–949. Routledge, London and New York.

Dawkins, R. (1986) *The Blind Watchmaker.* Norton, New York. (リチャード・ドーキンス著、中嶋康裕ほか訳 (2004)『盲目の時計職人:自然淘汰は偶然か?』早川書房、東京)

Dembski, W. (1998) *The Design Inference.* Cambridge University Press, Cambridge.

Dembski, W. (2004) *The Design Revolution: Answering the Toughest Questions about Intelligent Design.* InterVarsity Press, Downers Grove, Ill.

Diaconis, P. and Mosteller, F. (1989) Methods for Studying Coincidences. *Journal of the American Statistical Association*, 84:853–861.

*Döring, F. (1999) Why Bayesian Psychology Is Incomplete. *Philosophy of Science*, 66:379–389.

Earman, J. (1992) *Bayes or Bust: A Critical Examination of Bayesian Confirmation Theory.* MIT Press, Cambridge, Mass.

Earman, J. (2000) *Hume's Abject Failure: The Argument against miracles.* Oxford University Press, New York.

Eddington, A. (1939) *The Philosophy of Physical Science.* Cambridge University Press, Cambridge. (エディントン著、大瀧武訳 (1942)『物理学の哲学』創元科学叢書 20、創元社、東京)

Edwards, A. (1972) *Likelihood.* Cambridge University Press, Cambridge.

Eells, E. (1985) Problems of Old Evidence. *Pacific Philosophical Quarterly*, 66:283-302.

Efron, B. and Morris, C. (1977) Stein's Paradox in Statistics. *Scientific American*, 236:119–127.

Escoto, B. (2004) *Philosophical Significance of Akaike's Theorem.* Unpublished.

Fisher, R. A. (1922) On the Mathematical Foundations of Theoretical Statistics. *Philosophical Transactions of the Royal Society A*, 222:309–368.

Fisher, R. A. (1956) *Statistical Methods and Scientific Inference*. Oliver & Boyd, London.

Fisher, R. A. (1959) *Statistical Methods and Scientific Inference*. Oliver & Boyd, Edinburgh, 2nd edition. （R. A. フィッシャー著、渋谷政昭・竹内啓訳 (1962)『統計的方法と科学的推論』岩波書店、東京）

Fitelson, B. (1999) The Plurality of Bayesian Measures of Confirmation and the Problem of Measure Sensitivity. *Philosophy of Science*, 66:S362–378.

Fitelson, B. (2007) Likelihoodism, Bayesianism, and Relational Confirmation. *Synthese*, 156(3):473–489.

Fitelson, B., Stephens, C., and Sober, E. (1999) How Not to Detect Design: A Review of W. Dembski's *The Design Inference*. *Philosophy of Science*, 66(3):472–488.

Forster, M. (1999) Model Selection in Science: The Problem of Language Invariance. *The British Journal for the Philosophy of Science*, 50(1):83–102.

Forster, M. (2000) Key Concepts in Model Selection: Performance and Generalizability. *Journal of Mathematical Psychology*, 44(1):205–231.

Forster, M. (2001) The New Science of Simplicity. In Zellner, A., Keuzenkamp, H., and McAleer M.(eds.), *Simplicity, Inference, and Modeling*, pp. 83–119. Cambridge University Press, Cambridge.

Forster, M. (2006) Counterexamples to a Likelihood Theory of Evidence. *Minds and Machines*, 16(3):319–338.

Forster, M. (2007) A Philosopher's Guide to Empirical Success. *Philosophy of Science*, 74(5):588–600.

Forster, M. and Sober, E. (1994) How to Tell When Simpler, More Unified, or Less Ad Hoc Theories Will Provide More Accurate Predictions. *The British Journal for the Philosophy of Science*, 45(1):1–35.

Forster, M. and Sober, E. (2011) AIC Scores as Evidence — A Bayesian Interpretation. *The Philosophy of Statistics, Volume 7 (Handbook of the Philosophy of Science)*, pp. 535–549. Elsevier, Oxford.

Frigg, R. and Hartmann, S. (2006) Models in Science. In Zalta, E.(ed.), *The Stanford Encyclopedia of Philosophy*. Available at http://plato.stanford.edu/archives/spr2006/entries/models-science. (accessed August 30 2012.)

Gilovich, T., Vallone, R., and Tversky, A. (1985) The Hot Hand in Basketball: On the Misperception of Random Sequences. *Cognitive Psychology*, 17(3):295–314.

*Glymour, C. (1980) *Theory and Evidence*. Princeton University Press, Princeton.

Goldman, N. (1990) Maximum Likelihood Inference of Phylogenetic Trees, with Special Reference to a Poisson Process Model of DNA Substitution and to Parsimony Analyses. *Systematic Biology*, 39(4):345–361.

Good, I. J. (1967) On the Principle of Total Evidence. *The British Journal for the Philosophy of Science*, 17(4):319–321.

Goodman, S. N. (1999) Toward Evidenced-Based Medical Statistics: 1. The P Value Fallacy. *Annals of Internal Medicine*, 130:995-1004.

Grossman, J. (2011, draft) Statistical Inference: From Data to Simple Hypotheses. Available at http://bunny.xeny.net/linked/Grossman-statistical-inference.pdf. (accessed August 30 2012.)

Hacking, I. (1965) *The Logic of Statistical Inference*. Cambridge University Press, Cambridge.

Hajek, A. (2003) What Conditional Probability Could Not Be. *Synthese*, 137(3):273–323.

Hausman, D. (1992) *The Inexact and Separate Science of Economics*. Cambridge University Press, Cambridge.

Hesse, M. (1966) *Models and Analogies in Science*. University of Notre Dame Press, Notre Dame, Ind.

Howson, C. (2001) The Logic of Bayesian Probability. In Corfield, D. and Williamson, J. (eds.), *Foundations of Bayesianism*. Kluwer Academic, Dordrecht.

Howson, C. and Urbach, P. (1993) *Scientific Reasoning: The Bayesian Approach*. Open Court, Peru, Ill.

*Howson, C. and Urbach, P. (2006) *Scientific Reasoning: The Bayesian Approach*. Open Court, Peru, Ill., 3rd edition.

James, W. (1897) The Will to Believe. In *The Will to Believe and Other Essays in Popular Philosophy*, pp. 1–31. Longmans, Green & Co., New York.

James, W. and Stein, C. (1961) Estimation with Quadratic Loss. In Neyman, J.(ed.), *Proceeding of the Fourth Berkeley Symposium on Mathematical Statistics and Probability*, Vol. I, pp. 361–379. University of California Press, Berkeley, Calif.

*Jaynes, E. T. (1973) The Well-Posed Problem. *Foundations of Physics*, 3(4):477–492.

Jeffrey, R. (1983) *The Logic of Decision*. University of Chicago Press, Chicago, Ill., 2nd edition. First published 1965.

Johnson, D. (1995) Statistical Sirens; The Allure of Nonparametrics. *Ecology*, 76:1998–2000.

Kadane, J. B., Schervish, M., and Seidenfeld, T. (1996) Reasoning to a Foregone

Conclusion. *Journal of the American Statistical Association*, 91:1228–1235.

Kaplan, M. (1996) *Decision Theory as Philosophy*. Cambridge University Press, Cambridge.

*Keynes, J. M. (1921) *A Treatise on Probability*. MacMillan, New York.（J. M. ケインズ著、佐藤隆三訳 (2010)『確率論』東洋経済新報社、東京）

*北川源四郎 (2007) 情報量規準と統計的モデリング。『赤池情報量規準：モデリング・予測・知識発見』、第 II 編第 2 章。共立出版、東京。

Kolmogorov, A. N. (1950) *Foundations of the Theory of Probability*. Chelsea, New York.（A. N. コルモゴロフ著、坂本實訳 (2010)『確率論の基礎概念』ちくま学芸文庫、筑摩書房、東京）

*小西貞則、北川源四郎 (2004)『情報量規準』予測と発見の科学 2、朝倉書店、東京。

Kuhn, T. (1962) *The Structure of Scientific Revolutions*. Chicago University Press, Chicago, Ill.（トーマス・クーン著、中山茂訳 (1971)『科学革命の構造』みすず書房、東京）

Kyburg, H. (1970) Conjunctivitis. In Swain, M.(ed.), *Induction, Acceptance, and Rational Belief*, pp. 55–82. Reidel, Dordrecht.

Laplace, P. S. de (1951) *Philosophical Essay on Probabilities*. Dover, New York. First published in French 1814.（ラプラス著、内井惣七訳 (1997)『確率の哲学的試論』岩波文庫、岩波書店、東京）

Lindley, D. V. (1957) A Statistical Paradox. *Biometrika*, 44:187–192.

Lindley, D. V. and Phillips, L. D. (1976) Inference for a Bernoulli Process (a Bayesian view). *The American Statistician*, 30(3):112–119.

Littlewood, J. (1953) *A Mathematician's Miscellany*. Methuen, London.

Mayo, D. (1996) *Error and the Growth of Experimental Knowledge*. University of Chicago Press, Chicago, Ill.

*Mayo, D. and Kruse, M. (2001) Principles of Inference and Their Consequences. *Foundations of Bayesianism*, pp.381–403. Kluwer Academic, Dordrecht.

McMullin, E. (1985) Galilean Idealization. *Studies in History and Philosophy of Science Part A*, 16(3):247–273.

Morgan, M. and Morrison, M. (eds.) (1999) *Models as Mediators: Perspectives on Natural and Social Science*. Cambridge University Press, Cambridge.

Morris, H. (1980) *King of Creation*. CLP Publishers, San Diego, Calif.

Mougin, G. and Sober, E. (1994) Betting Against Pascal's Wager. *Noûs*, 28(3):382–395.

Neyman, J. and Pearson, E. S. (1933) On the Problem of the Most Efficient Tests of Statistical Hypotheses. *Philosophical Transactions of the Royal Society A*, 231:289–337.

Popper, K. (1959) *Logic of Scientific Discovery*. Hutchinson, London. (カール・R・ポパー著、大内義一・森博訳 (1971-2)『科学的発見の論理 (上・下)』恒星社厚生閣、東京)

Reichenbach, H. (1938) *Experience and Prediction*. University of Chicago Press, Chicago, Ill.

Robbins, H. (1970) Statistical Methods Related to the Law of the Iterated Logarithm. *The Annals of Mathematical Statistics*, 41(5):1397–1409.

Royall, R. (1997) *Statistical Evidence: A Likelihood Paradigm*. Chapman and Hall, Boca Raton, Fla.

Sakamoto, Y., Ishiguro, M., and Kitagawa, G. (1986) *Akaike Information Criterion Statistics*. Springer, New York. (坂元慶行・石黒真木夫・北川源四郎 (1983)『情報量統計学』情報科学講座 A-5-4、共立出版、東京)

*Salmon, W. C. (1990) Rationality and Objectivity in Science, or Tom Kuhn Meets Tom Bayes. In Savage, C. W.(ed.), *Scientific Theories*. Minnesota Studies in the Philosophy of Science, v.14. pp.175–204. University of Minnesota Press, Minneapolis.

*Savage, L. ed. (1962) *The Foundations of Statistical Inference: A Discussion*. Spottiswoode Ballantyne, London.

Schwarz, G. (1978) Estimating the Dimension of a Model. *Annals of Statistics*, 6:461–465.

*Shao, J. (1997) An Symptotic Theory for Linear Model Selection. *Statistica Sinica*, 7(1997):221–264.

*下平英寿 (2004) 情報量規準によるモデル選択とその信頼性評価。『モデル選択：予測・検定・推定の交差点』(下平英寿、伊藤秀一、久保川達也、竹内啓)、統計科学のフロンティア 3、岩波書店、東京。

Sober, E. (1994) Progress and Directionality in Evolutionary Theory. In Campbell, J.(ed.), *Creative Evolution?!*, pp. 19–33. Jones and Bartlett, Boston, Mass.

Sober, E. (2002) Instrumentalism, Parsimony, and the Akaike Framework. *Philosophy of Science*, 69(S3):S112–123.

Sober, E. (2004a) The Design Argument. In Mann, W.(ed.), *The Blackwell Guide to the Philosophy of Religion*, pp. 117–147. Blackwell, Oxford.

Sober, E. (2004b) A Modest Proposal:A Review of John Earman's *Hume's Abject Failure: The Argument against miracles*. *Philosophy and Phenomenological*

Research, 64(2):487–494.
Sober, E. (2008) Evolutionary Theory and the Reality of Macro-Probabilities. In Eells, E. and Fetzer, J. (eds.), *Probability in Science*. Open Court, Chicago, Ill.
Sorenson, R. (2001) *Vagueness and Contradiction*. Clarendon Press, Oxford; Oxford University Press, New York.
Stanford, K. (2006) *Exceeding Our Grasp: Science, History, and the Problem of Unconceived Alternatives*. Oxford University Press, Oxford.
Stone, M. (1977) An Asymptotic Equivalence of Choice of Model by Cross-Validation and Akaike's Criterion. *Journal of the Royal Statistical Society B*, 39:44–47.
Sugiura, N. (1978) Further Analysis of the Data by Akaike's Information Criterion and the Finite Corrections. *Communications in Statistics-Theory and Methods*, A7(1):13–26.
Takeuchi, K. (1976) Distribution of Informational Statistics and a Criterion of Model Fitting. *Suri-Kagaku (Mathematical Sciences)*, 153:12–18.（竹内啓 (1976) 情報統計量の分布とモデルの適切さの規準．『数理科学』、153:12–18）
*Van Fraassen, B. (1989) *Laws and Symmetry*. Oxford University Press, Oxford.
*Von Mises, R. (1957) *Probability, Statistics and Truth*. George Allen and Unwin, London.
Wagner, C. (2004) Modus Tollens Probabilized. *The British Journal for the Philosophy of Science*, 55(4):747–753.
Wald, A. (1947) *Sequential Analysis*. John Wiley & Sons, New York.
Wardrop, R. (1999) Statistical Tests for the Hot-Hand in Basketball in a Controlled Setting. Technical Report, Department of Statistics, University of Wisconsin, Madison. Available online at http://hot-hand.behaviour-alfinance.net/Ward99.pdf. (Accessd 4 February 2007.)
Williamson, T. (1994) *Vagueness*. Routledge, London and New York.
Yoccoz, N. (1991) The Use, Overuse, and Misuse of Significance Tests in Evolutionary Biology and Ecology. *Bulletin of the Ecological Society of America*, 72(2):106–111.

訳者解説

本書が抄訳である理由

　本書は、エリオット・ソーバー (Elliott Sober) の著書 *Evidence and Evolution: The Logic behind the Science*（2008,『証拠と進化：科学の背景にある論理』）の第1章 'Evidence' だけを訳出したものである。はじめに、本書を抄訳とした理由について、簡単に述べておきたい。

　エリオット・ソーバーと聞いて、まず思い浮かぶのは「生物学の哲学のエキスパート」であろう。確かにソーバーはこれまで、進化論（自然選択説）をはじめとした生物学上の学説に対し、数多くの哲学的問題の発掘、議論の構築を行ってきており、1980年代以降、「生物学の哲学」を1つの学問分野にまで高めた、紛れもない牽引車的存在である。彼の著作、全12冊（2012年8月現在、共著含む）は、いずれも生物学（進化生物学）の哲学関係の著作であり、複数の言語に訳されて世界中に多くの読者をもつ（日本語訳されたものについては後段参照）。もちろん、ソーバーは科学哲学界全体を率いる第一人者でもあり、現在、米ウィスコンシン大学のハンス・ライヘンバッハ教授職（1989-）およびウィリアム・F・ヴィラス教授職（1993-）にある彼は、過去にアメリカ科学哲学会会長（2003-2005）を務め、現在（2012-2016）「科学史・科学哲学国際連合（科学の論理、方法、哲学部門）」の会長を務めている（なお、ソーバーの経歴や著作、講義資料などの詳しい情報については、彼のウェブページを参照していただきたい。http://philosophy.wisc.edu/sober/index.html）。

　本書の原著もそのタイトルからわかるとおり、進化論をめぐる哲学的問題が議論の大半を占めている。構成としては、本書のもとになる第1章に続き、

第2章ではインテリジェント・デザイン説（創造説）への標準的な批判（ポパー的批判）に代わる新たな批判点が、第3章では自然選択説と創造説を比較する適切な指標が、そして第4章では共通祖先説と自然選択説の関係が、それぞれテーマとして論じられている。ここでその中身を詳しく論じることはしないが、この章立てからも進化論をめぐるソーバーのおよその立場は想像できるだろう。

　この中で第1章の位置づけは、いわば第2章以降の準備の章であって（すなわち、第1章において統計学的手段の考え方の違いや適性について学んだ後、進化論論争をそうした統計学的見地から読み直すという構成になっている）、原著全体として見れば、これは明らかに生物学（進化論）の哲学に関する本である。そしてまたこの原著は、ソーバーにおける「一連の」進化論哲学の著作（単著、共著合わせ）全12作において、発展的な議論の一コマをなすものでもある（本書の原著が刊行された後には、*Did Darwin Write The Origin Backwards?*（『ダーウィンは種の起源を逆向きに書いたか』）という12冊目の著作が2011年に出されている）。

　日本ではこれまで、ソーバーの著作のうち、生物学の哲学関係の代表的著作2冊が訳書として刊行されてきた。*Reconstructing the Past: Parsimony, Evolution, and Inference* (1988)（『過去を復元する：最節約原理、進化論、推論』三中信宏訳、1996年蒼樹書房刊、後に2010年勁草書房から復刊）と、*Philosophy of Biology: Second Edition* (2000)（『進化論の射程：生物学の哲学入門』松本俊吉、網谷祐一、森元良太訳、2009年春秋社刊）である。前者は、生物系統の分岐学理論において核となる「最節約性（parsimony）」の概念（後にソーバーはこの概念を、本書で取り上げるAICによって捉え直すことになる）の哲学的検討が中心の本で、後者は、進化論、創造論、適応度、社会生物学等々、進化生物学の主たるテーマを哲学的視点で論じた、この分野の教科書的な本である。

　この2冊によって、日本国内に「生物学の哲学者」ソーバーの読者が相当

多数できたに違いない。そして彼らはきっと、ソーバーの次の生物学の哲学を読んでみたいと思ったことだろう。もし *Evidence and Evolution* を訳すなら、翻訳の流れからすると、当然「全訳」が望ましいはずである。

にもかかわらず、なぜ本書は第 1 章だけの抄訳なのか。まず確認しておきたいことは、ソーバーは確かに生物学の哲学のオーソリティではあるが、この哲学との密接な関係を探りつつ、確率や統計の哲学についても「独立したテーマ」として、これまで数々の重要な業績を残してきているということである。主要なテーマを紹介すると、i) 統計的因果推論（因果性の定義によらずに、データ間の統計的関係から特徴的な因果関係を導きだそうとするもの）において中心的な「共通原因」の考え方（本書にも登場した H. ライヘンバッハの議論を 1 つの発端として、今日のグラフを用いた因果マルコフ条件分析に至るまでの「統計的因果推論」において重要な核になる考え方）についての批判的考察（本書の文献リストには挙がっていないが、たとえば 'Venetian Sea Levels, British Bread Prices, and the Principle of the Common Cause' (2001) の時系列的相関の議論は有名で、近年の科学や哲学における「因果性」復権の流れの中で、「共通原因の有効性」を考えるきわめて重要な土台的議論となっている）、ii) ベイズ主義の射程の有効性とその限界に関する考察（たとえば 'Bayesianism — Its Scope and Limits' (2002) では、ベイズ主義と尤度主義の関係、単純性をめぐるベイズ主義の限界点などが的確な視点で整理されている）、iii) AIC（赤池情報量規準）に関する、「証拠」「単純性」「実在・反実在」などの哲学的視点からの考察、ならびに BIC（ベイズ情報量規準）など他のモデル選択規準に対する AIC の優位性の考察（文献リストにある 'How to Tell When Simpler, More Unified, or Less *Ad Hoc* Theories Will Provide More Accurate Predictions' (1994) は、AIC と科学哲学との接点が初めて本格的に取り上げられた画期的論考であり、'AIC Scores as Evidence — A Bayesian Interpretation' (2011) では、AIC の BIC に対する優位性に加えて、AIC に尤度主義的基礎を与えるという画期的試みがなされている）など

である。これらの業績を通して言えることは、おそらくソーバーほど、確率と統計の様々な哲学的論争に通じ、またつねに独自の視点を打ち立てて、新たな議論のきっかけを与えてきた哲学者はいないだろうということだ。

ソーバーのこうした、生物学の哲学「以外」での重要な業績、中でも統計の哲学に関わる業績が、実は本書（つまり原著の第 1 章）に凝縮されているのである。もし Evidence and Evolution が全訳で出版されたら、おそらく読者は生物学の哲学に関心のある層に限定され、統計の根本的な議論に関心のある人たちがソーバーのこのすぐれた業績に触れる機会はまずなかっただろう。これが、本書を抄訳とした 1 つの理由である。

実際、ソーバー自身も、こうして抄訳を刊行することに当初から賛成してくれた。訳者がこの企画をソーバーに持ちかけたのは、2011 年 7 月、フランスのナンシーで科学哲学の国際会議 (CLMPS) が開催された折である。忙しいスケジュールの中、時間を割いてくれた彼に企画の説明をすると、彼はすぐさま、「第 1 章はほぼ独立した章なので、自分も大学の集中講義などで統計の哲学を扱うときには、この第 1 章だけをテキストに使っている。したがって、この企画は全く問題ない」と答え、さらに、統計に関心のある日本の読者に、この章を 1 冊の本として読んでもらうのは非常に喜ばしいことだとして、その場で全面的な協力を約束してくれたのである。

さて、本書を抄訳とした理由はこれだけではない。訳者の知る限り、これまで日本には、日本語で読めるまとまった「統計の哲学」の本がなかった。訳者には以前から、ぜひそのような本を出版したいという思いがあり、それが本書を敢えて抄訳にしたもう 1 つの理由である。もちろん、確率や統計に関する和書ならたくさんあり（一般的な入門書から、より専門的あるいは教科書・教則本的な数学的確率論、各種数理統計学の本まで幅広い）、中には背景的な思想について触れている本もある。また、本書にも登場する統計学者フィッシャーの著書など、歴史的議論（この中では確かに統計の「思想」が論じられている）の一部を日本語で読むこともできるし、さらには、D. ギリー

スの訳書『確率の哲学理論』（中山智香子訳、日本経済評論社、2004年）や『確率と曖昧性の哲学』（一之瀬正樹著、岩波書店、2011年）など、統計と深い関わりをもつ「確率」を哲学的に論じた本もある。

　しかし、これらのいずれも、訳者の考える「統計の哲学」の本ではない。まず第1に、その本が統計の「哲学」であるためには、当然ながら関連する哲学的問題が「主題的に」扱われている必要があり、また現在知られている主要な問題が体系的に論じられている必要がある。多くの本で取り上げられる統計関連の思想（哲学）は、コラム的な「読みもの」であり、哲学的問題をメインにするものではない。また、歴史的議論を読むだけでは、今の主要な問題や他の問題との関連を読み取ることは、よほどの知識がなければ不可能である（確率論に関してはこの限りではない。たとえば『確率の哲学的試論』（P. S. de ラプラス、内井惣七訳、岩波文庫、1997年）では、訳者の充実した解説により、「確率の哲学」（と統計の哲学の一部）について、かなり深い背景知識を得ることが可能である）。

　この点に加えて、統計の哲学の本は、正に「統計の」哲学を論じたものでなければならない。確かに確率は統計にはなくてはならないが、「確率」の哲学は「統計」の哲学と同じではない。確率を哲学的に論じる場合には、まず、確率とは何かという直接的な問い（確率とは頻度なのか、主観なのか、合理的信念なのかといった意味論的問い）と向き合うことが最も重要になる。上記ギリースの訳書は概ねこの問いをテーマとしている。加えて、決定論と自由、因果性など、他の重要な哲学的テーマにおいて確率的関係が何を示唆するかという「間接的な」問題も、確率の哲学として問われうる（ただし、あるデータ間に成立する確率的関係から、全体に関わる因果性の「推論」を行うときにどのような問題が生じるか、と問えば、それは「統計的」因果推論の問題として、統計の哲学の一部をなすことになる）。上記、一之瀬の著書には一部、統計の哲学問題が含まれているが、概ね論じられているのは「間接的な」確率の哲学問題だと言える。いずれにせよ、「確率」の哲学は「統計」

の哲学と独立に考えることができ（また考えるべきであり）、確率の哲学において主たる問題となるのは、「確率の解釈問題」だということである。

他方、統計とは基本的に（その歴史的成り立ちから言っても）、得られた一部のサンプルをもとに全体（母集団）の何らかの性質について「推論」を行うことであり、そこでは確率はあくまでその手段にすぎない。したがって、統計の哲学は、確率の解釈に主たる関心があるのではなく、ある解釈のもとで実際に確率を用いて行う「推論の方法」に焦点があり（確率解釈は確かに推論方法のきっかけを与えるが、解釈が決まっても推論方法は必ずしも一義的に決まらない）、そうした推論方法の前提に潜む根本的な問題を哲学一流の問題発見の視点で探りだすことが、その中心的課題となる（もちろん統計学者もつねに方法に対する何らかの問いかけを行い、日夜その解決に取り組んでいるわけだが、哲学者は彼らとはまた違う独自の問いかけを行う。その特徴については、ぜひ本書と統計学の専門書を読み比べて確かめていただきたい）。このような類の本格的な本が、日本語で書かれた本の中には見当たらないのである。しかし、哲学者ならずとも、統計を道具として使う人、あるいは統計に関心がある人の中には、「統計の」根本的な哲学問題についてきちんと知りたいと思う人が少なからずいるはずである。もし適切な洋書があれば、まずはそれを翻訳したい。これがかねてからの訳者の願いであった。

訳者が本書とめぐりあったのは、2011年3月、ゼミ生たちを連れて、カンザス州立大学のブルース・グリマー教授のもとを訪れたときである（彼のもとを訪れたのは、「統計的因果推論」に関する特別集中講義をゼミ生たちに受講させるためであった）。事前に講義の打ち合わせをする中で、「統計の哲学関係の訳書を出したいが、適当な本はないか」と尋ねたところ、彼が推薦し、太鼓判を押してくれたのが本書である。彼は生物学の哲学、確率・統計の哲学のどちらにも詳しい。対して、訳者は生物学の哲学にはそれほど詳しくない。それ以前にもソーバーの、生物学の哲学「以外の」論文は読んでいたし、ソーバーを哲学者として尊敬はしていたのだが、*Evidence and Evolution* の

第1章については、恥ずかしながらその中身を知らずにいた。しかし、ここには上で述べたとおりの、正に統計の「哲学」が書かれ、「統計の」哲学が書かれている（これは本書をお読みいただけばわかるだろう）。確率の解釈問題にも言及しながら、この中でソーバーは明確に、ベイズ主義、頻度主義、尤度主義のいずれも「認識論」として捉え、これらの方法を、具体的なサンプルとして得られた「証拠」から、（母集団全体の性質に関わる）何らかの科学的仮説について推論を導く方法とした上で、それぞれの、あるいは共通した今日的な哲学問題の数々を、他書には見られない絶妙なバランスで、かつ見事に一貫した視点で論じている（その一貫性と体系性は、これがソーバーの統計の哲学の「集約」であることの表れでもある）。しかも全体を通して、ソーバー一流の易しい事例と言葉遣いで書かれている（中身は実際難しいところがあるが）。これらのことがわかると、訳者は、この本をおいて望んでいた翻訳候補は他にないと思うようになった。しかし、そうした動機で *Evidence and Evolution* を訳すとなれば、第1章だけの抄訳にしないと意味がない。このことが、——すなわち、日本での出版物事情に鑑みて、訳者がかねがね抱いていた強い動機が、本書を抄訳にしたもう1つの理由である。

　もちろん中には、*Evidence and Evolution* の「全訳」を待ち望んでいた人たちがいることだろう。そのような人たちには申し訳ないと思うが、以上のような経緯を含んでいただき、ぜひ本書の積極的な意義の方に目を向けていただければと思う（今後、後半が別に訳出されれば、それが最もよい解決となろうが）。

第8節について

　次に、本書の第8節（§8）について説明しておきたい。実はこの節は、ソーバーが本書のために新たに書き下ろしてくれた原稿を訳出したものである。

そのため原著とは、かなり内容が異なっている。この事情について、簡単に説明しておこう。

上の経緯でも少し触れたとおり、この翻訳はソーバー本人の多大な協力の下に進められた。ソーバーの、「日本語以外の協力は全面的に行う」という約束に甘え、訳者は原文についてどうしても腑に落ちない点は、遠慮なくソーバーに質問のメールを送った。ソーバーは訳者の質問の種類によらず（こちらの単純な読み違いも含め）、いずれも非常に丁寧に応じてくれて、1つの問題をめぐって繰り返し質問を送った際にも、こちらが納得するまで付き合ってくれた。このやりとりが、本文の訳の工夫や肝心な箇所の訳註など、本書の随所に活かされている（もちろん、訳および訳註の最終的な責任が訳者にあることは言うまでもない）。

第8節についても訳者は疑問があったので、その点をソーバーに尋ねた。この節の内容は、前節で取り上げられたAIC（赤池情報量規準）の「新たな問い（「よい予測とは何か」）」の意義を、「宝くじの連続当選」というわかりやすい例で確認するというものである。この節でソーバーが言いたいことは明確で、大きな宝くじに連続当選した人がいたこと（実際にあった例）について、これを「謀略」とするような（歪んだ）考え方に対処するためには、他のどの手段に訴えるよりもAICのような情報量規準を適用することが有効だ、ということである。原著では、ソーバーは「公正モデル」「不正モデル」「混合モデル」という3つのモデルを立てて、AICの観点でどのモデルが適切かを説いている。しかし訳者には、ここでのモデル、および議論の前提に対して当初から非常に違和感があった。AICを適用するための「データ」「真のモデル」の考え方、および「外挿でないことの保証」（これらはいずれもAIC適用の必須条件である）が原著の記述では不明瞭に思え、何よりモデルの予測対象が何なのかがよく掴めなかったのである。

この点についてソーバーに尋ねてみたところ、いつもは最終的に訳者が納得する答えをしてくれていたのだが、このケースに限ってはそれが得られず、

結局何度かやりとりする中で、ソーバーは、原著の記述に大きな問題（曖昧さ）があることを認めざるをえなくなったのである。しかし、いったん問題があるとわかると、そのあとのソーバーの行動は実に素早い（ここがソーバーのすごいところである）。「少し時間をもらえば、すぐ第 8 節を書き直す」と、ただちに訳者に申し出があった。もちろん訳者はこれを歓迎し、本書の第 8 節は、そのようにしてソーバーからもらった最終稿を訳出したものである（実は、一度ソーバーからもらった修正稿にはまだ訳者が納得できない点があり、ソーバーもこれを認めて再度やり直す、ということがあった。結局その後、ソーバーの共同論文執筆者 M. フォスターにもソーバーの案に対するコメントを出してもらい、フォスターと訳者のそれぞれのコメントに答える形で執筆された原稿が、ここに訳出したものである。改訂は思いのほか難しい作業であったが、こうして入念に仕上げられた最終稿に、ソーバー自身かなり満足していると述べていた）。ソーバーのこうした、学問的にきわめて真摯な態度に敬服するとともに、本書のために惜しみなく労力をつぎ込んでいただいたことに、心から感謝したい。

　訳者のふとした疑問が思わぬ結果を招くことになったが、ソーバーの著作の改訂作業に微力ながら携われたことは、哲学者として幸いなことであった（ソーバーもこの点を非常に喜んでくれた）。また、日本語版で日本の読者に、原著に先駆けて改訂版を提供できることは、本書の訳者としての大きな喜びでもある。読者には、原著のもつすばらしさに加え、ソーバーがここに示してくれた新たな思考の展開についても、ぜひご注目いただきたい。

本書のアウトライン

　やや前置きが長くなったが、ここで本書のアウトラインを述べることにしよう。本書には、ソーバー自身の立派な結語がついているが（実は、このすば

らしい結語、および本書の序文もまた、ソーバーが日本語版のためにわざわざ新たに書き下ろしてくれたものである）、訳者の視点でのまとめがこれを補うこともあろうかと思うので、結語との多少の内容的重複はおそれずに、以下を記すことにする。

　まず、確率・統計に対する、ソーバーの基本的な態度について押さえておきたい。敢えてそれを一言で表せば、徹底した「客観主義」ということになるだろう。この場合の客観は、決して「論理（特に演繹論理）」だけを確率・統計の基礎とするという意味での客観ではない。ソーバーは、本書の冒頭で、ロイヤルの3つの問いを掲げている（本論では、ほかにもこれに平行した問いがいくつか取り上げられるが、中核をなす問いはこの3つの問いである）。(1) 現在の証拠から何がわかるか。(2) 何を信じるべきか。(3) 何をするべきか。これらの問いがそれぞれ、尤度主義、ベイズ主義、頻度主義と関係づけて論じられるわけだが、ソーバーにとっては、この問いの中で、科学において取り上げられるべき中心的問いは、明らかに (1) の問いである。つまりソーバーは、科学はつねに「証拠から確かに言えることは何か」を本題として扱うべきだとした上で（これはふつう、「確証問題」と言われる）、統計（および確率）を手段として用いる際には、証拠が得られたときに、そこから「これは誰でも認めざるをえない」という結果を導くような、そんな推論の手段としてのみ、これを用いるべきだというのである。この「誰でも認めざるをえない」ということが、すなわちソーバーにおける「客観性」である（この客観性の定義は非常に曖昧なようだが、本論からわかるとおり、ソーバーは一般的定義を厳密にするのではなく、定式化や条件を、「問題ごとに」誰でも認めざるをえないようなレベルまで厳密化して捉えるという手法を採る。本書のベイズの定理に関する客観性の議論や、証拠をめぐる尤度主義と AIC の同等性の議論などに特に注目いただきたい）。

　そんなことは科学において当たり前ではないか、と言われそうだが、ソーバーに言わせれば、その当たり前のことが実際には科学の中でできていない。

原因は、端的に上の3つの問いの区別が科学では曖昧な点にある。繰り返すと、(1) は尤度主義、(2) はベイズ主義、(3) は頻度主義に（ひとまず）対応する。この対応で見れば、ベイズ主義と頻度主義は必ずしもストレートに証拠問題に結びつくものではない。にもかかわらず、これら（特に頻度主義の一部）が尤度主義と同じように、(1) の問いに答えるかのように科学では扱われている。科学は、何らかの目的が達成されるなら、確率・統計がどの「主義」かは特に問わない（これは実際にそのとおりだろう）。ソーバーはこれまで実践されてきた科学の結果を覆すつもりはなく、その統計的実践（特にネイマン-ピアソンのもの）がまずまずよい結果を得てきたことは認めるのだが、科学の「規範」としては個々の実践的態度に問題があると述べる（「科学の規範こそ、科学哲学の対象だ」というのは科学哲学の1つの伝統的考え方である）。では「規範的」には、科学はどのような確率・統計の考え方に基づけばよいのか。(1) に対応する尤度主義だけを用いればよいのか、というと、そう単純な話ではない。ここからソーバー一流の、また本書の大きな見どころともなる、哲学的視点での議論の整理が始まるのである。

　まず、尤度の法則（尤度とは、仮説を仮定したときに観測済みのデータが得られる条件付き確率であり、尤度の法則は、比較される2つの仮説のうち尤度の高い方が、データ（証拠）によって支持される、とする法則であった）に基づく尤度主義は、「ベイズ主義でも頻度主義でも認めるべき」考え方、すなわち客観的な推論を導くものなので、科学はつねにこれを視野に入れておくべきである。しかしこれは、証拠に対し、いつも尤度を用いて仮説支持の違いを比較せよ、ということを意味しない。いわば尤度主義はつねに戦略的基盤として根底にあるものであって、それが「単独」で用いられる場合と、ベイズ主義、頻度主義のいずれかと補完的に「共同」戦線を張る場合とがある。この戦略は決して単なるプラグマティズムでも日和見主義でもない。正に証拠に対して「客観性」を求めた結果として得られた、ソーバー哲学の帰結なのである。読者には、この一貫した姿勢によって得られる絶妙な「バランス」

を、ぜひご自身の基準に照らして評価してみていただきたい。

　ベイズ主義との共同戦線は、以下の考えに基づく。ベイズ主義は数学的なベイズの定理を基礎に、仮説の事前確率（データを得る前の確率）と事後確率（データを得たとしたときの確率）の間の確率的関係から、仮説がどれだけ信じられるかを見ようとする（正に問い (2) に答える）考え方であった。しかし、ベイズ主義には「キャッチオール仮説問題」（$\neg H$ すなわち「H でない仮説すべて」は確率的に評価できない場合があるという問題）と「事前確率問題」（事前確率は、主観的に与える以外に与えられない場合があるという問題。たとえば「一般相対論」の事前確率は客観的に決まらない）があり、客観性の基準をつねに満たすわけではない（この問題の指摘では、尤度主義は頻度主義と歩調を合わせる）。けれども、事前確率が客観的に与えられる場合があり（たとえば本文に出てくる「ある集団の結核罹患率」）、その場合、ベイズの定理による確率関係は正に客観的なものなので、尤度主義も（そして頻度主義も）これに従うべきである（このように事前確率が客観的な場合のみベイズの定理を用いるべきであるという考え方は、実は T. ベイズに遡ることができる）。逆に事前確率が客観的でなければ、そのときには尤度主義が前線に出る。これが、ベイズ主義との共同戦線である。加えて、ベイズ主義に関しては「全証拠の原則」（手持ちの、関係ある証拠すべてを使え、という原則）に従うという点でも共通点をもつ。

　では、頻度主義との共同戦線はどのようなものか。その前に、頻度主義とはいったい何なのか。ベイズ主義や尤度主義は、どのようなものか比較的わかりやすい。けれども本書の本文では、ほぼ「頻度主義はいくつかの考え方の緩やかな連合体である」ということしか書かれておらず、特に「頻度」について読者にはやや捉えづらかったかもしれない（哲学者はしばしば、これをわかりきった言葉のように使うのだが）。ここで頻度主義について少しだけ解説をしておこう。

　頻度主義とは元々、本文の中ほどでも少し触れられている、「確率とはそも

そも何か」という解釈問題 (確率の意味論) の 1 つの立場を指している。確率を定義する場合に、「試行を何度も繰り返したときの頻度が、極限においてとる値」(コインの表が出る確率は、コインを投げ続けたときに表が出る頻度の極限だ) とする立場が頻度主義である。§2 で取り上げられるライヘンバッハは、この流れを汲んだ典型的な頻度主義者である。しかし、ソーバーも注意するように、今日「頻度主義」という言葉は多様な立場を緩やかに束ねる言葉として用いられており、実際、この定義に沿わないものも頻度主義として扱われている。本書の前半で焦点となる頻度主義は、ネイマン–ピアソンの仮説検定とフィッシャーの有意検定の考え方であるが (それぞれの検定の基本的な考え方は本文でおわかりいただけるだろう)、両者はいずれも上の定義に従わない。ネイマン–ピアソンにおける確率は、1 つの同じ実験 (たとえば 1 つの同じサイコロを振り続ける実験) が繰り返されたときの (想像的な) 極限頻度ではなく、同じ母集団から同じ大きさのサンプルを採って、信頼区間 (この間に収まっている領域が「採択域」、それ以外が「棄却域」) を求めるという作業を何度も繰り返したときに、問題のパラメータ (たとえば母集団の「平均」) が、その信頼区間に含まれていると考えられる「頻度」であり (つまり、たとえば 95% の信頼区間をとる作業を続けたら、100 回中 95 回のサンプルで、母集団の平均を含んだ信頼区間が得られるだろうということ)、また、そのような状況で仮説を誤って受け入れたり、棄却したりする「頻度」である (こうした統計的推論の具体的な適用方法については、§5, §6 で取り上げられている)。したがって、ネイマン–ピアソン流の統計的推論も「頻度としての確率」という考え方が元にあるのだが、その解釈の仕方が上とは異なるのである。フィッシャーに至っては、その考え方の核となる「p 値」に、もともと頻度の考え方が明示的には含まれていないので、頻度と関係づけられるのは不自然なのだが (「p 値」については §4 を参照)、この値がネイマン–ピアソンの「第 1 種の誤り」(§5) の確率としばしば混同されることから、一般にネイマン–ピアソンと同じ頻度主義の仲間として扱われている。本書でソーバー

も「頻度主義」という言葉を、§6までこの慣習に従って用いている。ややこしいのは、頻度主義の仲間に、さらに AIC が加わることである。本文でも触れられているが、AIC は平均対数尤度の近似的な不偏推定量である（§7 および訳註[51] 参照）。不偏推定量とは、推定量の期待値（平均）が母数（本文の例で言えば、たとえば「真の体重」）と一致するものを指すが、ここには「何度も試行を繰り返す」ということが原理的に含まれているので、これも頻度主義に数えることができる。頻度主義の内訳は以上のようになっている。見られるとおり、説ごとに「頻度」がある。したがって、もし一言で頻度主義の特徴を表すとすれば、結局はソーバーの言うように「緩やかな連合体」と表現せざるをえないわけである。

　では、こうした頻度主義と尤度主義との共同戦線はいかに。ソーバーは主たるターゲットであるネイマン–ピアソン流の頻度主義については徹底して批判し（唯一、ベイズ主義批判の根拠のみ共有し）、一切の共同を認めない。ネイマン–ピアソンの頻度主義は、ロイヤルの問い (3)「何をなすべきか」への一応の答え（仮説を「受け入れる」、または「棄却する」という態度を導く）にはなっても、(1)「証拠から何がわかるか」に答えるものではない。共同を認めない根拠は、仮説検定の有意水準の恣意性（客観性の欠如）、有意水準に基づく尤度主義との不一致、停止規則の問題（実験計画の違いにより同じときに実験を停止してもテスト結果が異なる問題）、尤度比検定の「入れ子構造」に伴う問題などである。いずれも、ベイズ主義が頻度主義を批判するのと項目的には同じだが、これもまた、ソーバーは自らの「客観性」基準に基づく批判としてこれを得ている点に注意されたい。

　ところが、同じ頻度主義ではあっても、AIC は事情が異なる。まず背景事情として、尤度の法則が単純仮説（確率変数の分布を 1 つの形に決める仮説。コインの表の出やすさを 1 つの確率で表す仮説などのこと）には適用できても、複合仮説（分布に幅がある仮説）には適用できないということがある。けれども科学には複合仮説を扱うケースが少なからずある。ベイズ主義はこれ

を扱う方法をもつが、すでに述べた事前確率の主観性問題があり、採用がためらわれる。そこで AIC に白羽の矢が立つ。AIC は頻度の考え方を内包しながらも、ネイマン–ピアソンにあった問題点を含まない。AIC の妙技は、問いの大転換にある。仮説について考える際に、「真理とは？」という問い（ベイズ主義、フィッシャー、ネイマン–ピアソンの頻度主義、尤度主義のいずれも、ある部分ではこの問いに絡め取られていた）から「より正確な予測とは？」という問いに照準を大きく変えたのである。そこで選ばれた「カルバック–ライブラー距離（情報量）」は予測正確性に関して不偏な推定量を与え、最尤値の考え方との組み合わせにより、複合仮説としての「モデル」を扱うことができる。そして、ソーバーが何より重視する「証拠から何が言えるか」という問いに対しても、尤度主義と同じ水準で答えられる見込みを十分もっている（ただし、この「証明」はまだ部分的にしか成功していないが）。こうして、複合仮説への対処が必要になった場合には、「客観性」の友として、AIC が共同戦線上に現れることになる（なお、本文 §3 の「尤度主義の限界」のところで、「尤度主義の枠組みの中では、遺伝的浮動説と（複合仮説の）自然選択説を比べることはできない」として、原著の第 3 章でそれを検討する、という話が出てきた。実は、これら 2 説を比較するための基準としてソーバーが用いるのが、この AIC なのである。話の続きが気になる読者もおられると思うが、本書でそれを提供できないことは、いたって残念である）。

以上をさらに煎じ詰めれば、「証拠」に対するソーバーの規範的な確率・統計の戦略は、(i) 単純仮説について、もし事前確率が客観的に与えられるのであればベイズ主義に従い、(ii) そうでない場合は尤度主義に従い、(iii) 複合仮説については AIC（もしくはそれを発展させたモデル選択規準）に従う、ということになるだろう。こう書けば非常にシンプルだが、このシンプルな結論（規範的戦略）を導くために、本書ではひたすら緻密な議論が積み上げられている。哲学とはそうしたものである。

議論についての補足

　以上で、本書におけるソーバーの基本的主張とその特徴はだいたい明らかだと思われるが、さらに、本書の議論について若干補足しておきたい。

　まず1つは、ベイズ主義と頻度主義の論争に関連したことである。本書の「はじめに」で紹介されたこの論争は、正に「第一次世界大戦の塹壕戦」の様相で、かなり泥沼化した状態にある（戦争の比喩を訳者はあまり好まないが、ソーバーのたとえに合わせてもう少し続けよう）。この論争に対して、ソーバーは、どちらかに付いて戦闘を終わらせるのではなく、戦闘の様子を記述したいという趣旨のことを最初に述べていた。しかしそうは言いつつも、ネイマン–ピアソンの頻度主義に対する攻撃姿勢には、あまりに偏りがあるのではないか、もっとネイマン–ピアソンは擁護できるのではないか、と（ネイマン–ピアソンにかなり思い入れのある）一部の読者は思われたことだろう。確かに論争が泥沼化していることはあっても、その中でベイズ主義がきわめて優勢、などということは（それこそ視点にもよるわけだが）、そう簡単に言えるものではない。ではソーバーの主張には「偏重」があるのだろうか？

　論争の歴史を少しだけ繙いておこう。長期の塹壕戦になるきっかけを作ったのは、おそらく1950年代後半に、ベイズ主義者のL.サベッジが中心となって当代一流の統計学者たちがフォーラムをもったときである。ここで一番の問題になったのが、本書でも取り上げられている (§6)「停止規則 (stopping rule)」問題である。サベッジは頻度主義（ネイマン–ピアソン）が2つの停止規則のいずれをとるかで仮説が棄却されたりされなかったりするのに対し、ベイズ主義では、尤度の原則（簡単に言えば「尤度の比をとれば同じ結果を得る」ことを仮説判断の基軸にする考え方）により、いずれの規則でも結果が変わらない（データはつねに証拠として同等という）点を指摘して、頻度主義の有意水準の考え方を批判した。これに対して、頻度主義の代表的存在

であるP. アーミテージは、有意水準に「名目的」「全体的」なものを区別したら頻度主義ではこの問題が避けられるが、逆にベイズ主義では、有意水準に対応する（とアーミテージが見なす）「事後確率」において同じ問題が生じるにもかかわらず、この問題が回避できないとして、ベイズ主義を批判する。このときすでに大論争が生じたが、これがきっかけとなり、その後、本書でも論じられた複数の新たな論点が加わって、今日に至るまで半世紀以上の長きにわたる論争が繰り広げられることになった（サベッジのフォーラムの少し前に論じられたR. ラドナーとR. ジェフリーの大論争も頻度主義とベイズ主義の論争が根底にあったが、こちらは「科学が価値から自由か」という異なるテーマで今日まで引き継がれている。なお、同じ「頻度主義」として今日括られる説の中でも、たとえばフィッシャー説とネイマン–ピアソン説のように、本質的対立を含むものもあり、両者の対立はサベッジらベイズ主義者が台頭してくるまで、統計学論争における主要な争点をなしていた）。

　もう一度言うが、この論争で、今日どちらかが優勢であるとはなかなか言い難い。停止規則に対してアーミテージが示した問題について、本書でロビンズの回答として紹介された考え方（帰無仮説が誤って棄却される——実験が終了する——確率が尤度比以下になるとの考え方）は、すでに論争直後のサベッジが同様の考え方を示しており、その後多くのベイズ主義者の論拠とされた。ソーバーの書き方だと、これであたかも問題は片付いたかのような印象を受けるが、今日の頻度主義の代表的論客であるD. メイヨーは、前提となる「確率の可算加法性」がベイズ主義のある仮定（フラットな事前分布の仮定）で成立しないことを理由にこれを強く批判している (Mayo & Kruse: 2001. ただしこれはあくまでもベイズ主義批判であり、客観的尤度主義の批判にはならない。この批判はソーバーもある程度意識しているだろう。cf. 原註38)。また同じくメイヨーは、本書で頻度主義批判として挙げられている、いわゆる「リンドレーのパラドクス」（§4, サンプル数が多いときに、極めて帰無仮説に近い観察頻度でも対立仮説を受け入れることになるというパラド

クス）については、「検出力」に注目して棄却の規則を 2 種類に分けることにより、パラドキシカルな事態は回避できるとしている (Mayo: 1996, 400-3)。もちろん、こうしたメイヨーの説に対しても、さらにベイズ主義からの反論がありえよう。ことほどさように、論争はなかなか簡単に終結しそうにない。正に「膠着状態」というべきである。

　そんな中、ソーバーの論調は「ベイズ主義の方に偏っている」ことになるのだろうか。そうではない。「アウトライン」で述べたことを、もう一度思い出してほしい。ソーバーの出発点には、「証拠から何が言えるか」という問いがあり、「誰でも認めざるをえない」という客観性が彼の指標であった。私たちは、ベイズ主義と頻度主義という 2 大勢力の争いを前にして、つい、どちらが優勢か、どちらが結局正しいのか、といった見方をしてしまう。しかしソーバーは違う。彼は、「どちらが正しいか」を知るために自らの指標を用いようとしているのではない（ベイズ主義と頻度主義の対立を「確率解釈の問題」と見れば「いずれをとるか」という話になりがちだが、ソーバーが「この対立は解釈問題ではなく認識の問題だ」と述べている点に、改めて注意を向けてほしい）。つまり、論争が先にあって後から指標を当てはめようとするのではなく、ソーバーにとってはあくまで指標が先にあり（もちろん時間的順序としてでなく、ことがらの重要性による優先順位として）、論争はこの指標に適合するかどうかでそのアイデアを自由に取捨選択してよい「オープンな選択の場」なのである。いわばソーバーは、徹底して（自らの固有の意思をもつものとしての）「遊軍」の立場を貫いている。もちろん、「尤度主義」という最低限の武器はもつ。これは遊軍にとって、いざというときに非常に頼りになる武器であろう。あとは、自らの、シンプルだが厳しい指標に照らして、少しでも弱点があれば、それを（武器として）選択することは差し控え、本当に堅牢なものだけを身につける。遊軍はリスク判断に長けている。そして、リスクの高そうなものはいくらでも切り捨てる自由がある。ところが論争の中に入ってしまうとそうはいかない。あるいは、これを裁こうとする国

際法廷も、そのようなわけにはいかない。いわば遊軍は「第3の道」である（もちろん、この第3の道が他の2つの主義と比べても十分強力であることは、本書が示すとおりである）。その選択において、客観的事前確率を伴うベイズ主義の認識論が残り、AIC（の基本的な枠組み）が残り、ネイマン−ピアソンの頻度主義は残らなかった。それだけである。決して2大主義の一方に、主義主張の点で偏っているわけではない。

　ネイマン−ピアソンの「リスク」についてもう少し付け加えておこう。この頻度主義には論争に対抗していく強さはあるとしても、それは元の原理に付随する強さではなく、次々に生じる様々な問題に対して、それが致命的問題にならないための対症療法的措置（たとえば上記メイヨーの、棄却の「2規則」など）の豊かさにおける強さだと言える。ソーバーにとっての評価対象は間違いなく原理的部分での強さであり、こうした下位規則の増産は科学的推論を複雑化し、結果としてそれを脆弱なものにする（リスクを大きくする）もの以外の何物でもない（こうした印象が、ソーバーとのやりとりの端々に感じられた）。一方、多くの頻度主義支持者は、むしろこうした細やかな対処によって科学的推論の厳密化（あるいは「テストの厳密化」）がなされると考える。こうした考え方の違いは、おそらく論争によって簡単に白黒つけられるようなものではない。しかし、繰り返しになるが、ソーバーはこの基本的考え方を争ってまで論争に関わる必要はない。あくまで、「論争を柔軟に選択することで自らを強めていく」という遊軍的戦略の中でのネイマン−ピアソン評価ということになる。

　いずれにせよ、「（一方に）偏る」というようなことは、ソーバーの立場にはそもそも当てはまらない。読者にはこの点に、ぜひともご注意いただきたい。そしてその上で、「遊軍」ソーバーの進撃ぶりを改めて評価してみていただきたい。もちろん、ソーバーの戦略が、原著の後半で論じられる進化論的議論への適用だけでなく（これはおそらく非常に画期的なものであろう）、科学における様々な既存の統計的手法に代わって、つねに有効な手法を提供できる

かどうかは自明ではない（品質管理や化学物質および環境のリスク評価などの実用科学的統計手法から新素粒子発見に関わる基礎物理学の統計的手法まで、ソーバーが批判する頻度主義的方法は非常に幅広い分野で今日用いられている）。ソーバーがここで示した魅力的な戦略を維持するには、選択的論争における勝利もさることながら、ロイヤルの尤度主義的方法に対する強力なバックアップなどと併せて、すでに科学的実践に組み込まれている種々の統計的方法に対する代替（刷新）可能性（および、既存のモデル選択理論については、これを支持する更なる哲学的解釈）を示すことが必要である。しかし、この点もまたソーバーを不利にすることは決してない。こうした代替の可能性は2大陣営においてもまた、依然としてついて回る不可避の問題だからである。この点で、「統計の哲学者」ソーバーの今後の躍進に期待したい。

　さて、訳者解説としてはかなり長くなってしまった気がするので、もう1つの議論の補足は、ごくごく手短にしておきたい。ソーバーがAICについて「モデルには道具主義、適合モデルには実在論」と述べている点についてである。AICが実在論論争に1つの回答を示している、という主張は、哲学に少しでも通じた人であれば、誰でも全身にしびれが走るだろう。ソーバーの切り口は2つの点で実に画期的である。1つは重要な哲学論争に対する誰も思いつかなかったような答えを示している点において、もう1つは、一見、哲学的議論でしかないように見える議論と科学が結びつく可能性を示している点においてである。しかし、今度は正に、哲学の世界において長期の塹壕戦にある2大勢力（実在論 vs. 反実在論）の論争そのものに直結した話であることに注意する必要がある。ソーバーの言う混合テーゼは、本当に2大勢力の議論をきれいに切り分けつつも統合できるものなのか。ソーバー自身は明らかに反実在論（道具主義）の立場である。そのようなソーバーの立場から、適合モデルの実在論に対して、どの程度、哲学的実在論の主張を支持することができているのか（読者には、この視点でぜひ、§8のモデルをもう一度検討してみてもらいたい）。あるいは逆に、実在論者が（科学の究極目的の議論

は持ち出さずに）どこまでモデルの道具主義的性質を認めることができるのか。今日までの多様かつ複雑な論点を振り返るなら、これがそれほど簡単に片付く問題だとは必ずしも思えない。もちろん、ソーバーもそれは承知で、敢えてこのような「割り切った」書き方をしているのだと思う。彼一流の、シンプルかつ触発的な議論である。確かにこのテーゼは魅力的である。本書で哲学に対して興味を感じられた読者は（あるいは哲学者のみなさんは）、このソーバーの誘いに乗ってみるのも一興であろう。ただし、繰り返すが、今度は塹壕戦のまっただ中に身を置くことになる。この点には、それなりの覚悟が必要である。

おわりに

　序文の末尾にあるように、本書は、哲学者と科学者の双方の読者に向けて（そしてもちろん、確率・統計に関心のある人一般にも向けて）書かれた本である。すでに統計の様々な考え方と手法に通じた人には、本書の統計的な記述はずいぶん基本的なことに思われたかもしれない。しかし、そうした人々（特に科学者）にも、ソーバーの哲学的な議論については目から鱗というところが多いのではないかと思う。また逆に、哲学に通じた人には、たとえば実在論論争のくだりなどは百も承知の議論であっても、その議論が、ふだんそれほど見慣れない具体的な統計的手法と密接に結びついていると聞くと、なるほど、と思われることだろう（この点にはまだ少し問題が残されていそうだったが）。確率・統計は、具体的な科学の問題にいかにして応用できるかという実践的な問題と、「証拠」といかにして客観的な関係をもちうるかという理論的、哲学的問題とが、つねにせめぎ合うものであって、本来そのどちらをも視野に置きながら接するべきである。けれども、これがなかなか至難の業である。本書がそれを可能にしてくれる最高の道しるべであるという保証

はない。しかし、それをなすべきヒントは、本書の至るところに見出せることだろう。そうした類の本はなかなか見当たらない。ぜひ、統計に興味をもつ多くの人々に読んでいただきたいと思う。

なお、原著は、見た目に非常に易しい言葉遣いで淡々と書かれている。シンプルな例を用いて、できるだけ単純な言葉で本質をストレートに論じる。これがソーバー哲学の基本であり（そして尊敬すべきスタイルであり）、その姿勢が原著にも行き渡っている。しかしときに、そのシンプルさゆえに却って読者の理解を拒むようなところもある。原著にはそうした難所が複数あり、訳者にとってそのいくつかの難所越えは、正に格闘であった。読者にはそうした難所をできるだけスムーズに越えていただきたいと註をつけはじめたところ、気づけば脚註、後註あわせて訳註は優に 100 を超えていた。本文の言葉を補う訳註を本文中に差し入れたところもある。本書を手に取られ、読者がソーバーのすばらしい議論に向き合おうとされる際に、これらが少しでも読者のヒントにつながるなら、訳者としてこれに勝る喜びはない。

最後に、本書の出版に当たり、お世話になった方々へのお礼を改めて記したい。まず、ソーバー教授には、この日本語版の出版に惜しまぬ協力をいただいたが、訳者の拙い質問にもつねに正面から向き合っていただき、さらには序文、結語のみならず、原著の 1 節をまるまる書き換えていただくという、正に全面的ご支援をいただいた。やりとりの中でソーバー教授の人間的なすばらしさに数々触れさせていただいたが、それも訳者にはかけがえのない支えであった。

カンザス州立大学のブルース・グリマー教授には、本書出版のそもそものきっかけを与えていただいた。彼には公私にわたり恩義があるが、彼の一言がなかったら本書が世に出ることはなかった。

また、名古屋大学出版会の神舘健司さんには、訳者と同じくらい（あるいは訳者以上に）ご苦労いただいた。まず、企画にゴーサインをいただかなけ

れば本書は始まらなかったわけだが（橘宗吾編集部長にも感謝申し上げる）、実際に作業に取りかかる中で、TeX 環境の違いによるクラスファイルの調整に始まり、訳者の明らかな訳出ミスのチェック、本文の理解が難しいところのピックアップ、あるいは訳や訳註の曖昧さに対するコメントと、実に行き届いたサポートをいただいた。原著に関しては訳者以上に読み込まれていたかもしれない。神舘さん持ち前の豊富な学術的知識、経験、訳者の筆の遅さに対する忍耐力、そして何より議論の本質を的確に射貫く鋭い眼力がなければ、本書がこのような形で出来上がることは決してなかっただろう（彼からは、ソーバーと同じく、多くのことを学ばせていただいた）。

そして最後に、本書に関して議論の叩き台となる原稿を持ち寄り、ゼミで活発な議論をしてくれた、北海道大学理学院科学コミュニケーション講座科学基礎論研究室の博士課程院生、小野田波里さん、尾崎有紀君、修士課程院生の會場健大君を本書の大事な協力者として紹介しておきたい（小野田さんには参考文献の作成でも助けてもらった）。彼らとの充実した議論から多くのヒントを得ることができ、また研究室で 1 つの仕事に取り組むという結束感もまた、間違いなく本書実現の大きな原動力であった。

以上のみなさんに、心から感謝を申し上げたい。

2012 年 8 月　札幌にて

松王 政浩

索 引

あ 行

アーバック (Urbach), P.　82, 84, 86, 112, 115, 116, 178, 182
アーマン (Earman), J.　20, 44, 65
アーミテージ (Armitage), P.　119, 193
曖昧さ　8
アインシュタイン (Einstein), A.　40
赤池情報量規準 (AIC)　133–155, 159–163, 171, 197–201
　――と道具主義　152–156
　――と頻度主義　160–163
赤池弘次　128, 132, 151, 160, 198
アダムズ (Adams), E. M.　164–169
アンスコム (Anscombe), F. J.　119
アンダーソン (Anderson), D.　109, 111, 143, 149, 150, 154
イールズ (Eells), E.　20
意思決定論　10, → 行為
位相的不変　158
一致性, 統計学的　36, 142–145, 161
遺伝的浮動　72
意味論 vs. 認識論　19, 75, 174
インテリジェント・デザイン（知的設計）説　78, 170
ウィトゲンシュタイン (Wittgenstein), L.　141
ウィリアムソン (Williamson), T.　8
ウォルド (Wald), A.　121
受け入れ
　思慮による――と証拠による――　10–12
　――と棄却　8, 90–111, 119, 123, 126, 134, 140, 160, 165
エディントン (Eddington), A.　25, 42–44, 48, 56, 62, 72, 88, 118, 173, 193
エドワーズ (Edwards), A.　78, 184
エフロン (Efron), B.　103

か 行

カーブフィッティング　149
下位グループ問題　147–149, 204
カイバーグ (Kyburg), H.　7, 176
確証　23–25, 48, 51–52
　――の度合い　24–25, 49
確率
　観察の無条件――　21–22, 44, 182
　客観的―― vs. 主観的――　62, 72, 73, 183
　条件付き――　13–20, 59–62, 184
　――の解釈　19, 75, 173, 177
　――の更新　17–20, 77, 81, 177
　――密度　32–36, 42, 180
　無条件――　59–61
価値と倫理　12, 93
カデイン (Kadane), J. B.　120
カプラン (Kaplan), M.　8
カルナップ (Carnap), R.　53, 174, 180
カルバック (Kullback), S.　→ カルバック－ライブラー距離
カルバック－ライブラー距離　135, 154, 159, 198, 203, 205
観察選択効果　118
カントール (Cantor), G.　157
期待値　29, 33–36, 131, 133, 134, 145, 146, 149, 159
帰納　30–34
　消去法的――法　88
　――の規則　30–34, 180
帰無仮説　93–98, 100, 102, 107 108, 110, 114–121
キャッチオール仮説　42–46, 50, 55, 72, 122, 182
共通祖先　4, 81, 171, 188
許容的　102
ギロビッチ (Gilovich), T.　152
偶然の一致　164–169
クーラント (Courant), R.　158
クーン (Kuhn), T.　20, 178
くじ（籤）
　――のパラドクス　7, 77, 176

242

　　―のモデル　167–169
グッド (Good), I. J.　71
グッドマン (Goodman), S. N.　113
クロー (Crow), J.　80
グロスマン (Grossman), J.　52
ケインズ (Keynes), J. M.　182
ケーキの分割方法　41, 84
行為　6–12, 98
交互配置 (interleaving)　157
交差検定　137, 201
功利主義　101, 190
ゴセット (Gossett), W. S.　87
コッターマン (Cotterman), C. W.　188
コルモゴロフ (Kolmogorov), A. N.　14, 59–63, 177

さ 行

最大尤度推定値 (最尤値)　→ 尤度の最大推定値 (最尤値)
サイデンフェルト (Seidenfeld), T.　120
最尤法　102, 103, 191, 197
坂元慶行　134, 135
サモン (Salmon), W. C.　183
ジェイムズ–スタインの公式　103, 191
ジェイムズ (James), W. (哲学者)　11
ジェイムズ (James), W. (統計学者)　103, 191
ジェインズ (Jaynes), E. T.　182
ジェフリー (Jeffrey), R.　19, 121, 177, 195
　　―の更新規則　177
次元　157–159
事前確率　172
　　入れ子型モデルの―　146
　　―の客観性　37–42
　　―の沈潜化　38
　　非正則―　36
自然の斉一性　137, 201
実験計画
　　―とデータ解釈　101, 121
　　―と頻度主義　114–116
　　―とベイズ主義　117–121
実在論と道具主義　151–156, 205
実用主義的　63, 148
シュワルツ (Schwarz), G.　144, 145
順序的同等性 (確証の定義の)　25
条件付き確率, 定義　14
証拠　1–12, 47, 62, 79, 90, 92, 96, 100, 112, 114, 120–121, 166, 174

全―の原則　63–71, 82, 98–99, 114, 140, 148, 160, 166
　　―と受け入れ　8, 96–99
　　―の対比的性質　48, 80
　　―を弱める, 強める　68–70, 190
ジョンソン (Johnson), D.　126
真に大きな数の法則 (law of truly large numbers)　164
信念　6–13, 47, 61–62
信頼性　26, 39, 53, 179
真理 vs. 予測正確性, 推論の目的としての　124–126, 151–156
推定値 vs. 推定方法　102–103, 161
推論の目的　126, 145, 146, 150, 151, 153, 155
杉浦成昭　150
スタイン (Stein), C.　103
スタンフォード (Stanford), K.　153, 205
ストーン (Stone), M.　137
生命起源　78
ゼロ仮説 (ヌル・モデル)　125–126, 152
セントピーターズバーグ(サンクトペテルブルク, St. Petersburg) のパラドクス　121, 195
創造説　78
相対性理論　25, 40, 42–45, 48, 56, 62, 72, 73, 88, 173
ソーレンソン (Sorenson), R.　8

た 行

ダーウィン (Darwin), C.　4, 25, 40
ダウベン (Dauben), J. W.　158
竹内 啓　150
多項式　110, 127
ダ・コスタ (Da Costa), N. C.　124
妥当性　1, 41, 76, 77, 82
単純性　133, 134, 137, 139
　　―とデータへの適合との兼ね合い (トレードオフ)　134
朝食　66–67
ディアコニス (Diaconis), P.　164
停止規則　112–121, 193
テスト, 対比的性格の　48, 80, 95
デュエム (Duhem), P.　88
投網漁の例 (エディントン)　118
ドイル (Doyle), A. C.　88
道具主義　151–156
同定可能性, モデルの　140–141
ドーキンス (Dawkins), R.　78

索　引　243

な　行

波に乗る (hot hands)　151
ニュートン理論　43, 48, 56, 72, 73, 88, 173
認識論　23, 47, 53, 58, 60, 72, 75, 93, 153, 157, 169, 170, 174, 176
　　AIC の—　151
　　頻度主義と—　75
　　ベイズ主義と—　19, 176
ネイマン (Neyman), J.　→ ネイマン–ピアソンの仮説検定
ネイマン–ピアソンの仮説検定　11, 75, 90–111, 123, 126, 151, 160, 171, 189, 190
　　—と停止規則　115

は　行

ハートマン (Hartmann), S.　124
バーナム (Burnham), K.　109, 111, 143, 149, 150, 154
ハイエク (Hajek), A.　60, 184
ハウスマン (Hausman), D.　124
ハウスン (Howson), C.　47, 82, 84, 86, 112, 115, 116, 178, 182
パスカル (Pascal), B.　9
　　—の賭け　9, 176
ハッキング (Hacking), I.　48, 69, 78, 87, 101, 121
バック (Backe), A.　121
パラメータ数（を数える）　156–160
反証可能性　75, 186, 195
ピアソン (Pearson), F. S.　→ ネイマン–ピアソンの仮説検定
ヒューム (Hume), D.　65, 201
頻度主義　2–5, 11–12, 45, 47, 73–75, 82, 90–121, 123, 135, 160–163, 171–174
　　— vs. ベイズ主義 vs. 尤度主義　64
　　—の定義　228–230
頻度データ　37–40
ファン・フラーセン (Van Fraassen), B.　41, 182
フィッシャー (Fisher), R. A.　15, 53, 57, 75, 82–87, 95, 103, 191
フィテルソン (Fitelson), B.　25, 55, 78
フィリップス (Phillips), L. D.　112
ブール結合　61, 185
フォスター (Forster), M.　131, 132, 137, 142, 146, 147, 150, 159, 162, 201
フォン・ミーゼス (Von Mises), R.　182
複合仮説 vs. 単純仮説　47, 71, 103, 106, 108–109, 173

不偏な推定方法（不偏推定量）　134, 144, 146
ブラウワー (ブロウウェル, Brouwer), L. E. J.　158
ブラント (Brandt), R. B.　191
フリッグ (Frigg), R.　124
古い（既知の）証拠問題　178
フレンチ (French), S.　124
ベイズ (Bayes), T.　13
ベイズ主義　2–5, 13, 18 20, 22–25, 30–40, 48–52, 55, 58–63, 70, 74, 81, 91, 99, 101, 109–110, 122, 126, 130, 141, 144–145, 151, 160–162, 171–174, 183
　　客観的—　62, 185
　　—と停止規則　112–121, 193, 194
　　—とテスト可能性　70
　　—と統計　45–47
　　—と論理　45–47
　　—への反論　37–44
ベイズ情報量規準 (BIC)　144, 202, 203
ベイズの定理　13–18, 21–24, 57, 63
ヘス (Hesse), M.　124
ベルトラン (Bertrand, J.) のパラドクス　181
法医学的検査　80, 188
ホームズ、シャーロック　88
ポパー (Popper), K.　75, 130, 186, 195

ま　行

マクマラン (McMullin), E.　124
ムージャン (Mougin), G.　10
無差別の原理　33, 40–41, 180
メイヨー (Mayo), D.　117
メンデル説　39
モーガン (Morgan), M.　124
モーダス・トレンス (modus tollens)　75–80, 186
　　確率論的—　76–88, 165, 186, 187
モーダス・ポネンス (modus ponens)　77
　　確率論的—　77
目撃者の証言　64–66
モデル
　　入れ子型—　108–110, 129, 140, 142, 144, 146, 159, 203, 206
　　適合— vs. 適合させていない—　154
　　—のデータへの適合　134, 151
　　—のパラメータ　102, 105, 107–109, 124, 127, 129, 130, 133, 134, 136, 138, 140, 142, 145, 147, 148, 150, 156–160, 173, 204, 207

—の平均化　149, 205
　　LIN と PAR　104–110, 129–131, 134–140 , 143, 146–149, 157–159, 203, 206
　　論理学の—　124
モデル選択　123, 128, 133, 137, 141, 143, 150, 155, 158, 171, 208
　　ベイズ主義の—　144–146
モリス (Morris), C. S.　103
モリス (Morris), H.　78
モリソン (Morrison), M.　124

や 行

有意検定　75, 82–88, 95, 123, 125, 160, 171
　　—とサンプルの大きさ　86
　　—と停止規則　112, 114–117
　　—と有意水準の選択　83, 108, 119
　　—における棄却 vs. 証拠の解釈　85–87
p 値　83, 86, 121
尤度　15–17, 21–23, 27, 28, 34–38, 42–73
　　—の最大推定値（最尤値）　35–38, 102–103, 106, 109–110, 129, 133, 136, 144, 148, 160, 180
　　—と入れ子型モデル　129, 140, 192
　　—と証拠（ベイズ主義の通り道）　22
　　—の定義　15
　　—の法則　49–58, 70, 81, 85, 86, 96–99, 118, 119, 161, 162, 166, 171, 190
　　—比　49, 50, 66–69, 82, 99, 100, 106, 114, 120–121, 192
　　—比検定　104–111, 192
　　平均— vs. 最大—　43, 46, 109

尤度主義　5, 48–74, 80, 85, 88, 94, 99, 100, 103, 121, 122, 126, 151, 160, 162, 171–173
　　— vs. ベイズ主義 vs. 頻度主義　64
　　—と AIC スコアの解釈　147
　　—と停止規則　112–121
　　—への反論　52–59, 71–73
予測　124, 127–132, 137–139, 141, 147–149
　　—の正確性　123, 124, 126, 128, 129, 131–136, 140–142, 145–146, 150–156, 159–162, 172, 207

ら・わ 行

ライブラー (Leibler), R. A.　→ カルバック–ライブラー距離
ライヘンバッハ (Reichenbach), H.　31–36, 38
ラプラス (Laplace), P. S. de　31–34, 41, 180
理想化　124, 126, 142, 151, 155
リトルウッド (Littlewood), J.　164
理論なしの理論 (no-theory theory)　62, 185
リンドレー (Lindley), D. V.　86, 112
ロイヤル (Royall), R.　6, 13, 48, 71, 79–80, 93, 96, 100, 120, 170, 175, 194
ロビンズ (Robbins), H.　158
論理的（演繹的）含意　1, 57, 68, 76, 80, 88, 108, 130, 140, 146, 175, 177, 196
ワードローブ (Wardrop), R.　152
ワグナー (Wagner), C.　82

《訳者紹介》

松王　政浩 (まつおう まさひろ)

1964 年　大阪府に生まれる
1996 年　京都大学大学院文学研究科博士課程修了
　　　　静岡大学情報学部助教授などを経て
現　在　北海道大学大学院理学研究院教授、京都大学博士（文学）
著訳書　『科学哲学からのメッセージ』（森北出版、2020 年）
　　　　ワイスバーグ『科学とモデル』（訳、名古屋大学出版会、2017 年）
　　　　『誇り高い技術者になろう［第二版］』（共著、名古屋大学出版会、2012 年）
　　　　『科学技術倫理学の展開』（共著、玉川大学出版部、2009 年）他

科学と証拠

2012 年 10 月 20 日　初版第 1 刷発行
2022 年 4 月 30 日　初版第 6 刷発行

定価はカバーに
表示しています

訳　者　松　王　政　浩

発行者　西　澤　泰　彦

発行所　一般財団法人 名古屋大学出版会
〒464-0814　名古屋市千種区不老町 1 名古屋大学構内
電話(052)781-5027 / FAX(052)781-0697

ⓒ Masahiro Matsuo, 2012　　　　　　　　　　Printed in Japan
印刷・製本 ㈱太洋社　　　　　　　　　　ISBN978-4-8158-0712-2
乱丁・落丁はお取替えいたします。

JCOPY 〈出版者著作権管理機構 委託出版物〉
本書の全部または一部を無断で複製（コピーを含む）することは，著作権法上での例外を除き，禁じられています。本書からの複製を希望される場合は，そのつど事前に出版者著作権管理機構 (Tel：03-5244-5088, FAX：03-5244-5089, e-mail：info@jcopy.or.jp) の許諾を受けてください。

M. ワイスバーグ著　松王政浩訳
科学とモデル
―シミュレーションの哲学 入門―
A5・324 頁
本体4,500円

大塚淳著
統計学を哲学する
A5・248 頁
本体3,200円

黒田光太郎/戸田山和久/伊勢田哲治編
誇り高い技術者になろう[第二版]
―工学倫理ノススメ―
A5・284 頁
本体2,800円

伊勢田哲治/戸田山和久/調麻佐志/村上祐子編
科学技術をよく考える
―クリティカルシンキング練習帳―
A5・306 頁
本体2,800円

戸田山和久著
科学的実在論を擁護する
A5・356 頁
本体3,600円

伊勢田哲治著
疑似科学と科学の哲学
A5・288 頁
本体2,800円

伊勢田哲治著
認識論を社会化する
A5・364 頁
本体5,500円

L. ダストン/P. ギャリソン著　瀬戸口明久他訳
客観性
A5・448 頁
本体6,300円

H. コリンズ/R. エヴァンズ著　奥田太郎監訳
専門知を再考する
A5・220 頁
本体4,500円

野村康著
社会科学の考え方
―認識論、リサーチ・デザイン、手法―
A5・358 頁
本体3,600円

吉澤剛著
不定性からみた科学
―開かれた研究・組織・社会のために―
A5・326 頁
本体4,500円

G. D. ラクストン他著　麻生一枝/南條郁子訳
生命科学の実験デザイン[第四版]
A5・318 頁
本体3,600円